はむこさんの

イラレ教室

Illustrator × moji-deco

文字デコで学ぶ 楽しいデザイン！

五十嵐 華子 a.k.a. hamko

［著］

JN213163

エムディエヌコーポレーション

Adobe、Illustrator は Adobe Systems Incorporated（アドビシステムズ社）の米国ならびに他の国における商標または登録商標です。その他、本書に掲載した会社名、プログラム名、システム名などは一般に各社の商標または登録商標です。本文中では™、®は明記していません。
本書のプログラムを含むすべての内容は、著作権法上の保護を受けています。著者、出版社の許諾を得ずに、無断で複写、複製することは禁じられています。本書のサンプルデータの著作権は、すべて著作権者に帰属します。学習のために個人で利用する以外は一切利用が認められません。複製・譲渡・配布・公開・販売に該当する行為、著作権を侵害する行為については、固く禁止されていますのでご注意ください。
本書は2024年8月現在の情報を元に執筆されたものです。これ以降の仕様等の変更によっては、記載された内容と事実が異なる場合があります。著者、株式会社エムディエヌコーポレーションは、本書に掲載した内容によって生じたいかなる損害に一切の責任を負いかねます。あらかじめご了承ください。

はじめに

　文字の装飾は、にぎやかで楽しいレイアウト作成に欠かせない要素のひとつ。フォント本来のシルエットに装飾を付加し、文字列が示す情報をより魅力的に、より伝わりやすくするための手法です。身の回りを観察すれば、チラシやパンフレット、Web広告や動画のサムネイル、ゲームのUIなど、さまざまなグラフィックで華やかに装飾された文字が活躍しているのがわかります。

　そうした文字の装飾をIllustratorで行うとき、広く活用されているのが効果をはじめとしたアピアランス関連の機能です。実装から年数が経ち、認知度が上がる一方で「なかなか苦手意識が拭えない」、「うまい扱い方がわからない」という方もいらっしゃるかもしれません。ですが、見た目の楽しさと修正のしやすさを両立し、制作効率を上げるには今や必須の機能とも言えます。

　本書では、このアピアランス機能を中心にした「文字デコ」のアイデアとテクニックを多数まとめました。どうしてもアウトライン化が必要な数点を除き、作例のほとんどは文字を活かしたままで作成できるものです。難易度に関わらずできるだけ明快な手順を示し、しくみについても解説していますので、自信のない方もまずは手順通り作るところからはじめましょう。

　アピアランスの基本を理解し、組み立てに慣れれば、複雑な装飾でどれだけパネルが長くなっても怖くありません。ひとつずつ作っていくうちに、イメージをかたちにするためのロジックが身につくはずです。そうして培ったテクニックは文字の装飾に限らず、レイアウトやイラスト作成にもきっと応用できるでしょう。

　本書を通じ、Illustratorならではの表現の楽しさを皆様にも体験していただければ何より嬉しく思います。これからの制作環境の変化を乗り切るための味方として、この一冊を役立てていただければ幸いです。

五十嵐 華子

目　次

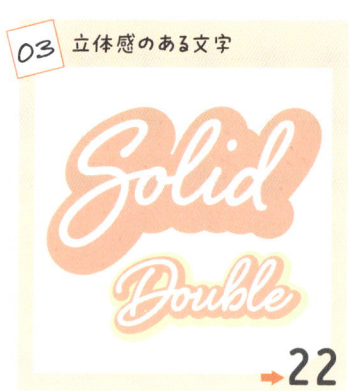

01　カラフルなフチの文字

➡ 42

02　破線のフチ文字

➡ 46

03　マルチカラーなフチ文字

➡ 50

04　すき間をつぶしたフチ文字

➡ 54

05　すき間がかわいい文字

➡ 58

06　なめらかなフチ文字

➡ 64

Column

13 フラットな質感の立体文字

→ **156**

Chapter5 　飾りをつける　　　163

01 エンボスラベル風の文字

→ **164**

02 リボンの文字

→ **168**

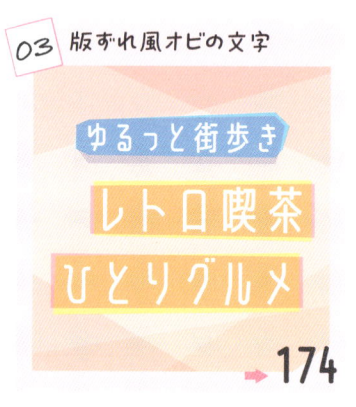

03 版ずれ風オビの文字

→ **174**

04 エレガントな飾り罫の文字

→ **178**

05 スパッ!と切れる文字

→ **182**

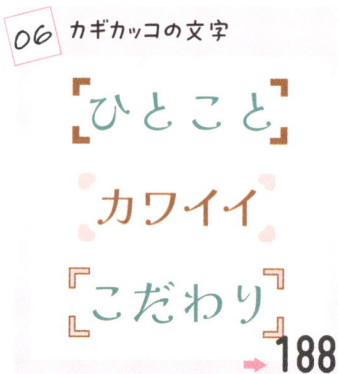

06 カギカッコの文字

→ **188**

07 おほしさまの文字

→ **192**

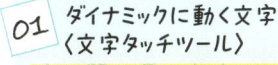

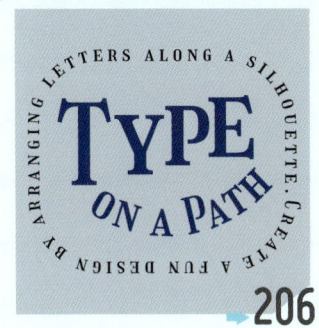

本書の使い方

　この本では、Illustratorでつくる43のデザイン作例のアイデアと作成方法をセクションごとに解説しています。

セクション冒頭には、作例の完成画像を掲載しています。

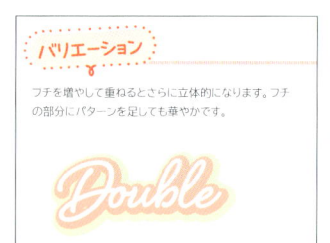

メインの作例をさらに応用して作成するバリエーションも掲載しています。

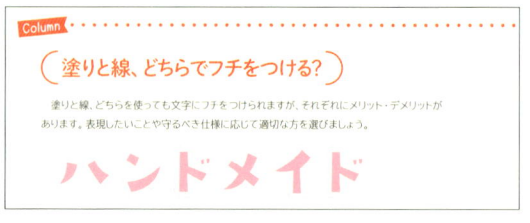

作成に用いているIllustratorの機能の基本知識や操作・アイデアに関するTipsなどをまとめています。

【Mac と Windows の違いについて】

本書の内容はmacOSとWindowsの両OSに対応しています。本文の表記はMacでの操作を前提にしていますが、Windowsでも問題なく操作できます。本文では option （ Alt ）のように、Windowsのキーは〔 〕内に表示しています。

【使用フォントについて】

テキストを用いている作例では主にAdobe Fonts（Adobe Creative Cloudを使用している方なら誰でも使用できるフォント）を使用しています。Adobe Fontsから無くなったフォントなど、同じフォントを使用できない場合は、お持ちの似たフォントをご利用ください。

作例のサンプルデータについて

本書の解説に用いているサンプルデータは、下記のURLからダウンロードしていただけます。

https://books.mdn.co.jp/down/3224303010/

数字

[ダウンロードできないときは]
・ご利用のブラウザーの環境によりうまくアクセスできないことがあります。その場合は再読み込みしてみたり、別のブラウザーでアクセスしてみてください。
・本書のサンプルデータは検索では見つかりません。アドレスバーに上記のURLを正しく入力してアクセスしてください。

[注意事項]
・解凍したフォルダー内には「お読みください.html」が同梱されていますので、ご使用の前に必ずお読みください。
・弊社Webサイトからダウンロードできるサンプルデータは、本書の解説内容をご理解いただくために、ご自身で試される場合にのみ使用できる参照用データです。その他の用途での使用や配布などは一切できませんので、あらかじめご了承ください。
・弊社Webサイトからダウンロードできるデータを実行した結果については、著者および株式会社エムディエヌコーポレーションは一切の責任を負いかねます。お客様の責任においてご利用ください。

Chapter1

基本＆定番の
デザインテクニック

SINGLE
DOUBLE
TRIPLE
MULTIPLE!

01
基本のフチ文字

あらゆる文字装飾の基本と言っても過言ではない、ベーシックなフチ文字の作り方です。定番の作例ですが、トラブル予防のために守るべきポイントがいくつかあります。アピアランス機能を使って作成すれば、修正や流用にもすばやく対応できます。

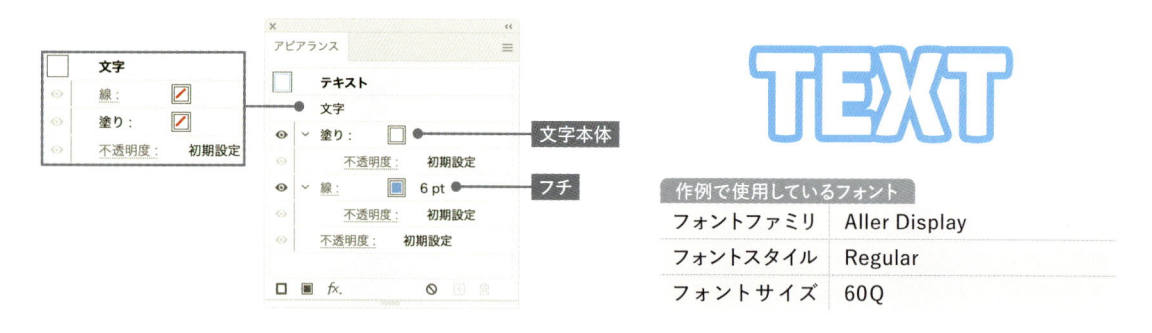

作例で使用しているフォント	
フォントファミリ	Aller Display
フォントスタイル	Regular
フォントサイズ	60Q

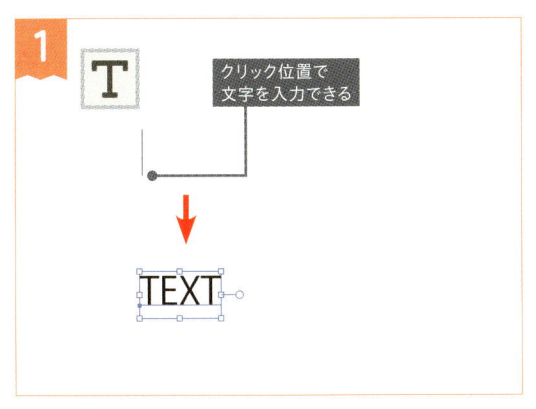

[文字] ツールでクリックしてテキストオブジェクトを作成し、自由にテキストを入力します。入力が済んだら [選択] ツールに切り替えるか、[esc] を押して編集を終了します。

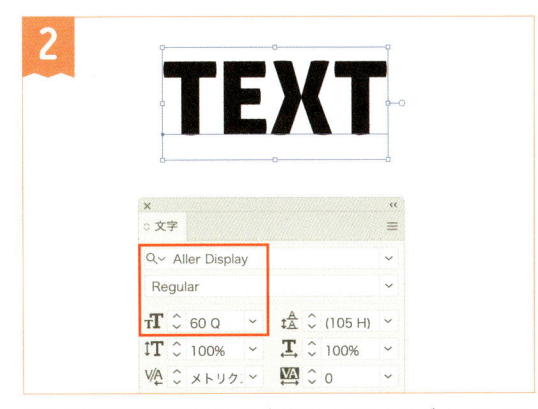

文字内容の編集を終了した直後は、テキストオブジェクトとして選択されている状態です。そのまま [文字] パネルでフォントや文字の大きさなどを自由に設定しましょう。

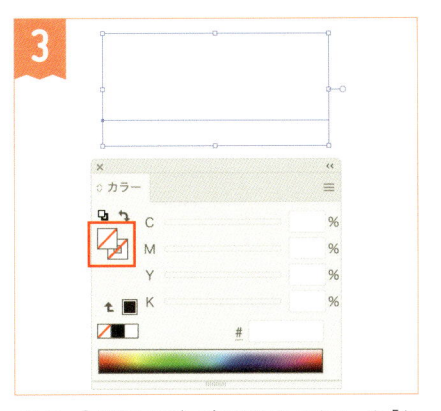

[カラー] パネルで線・塗りどちらのカラーも [なし] にします。一時的に見えない状態になりますが、テキストオブジェクトを選択したまま進めます。

[新規塗りを追加] をクリックした例

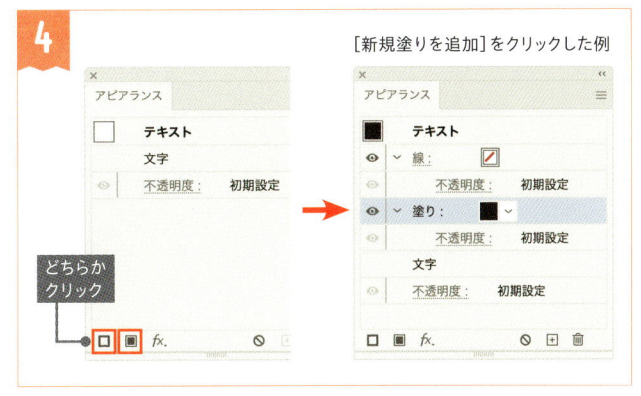

[アピアランス] パネルで [新規線を追加] または [新規塗りを追加] のどちらかをクリックしましょう。項目が追加されて、線または塗りのカラーにデフォルトの黒が設定されます。

これで完成しているように見えますが、きれいに仕上げるためにもう少し手を入れましょう

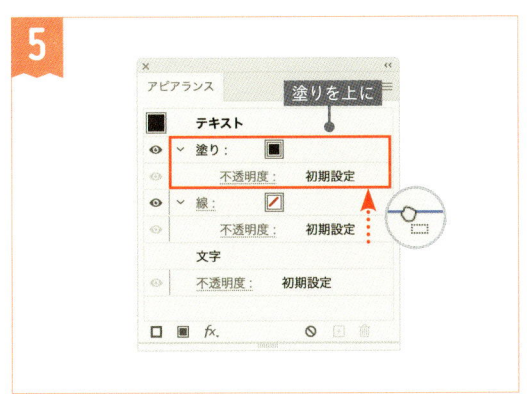

[アピアランス] パネルで項目を追加した直後は線の項目が上になっています。塗りが線の上になるよう、項目をドラッグして重ね順を調整します。

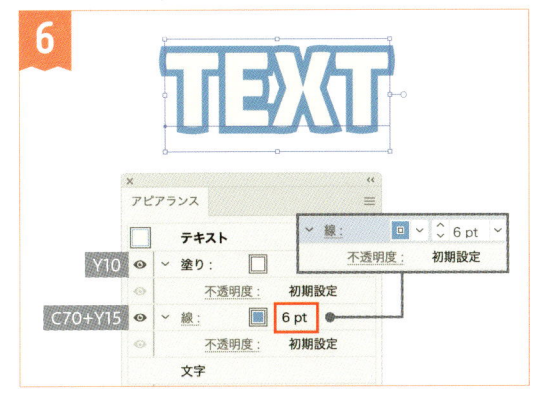

線と塗りの項目に [カラー] パネルで好きな色を設定します。[アピアランス] パネルでは線の項目を選ぶと [線幅] を変更できます。文字本体とのバランスをみながら自由に設定しましょう。

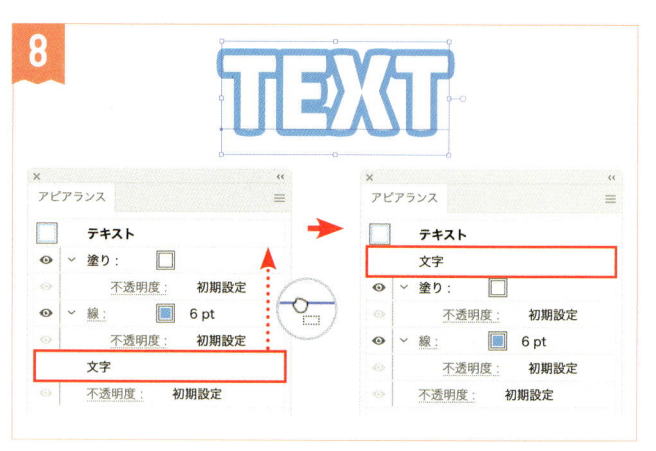

線の項目は［線］パネルで［角の形状：ラウンド結合］を設定しましょう。フチの部分のトゲを予防できます。

トラブル回避のため、［アピアランス］パネルで［文字］の項目をドラッグして一番上にします。これで基本のフチ文字の完成です。

Column

フチ文字のトゲを予防する

フチ文字を作成したとき、フチの部分にトゲが出てしまうことがあります。作成した時点で問題ないように見えても、修正や流用に備えて以下のような方法で予防しましょう。設定には［線］パネルを使います。

太めのフチで発生しやすいという傾向はあるものの、フォントのデザインや文字の画数に関係なく、条件さえ揃えばトゲが出現します。

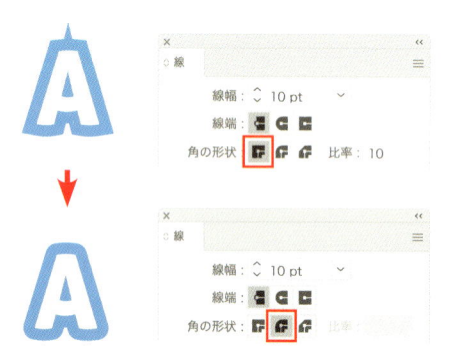

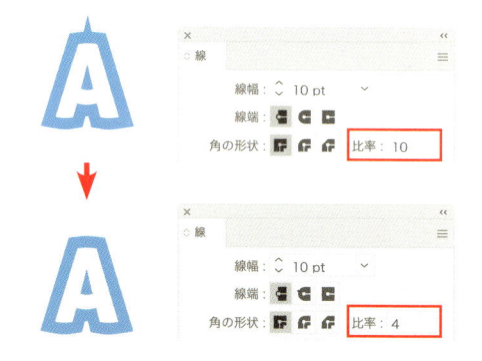

● ［ラウンド結合］を使う

作例の手順でも紹介している方法です。角の部分を丸めることでトゲの発生を確実に予防できます。

テキストオブジェクトは内容を打ち替えることも多いため、フチ文字の作成時はこの［ラウンド結合］を基本にするのがおすすめです。

● ［マイター結合］なら［比率］を変える

［ラウンド結合］では角が丸くなることで可愛らしい印象になるため、レイアウトの雰囲気に合わないことがあります。この場合は［マイター結合］で［比率］の値を下げてみましょう。フチの角張った印象を保ったままトゲを解消できます。

ただし、［比率］の適切な数値は文字やフォントのデザインによって異なるため、文字の内容が変わるたびに調整する必要があります。

基本のフチ文字をもとに、[アピアランス]パネルで線の項目を増やせば多重のフチ文字を作成できます。線の太さや線のカラーもアレンジして、インパクトのある文字に仕上げてみましょう。

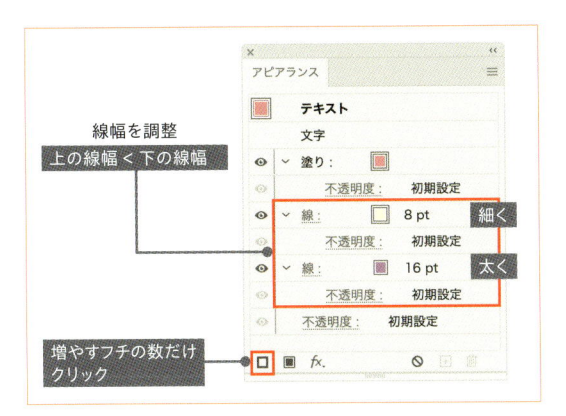

線幅を調整
上の線幅 < 下の線幅

増やすフチの数だけクリック

基本のフチ文字を選択し、[アピアランス]パネルで[新規線を追加]をクリックすれば好きなだけ線の項目を増やせます。線のカラーを変えたら、下に重ねた線の方が太くなるよう、[線幅]も調整しましょう。

多重フチ文字の作成時は、色の組み合わせに注意しましょう。白・黒のような無彩色を間に挟んだり、明度・彩度で差をつけたりするとテキストが読みにくくなりません。

線の項目はすべてトゲ対策を行う

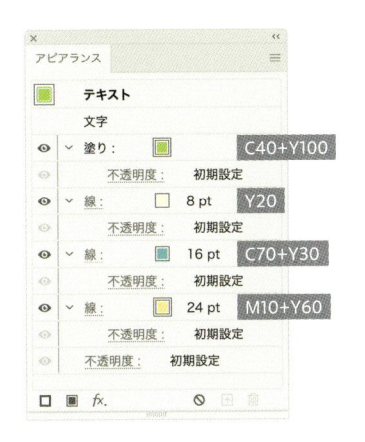

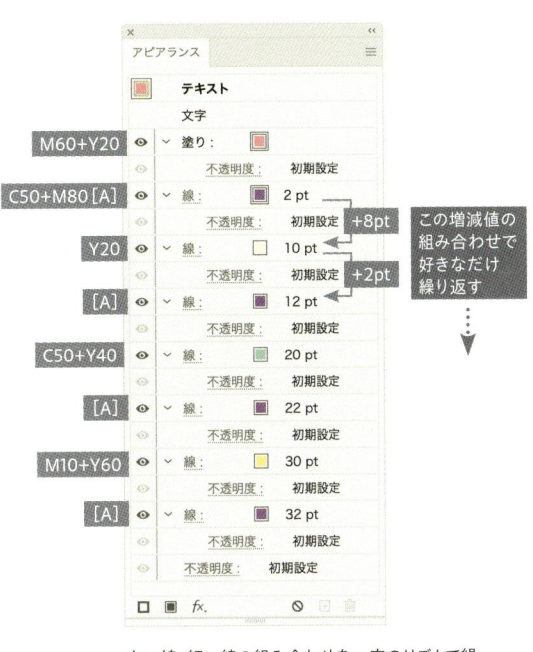

この増減値の組み合わせで好きなだけ繰り返す

太い線・細い線の組み合わせを一定のリズムで繰り返すとポップな印象を演出できます。

テキストオブジェクトのアピアランスを理解しよう

● 文字属性のアピアランス

[文字ツール]でドラッグしてテキストオブジェクトの内容を直接選んでいるとき、[アピアランス]パネルに表示されている塗りと線のカラーのことを「文字属性のアピアランス」と呼びます。テキストオブジェクトの作成直後に適用されているデフォルトの黒いカラーは、この文字属性で設定されている色です。

文字属性のアピアランスでは線・塗りのカラーと不透明度を文字ごとに設定できますが、重ね順を変えたり効果をかけたりすることはできないため、この階層だけでフチ文字を作成することはできません。

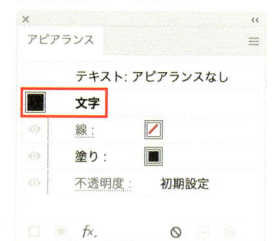

文字属性のアピアランス

サムネイル右横の[文字]が文字属性のアピアランスの目印です

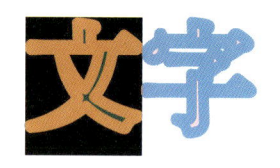

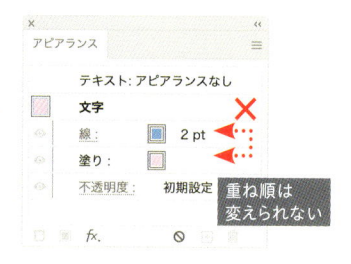

文字属性でフチをつけると、線幅が太くなるほど塗りが隠れてしまいます。ここでは線の項目が必ず上で、重ね順も変えられません

重ね順は変えられない

テキストオブジェクトを新規作成した直後に[カラー]パネルに表示されている黒は文字属性の色です

● オブジェクト側のアピアランス

テキストオブジェクトを[選択ツール]などで選択すると、[アピアランス]パネルのサムネイルの横は[テキスト]という表示になります。塗りや線と同様に[文字]の項目が表示されるこの階層を「オブジェクト側のアピアランス」と呼びます。

オブジェクト側のアピアランスでは、塗り・線の項目を増やす、重ね順を変える、効果を適用するなど、アピアランスに関する自由な編集が可能です。また、[文字]の項目には文字属性のアピアランスが格納されていて、これも自由に重ね順を変更できます。

テキストオブジェクトのアピアランスはこのような二重構造になっていて、フチ文字をはじめとした文字の装飾には、このオブジェクト側のアピアランスを使うのが基本です。

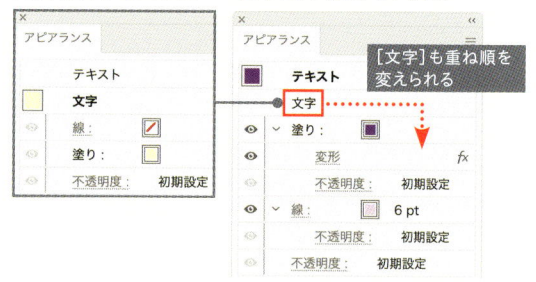

文字属性のアピアランス　　オブジェクト側のアピアランス

[文字]も重ね順を変えられる

● 文字属性とオブジェクト側のアピアランスでできること・できないこと

	カラー、パターンスウォッチの適用	グラデーションの適用	効果の適用	項目を増やす・重ね順を変える	文字ごとに色や不透明度を変える
文字属性のアピアランス ■ 文字 [T] 山路を	○	× 適用しても黒になる	×	×	○
オブジェクト側のアピアランス ■ テキスト ▶ 山路を	○	○	○	○	×

● ［文字］のカラーを［なし］にして、一番上に配置するのはなぜ？

　文字属性のアピアランスはテキストオブジェクト側で入れ子となって階層化するため、慣れないうちは混乱しやすいポイントです。

　図の設定は同じかたちで塗りのカラーが2つ重なっている状態ですが、ひと目でそれを確認することができません。隠れていれば問題ないように思えますが、条件によっては印刷・Webどちらの用途でもトラブルを引き起こす可能性があります。

オーバープリントで背面のパターンが透けている

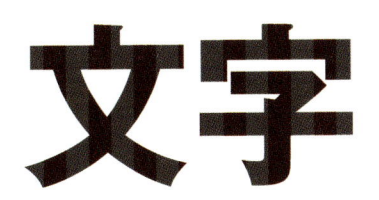

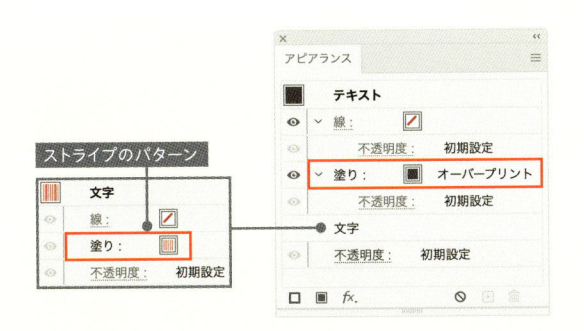

印刷用途のデータでは、オーバープリント設定により文字の色が変わってしまう可能性があります。印刷通販などではK100％を自動的にオーバープリント処理するケースも多いため、意図してオーバープリントを設定していなくても注意が必要です。

わずかに背面の色がはみ出てきれいな結果にならない

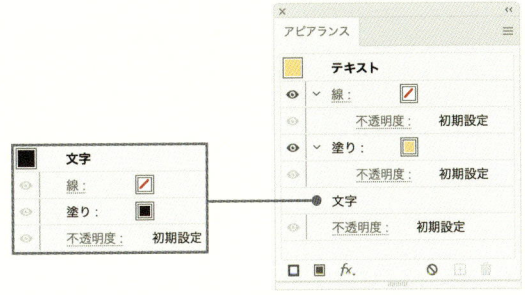

Webなどディスプレイ用途の画像作成では、［アンチエイリアス：文字に最適（ヒント）］を設定していると書き出し結果に影響してしまいます。

アンチエイリアス： 文字に最適 (ヒント)

● 文字装飾の「基本の型」

印刷や書き出し時のトラブルを避けるため、「基本のフチ文字」の作成手順では[文字]のカラーを[なし]にして[文字]の項目を一番上にしています。これなら[文字]にカラーが設定されたときにもすぐ気づくことができます。

操作に慣れないうちは、この重ね順を基本にして文字を装飾するのがおすすめです。また、[文字]の項目に限らず、装飾に不要なカラーは背面に残さないよう注意しましょう。

どんなに複雑な文字の装飾でも、基本の型は同じです。以降の作例も、このフチ文字と同様の考え方で解説しています。

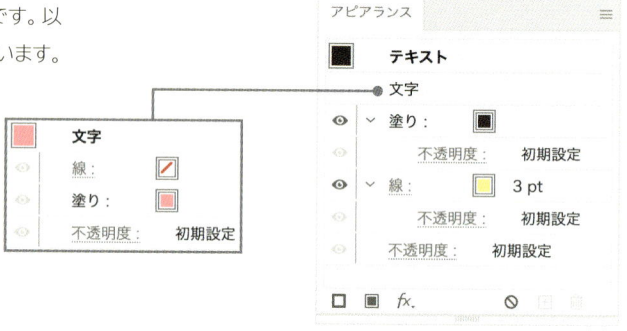

見た目とパネルの情報が一致しないので、文字属性にカラーが設定されているとすぐわかる

● 文字属性を使ったフチ文字はNG？

文字属性のアピアランスを使い、図のような設定でフチ文字を作るのも間違いではありません。しかし、どの項目にカラーが設定されているか把握がしにくく、操作が増えるデメリットも考えると、この作り方は避けるのが無難です。

ただし、文字属性のアピアランスには「文字ごとに違う色を設定できる」という最大の特徴があります。テキストオブジェクトの二重構造のアピアランスを理解できるようになったら、このメリットを活かした文字の装飾テクニックにも挑戦してみましょう。

→文字属性を活用したフチ文字についてはP.42

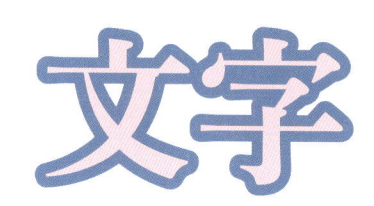

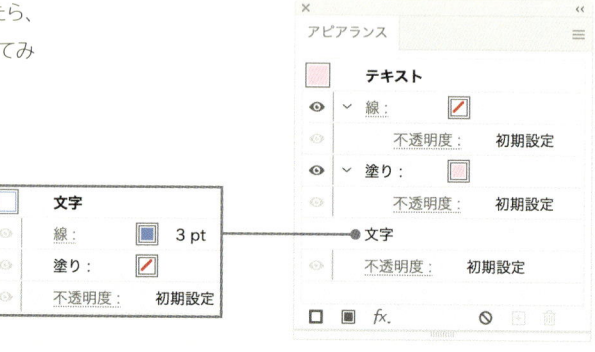

文字属性の線でフチ文字を作った例

Rough Print

02
版ずれ風の文字

基本のフチ文字をベースに、塗りまたは線をずらして版ずれ風の文字を作成します。印刷において版ずれは本来避けるべきものですが、大胆にずらすことで軽やかなヌケ感やアナログらしさを演出できます。

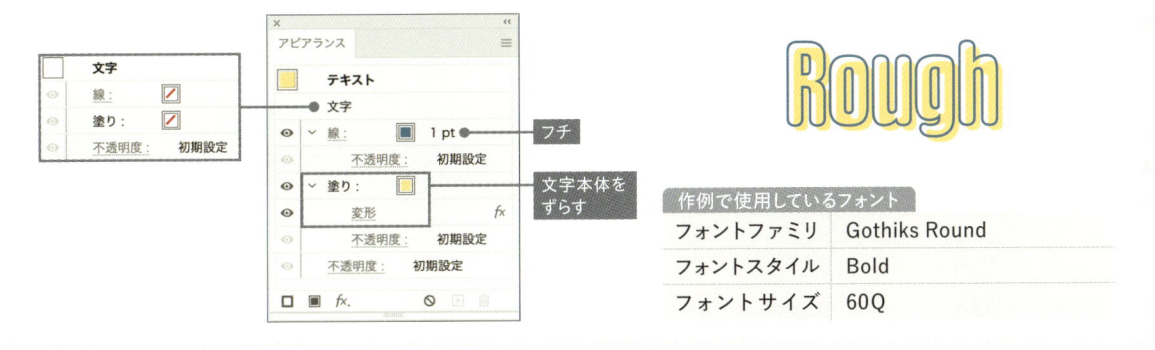

作例で使用しているフォント	
フォントファミリ	Gothiks Round
フォントスタイル	Bold
フォントサイズ	60Q

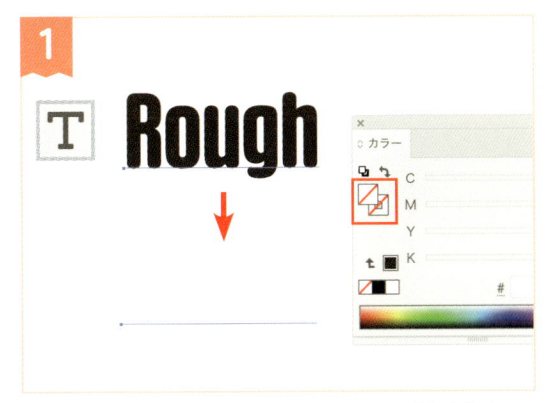

1 好きな内容でテキストオブジェクトを作成し、［文字］パネルでフォントや文字の大きさなどを自由に設定しましょう。［カラー］パネルで線と塗り、どちらのカラーも［なし］にします。

2 テキストオブジェクトを選択したまま、［アピアランス］パネルで［新規線を追加］または［新規塗りを追加］のどちらかをクリックしましょう。項目が追加されたら、［文字］の項目をドラッグして一番上へ移動しておくと安心です。

3

線と塗りには好きなカラーを適用します。[線]パネルで[線幅]と[ラウンド結合]を設定しましょう。線の項目を上にした状態で進めます。

[アピアランス]パネルの[線]をクリックすると[線パネル]を呼び出せます

4

塗りに[変形]効果を適用します。[アピアランス]パネルで塗りの項目を選んだ状態で[効果]メニュー>[パスの変形]>[変形]を実行しましょう。

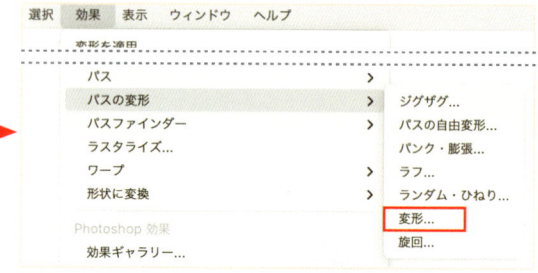

5

[プレビュー]をオンにして、[移動]の[水平方向]と[垂直方向]に数値を入力します。線幅や文字の大きさとのバランスをみながら設定し、[OK]のクリックで終了します。
[アピアランス]パネルで[変形]効果が塗りの項目の中に入っていれば完成です。

ここでは塗りの項目に[変形]効果をかけていますが、線の項目をずらしても版ずれ風にできます

うまくいかないときは効果の位置を確認しましょう

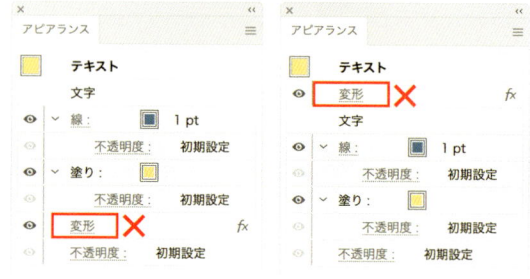

図のような設定では、テキストオブジェクト全体に[変形]効果がかかってしまうため版ずれ風になりません。線または塗りのどちらかのみに効果がかかるよう、効果の項目をドラッグで移動しましょう。

バリエーション

[変形] 効果でずらす対象を変えると、さまざまな版ずれ風のバリエーションを作成できます。組み合わせる要素や背景パーツの状態などに合わせて描画モードも調整すると効果的です。

塗り2つで版ずれ風

線2つで版ずれ風

線へのトゲ対策を忘れずに

角の形状：

塗り同士・線同士で版ずれ風にするときは、上側の項目で [不透明度] に [描画モード：乗算] を設定するとインキが重なったような雰囲気にできます。

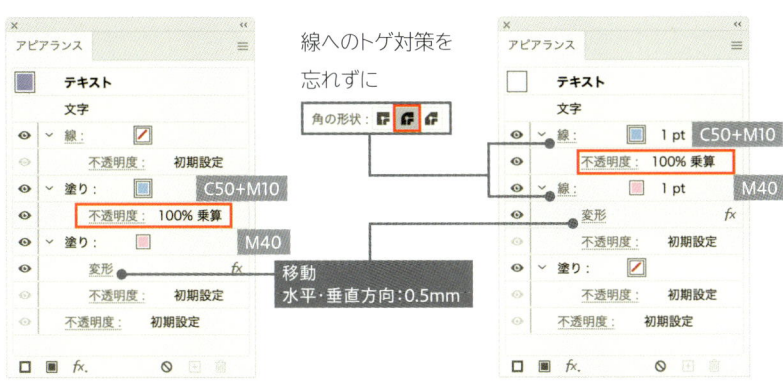

移動
水平・垂直方向：0.5mm

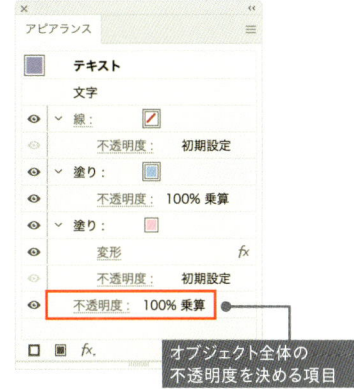

オブジェクト全体の不透明度を決める項目

紙のテクスチャ画像などの背景パーツと重ねるときは、オブジェクト全体の不透明度を [乗算] に変更すると全体が馴染んだ印象になります。色が濁って暗くなりやすいため、明るいカラー値を組み合わせるのがおすすめです。

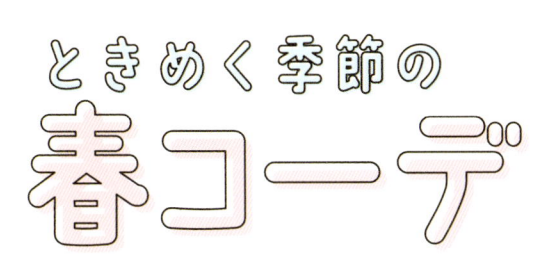

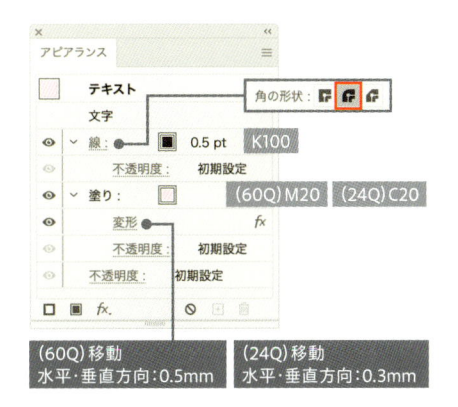

（60Q）移動
水平・垂直方向：0.5mm

（24Q）移動
水平・垂直方向：0.3mm

細いフチをつけてずらすだけでも軽やかな印象になります。フチの [線幅] と [変形] 効果でずらす値は文字の太さや大きさに合わせて調整しましょう。

フォントファミリ：AB-こころ No.3
フォントスタイル：Regular
フォントサイズ：（上）24Q（下）60Q

03
立体感のある文字

「パスのオフセット」効果で太めにつけたフチを動かして、手軽に立体感を演出します。

文字本体

塗りを広げてずらす

作例で使用しているフォント

フォントファミリ	Shelby
フォントスタイル	Bold
フォントサイズ	60Q

1

好きな内容でテキストオブジェクトを作成し、[文字] パネルでフォントや文字の大きさなどを自由に設定しましょう。[カラー] パネルで線と塗り、どちらのカラーも [なし] にします。

2

②一番上に

塗りが2つ

①[新規塗りを追加]を2回クリック

テキストオブジェクトを選択したまま、[アピアランス] パネルで [新規塗りを追加] を2回クリックし、塗りの項目を2つにします。[文字] の項目をドラッグして一番上へ移動します。

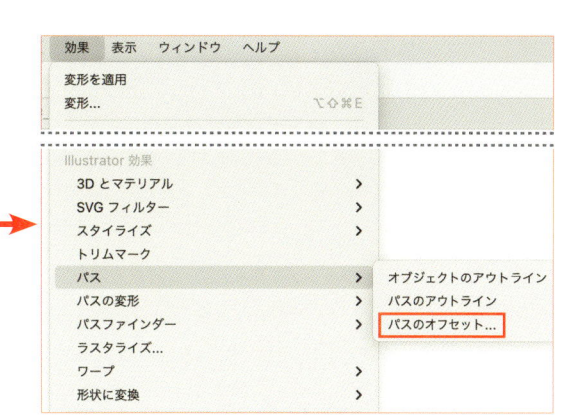

2つの塗りに好きなカラーを適用します。上の塗りには文字本体、下の塗りにはフチの色を設定しましょう。
[アピアランス]パネルで下の塗りをクリックして選び、[効果]メニュー>[パス]>[パスのオフセット]を実行します。

この時点では同じ形の塗りが2つ重なっているのみで、まだフチになっていません

[プレビュー]をオンにして、文字本体に太めのフチがつくよう[オフセット]にプラスの数値を入力します。トゲ対策に[角の形状：ラウンド]も設定して[OK]をクリックしましょう。

下の塗りが[パスのオフセット]効果で広がり、フチがついた状態になります。

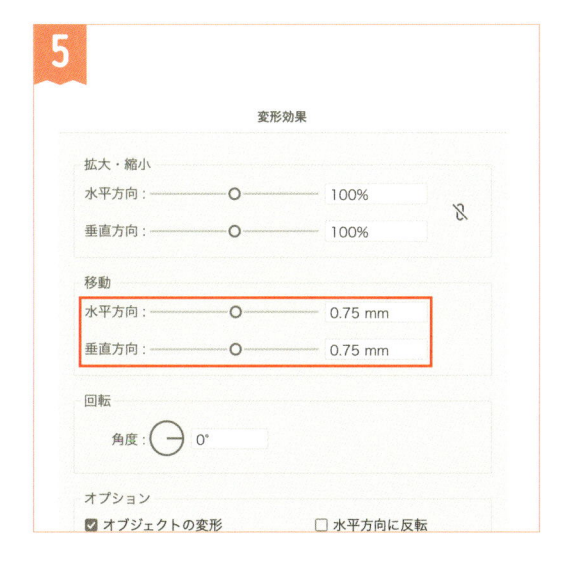

引き続き下の塗りを選んだ状態で、[効果]メニュー>[パスの変形]>[変形]を実行します。
[プレビュー]をオンにして、[移動]の[水平方向]と[垂直方向]にプラスの数値を入力します。フチの部分が右ななめ下へ少しだけ動くよう設定しましょう。[OK]のクリックでダイアログを閉じます。

[移動]の数値は[パスのオフセット]効果の
[オフセット]の値よりも大きくならないようにします。

設定例
[パスのオフセット]効果
オフセット：2mm
[変形]効果
水平方向・垂直方向：3mm

6

[アピアランス] パネルを確認し、[パスのオフセット]、[変形]の順で効果がかかっていれば完成です。

線でつけたフチでも同様の表現ができますが、線幅と [移動] の数値によってはすき間ができてしまいます。注意しましょう。

× 線でフチをつける

○ 塗りでフチをつける

バリエーション

フチを増やして重ねるとさらに立体的になります。フチの部分にパターンを足しても華やかです。

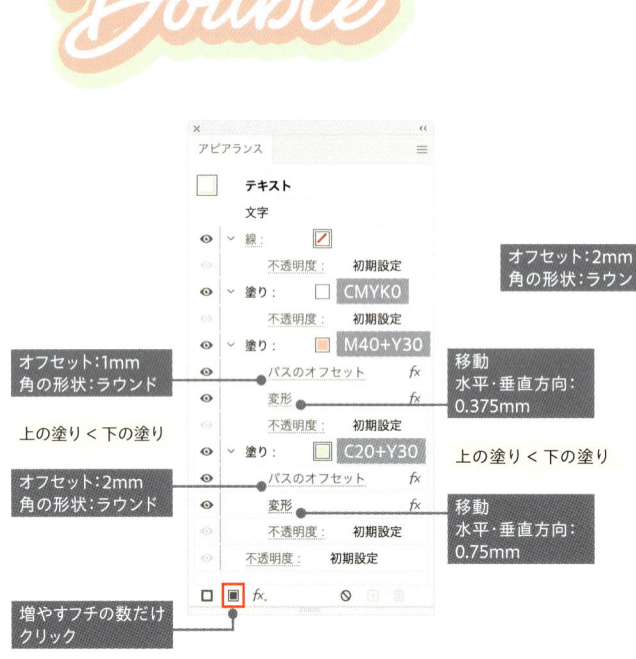

オフセット:1mm
角の形状:ラウンド

上の塗り < 下の塗り

オフセット:2mm
角の形状:ラウンド

増やすフチの数だけクリック

移動
水平・垂直方向:
0.375mm

上の塗り < 下の塗り

移動
水平・垂直方向:
0.75mm

フチを増やすには [アピアランス] パネルの [新規塗りを追加] をクリックして塗りを重ねましょう。フチがいくつであっても、効果の設定値が「上の塗り < 下の塗り」になるよう調整します。

→パターンスウォッチについては P.62

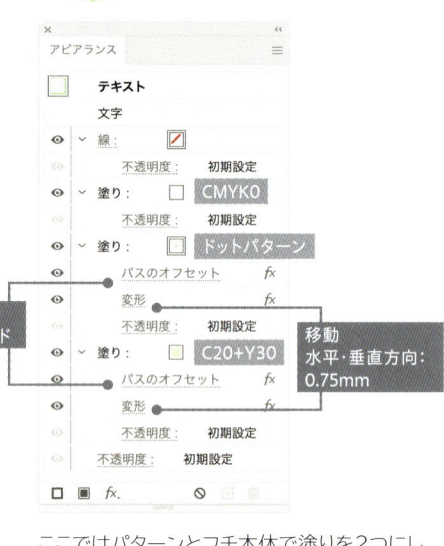

オフセット:2mm
角の形状:ラウンド

移動
水平・垂直方向:
0.75mm

ここではパターンとフチ本体で塗りを2つにして、同じ大きさ・位置で重ねています。

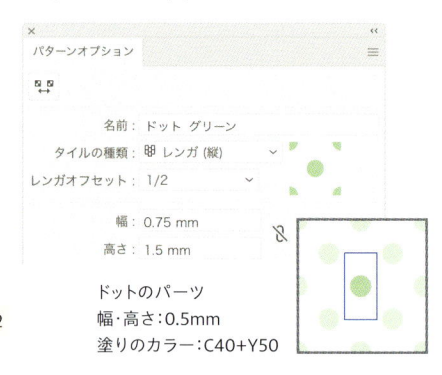

ドットのパーツ
幅・高さ:0.5mm
塗りのカラー:C40+Y50

塗りと線、どちらでフチをつける?

塗りと線、どちらを使っても文字にフチをつけられますが、それぞれにメリット・デメリットがあります。表現したいことや守るべき仕様に応じて適切な方を選びましょう。

● 線ならではの機能が使える線のフチ

→詳しい作り方はP.49

[パスのオフセット]効果で線のフチを広げて破線を適用。

ブラシや破線などは線でしか利用できません。グラデーションを適用する場合も、塗りと線では違った表現が可能です。

また、長文のテキストにフチをつけるなら線の方が処理が軽いと言ったメリットもあります。

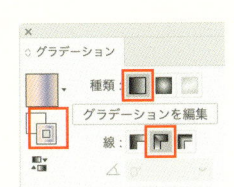

線のフチに線形グラデーションを適用。[パスに沿ってグラデーションを適用]をオンにしています。

● 塗りのフチで墨ノセの透けを予防

印刷用途のデータ作成で注意したいポイントのひとつが、自動墨ノセ(ブラックオーバープリント)です。データ側で設定されていなくてもK100の部分をRIPで自動的にオーバープリントにする処理で、印刷通販などでもよく採用されています。

本来は見当ずれによるトラブルを効率よく避けるためのしくみですが、重なり合うオブジェクトの構造や面積によっては黒い部分に濃度差が生まれてしまいます。

自動墨ノセを回避するにはK100に他の版の色を1%以上足す、K99にするなどの方法がありますが、フチ文字の場合は塗りでフチをつけても対策できます。

文字本体はK100の塗り

自動墨ノセで印刷されると

線でフチをつける

文字が読めなくなるほどの深刻な結果ではありませんが、美しい見た目とは言えません。
※わかりやすくするため、ここでは墨を少し薄く表現しています。

塗りでフチをつける

文字本体の背面にもアミがあるので、墨ノセでも濃度の差が出ません。

● パスファインダー処理には塗りのフチ

　文字の装飾でも、効果を使ってパスファインダー処理を行うことがあります。分割や追加など、かたちの処理は塗りの項目で行う方がスムーズに処理されます。

　もちろん線の項目でもパスファインダー効果を利用できますが、「パスのアウトライン」効果を先にかけたり、うまく効果が適用されなければ効果をかけ直したりといった手間がかかります。

　線特有の機能が必要でなければ、塗りを使ってフチをつけるのがおすすめです。

→すき間をつぶしたフチ文字の作り方は P.54

→線でのすき間つぶしについては P.57

すき間をつぶしたフチ文字の例。線のフチでも可能ですが、適用する効果がひとつ多いのに加え、一度では効果がうまくかからないことがあります。

Column ●

（ 拡大・縮小でバランスが変わるときは ）

　複数の塗り・線や効果など、アピアランス機能で装飾したオブジェクトの大きさを変更すると、見た目のバランスが変わってしまうことがあります。

線で作ったフチ文字

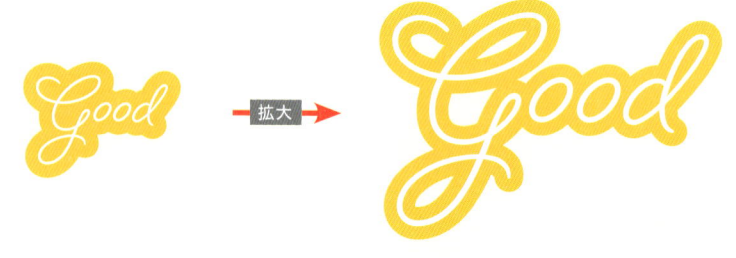

[角丸長方形]効果でオビをつけた文字

まずは［線幅と効果を拡大・縮小］の設定を確認しましょう。拡大・縮小など変形を行うダイアログ各種のほか、［変形］パネルや環境設定など、さまざまなところからアクセスできます。どこで設定してもオン・オフは連動するのが基本で、一度オンにすればオフにするまでそのままです。デフォルトではオフになっています。

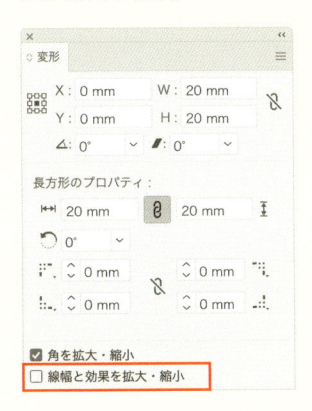

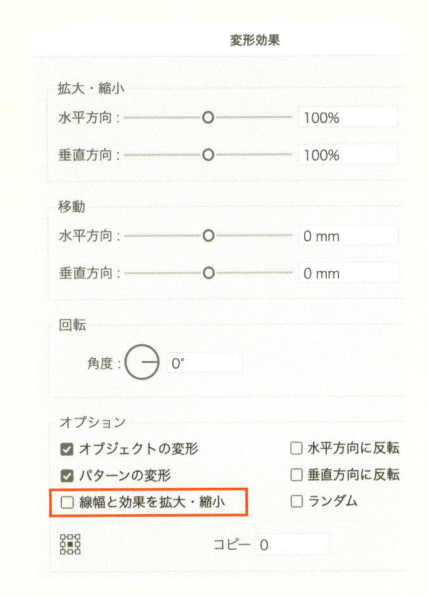

［線幅と効果を拡大・縮小］をオンにして拡大・縮小すれば、見た目のバランスを保ったまま変形が可能です。代わりに、拡大・縮小率によっては線幅や効果の値が半端な数値になります。気になる場合は変形後に整えましょう。

例外として、［変形］効果だけはオン・オフの状態を個別に保持できます。

このほか、［個別に変形］ダイアログ、［環境設定］>［一般］でも設定を切り替えられます。

［線幅と効果を拡大・縮小］オンで作業する場合、フリーハンドで変形すると数値が半端になる傾向にあります。オン・オフのどちらを作業中の基本にするかは、扱うデータの性質によっても変わります。見た目のバランスを優先するならオン、数値管理のしやすさを優先するならオフといった方針で決定しましょう。

どちらの場合でも、変形前に設定を確認すると安心です。

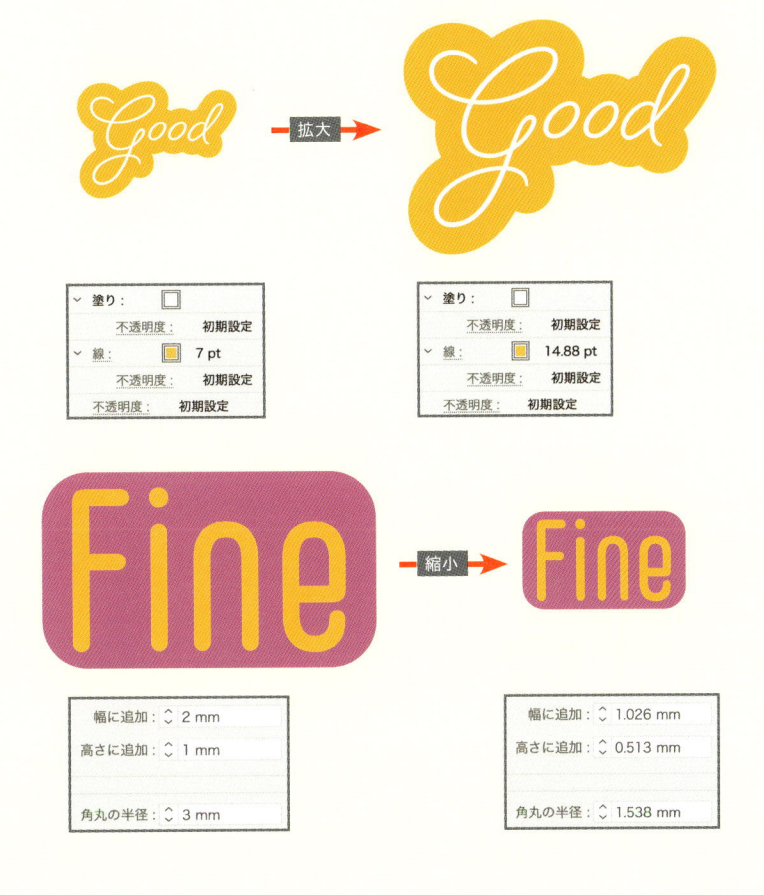

04
オビがつく文字

フォントサイズや文章量によってオビが追従する便利な文字です。[形状に変換]効果でオビをつけ、文字とオビを中央で揃えるために[オブジェクトのアウトライン]効果を活用します。

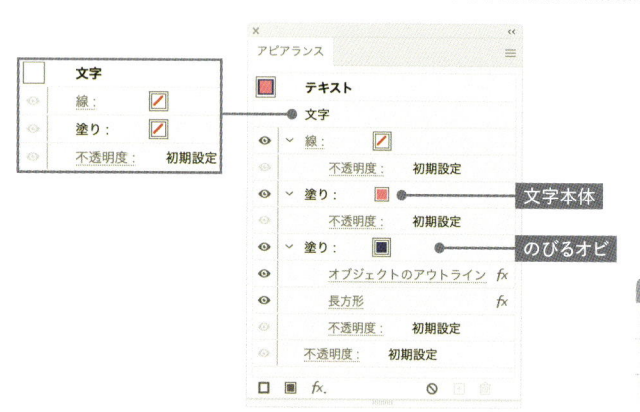

作例で使用しているフォント	
フォントファミリ	P22 Underground
フォントスタイル	Medium
フォントサイズ	60Q

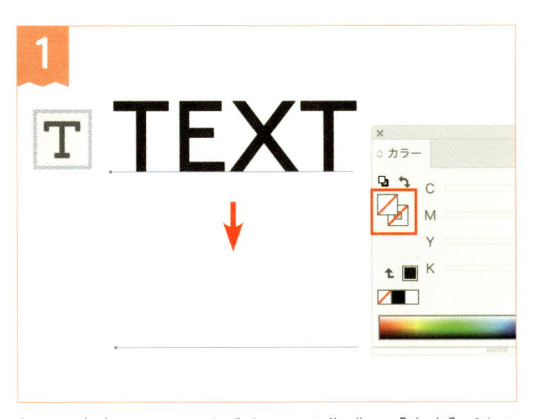

好きな内容でテキストオブジェクトを作成し、[文字] パネルでフォントや文字の大きさなどを自由に設定しましょう。[カラー] パネルで線と塗り、どちらのカラーも [なし] にします。

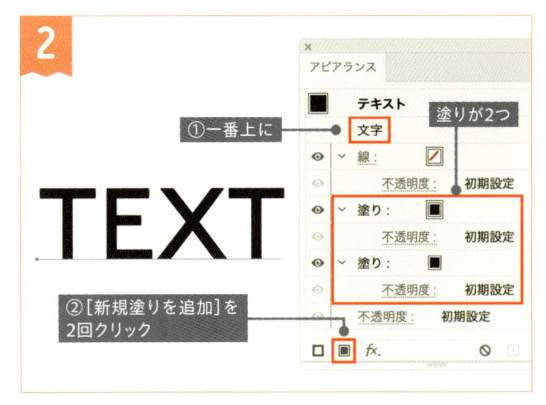

テキストオブジェクトを選択したまま、[アピアランス] パネルで [新規塗りを追加] を2回クリックし、塗りの項目を2つにします。[文字] の項目はドラッグして一番上へ移動しておきましょう。

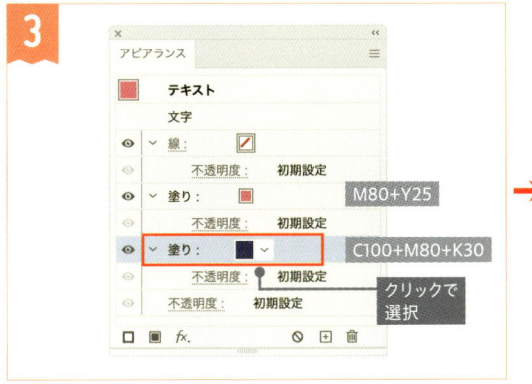

2つの塗りに好きなカラーを適用します。上の塗りには文字本体、下の塗りにはオビの色を設定しましょう。
[アピアランス] パネルで下の塗りをクリックして選び、[効果] メニュー > [パス] > [オブジェクトのアウトライン] を実行します。

[オブジェクトのアウトライン] 効果をかけてもダイアログなどは表示されません。オブジェクトの見た目も変わりませんが、内部では文字の塗りがアウトライン化されています。

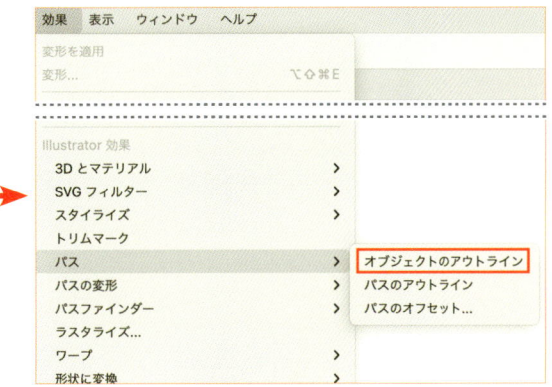

下の塗りに [オブジェクトのアウトライン] 効果がかかっているのを確認し、同じ塗りを選択したまま [効果] メニュー > [形状に変換] > [長方形] を実行しましょう。

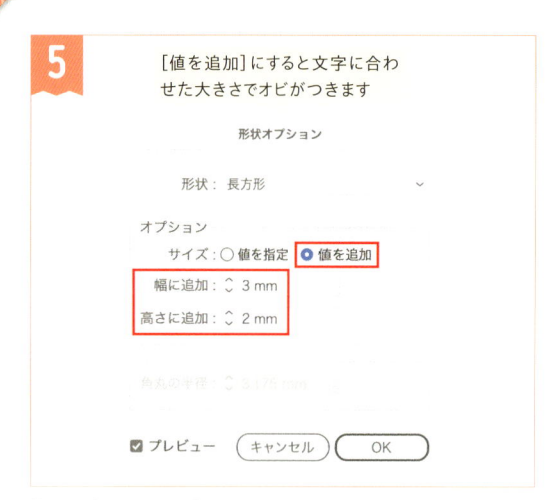

5 [値を追加]にすると文字に合わせた大きさでオビがつきます

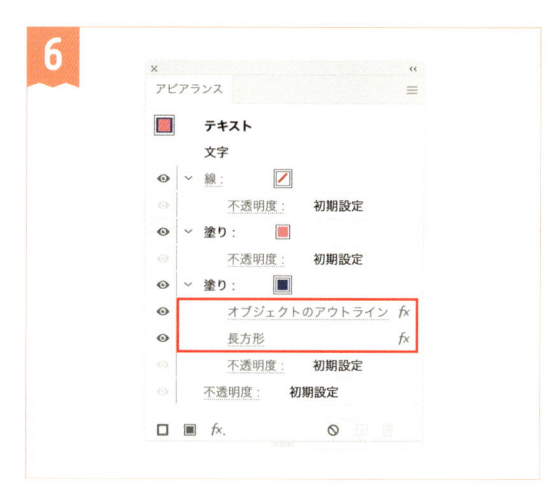

6

[サイズ：値を追加]に設定してから［幅に追加］と［高さに追加］に数値を入力しましょう。［プレビュー］をオンにして、文字本体の大きさとバランスをとりながら設定し、［OK］のクリックで終了します。

下の塗りで［オブジェクトのアウトライン］、［長方形］効果が順番にかかっていれば完成です。違うところに効果がかかっている場合は、下の塗り項目の中へドラッグで移動しましょう。

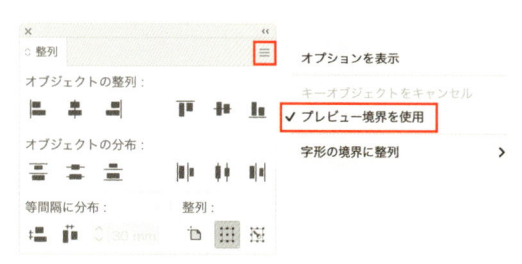

フォントサイズの変更、文字の追加や改行などにも追従するので、修正に対応しやすいしくみです。

うまく整列できないときは

［形状に変換］効果でオビなどを付けているとき、［整列］パネルで位置を整えてもきれいに揃わないことがあります。

この場合は、［整列］パネルメニューから［プレビュー境界を使用］をオンにしましょう。効果で付けた飾りも含めた大きさで整列できます。

［環境設定］>［一般］でも［プレビュー境界を使用］のオン・オフを切り替えられます。

テキストオブジェクトの開始位置は揃っていますが、オビの位置がズレています

 ［プレビュー境界を使用］オンで整列

[形状に変換]効果では、長方形のほかに角丸長方形と楕円形を選択できます。塗りではなく線で作成すれば、文字に追従する囲みとして利用可能です。線の場合は、ブラシや破線などを組み合わせても良いでしょう。

カプセル形状にするときは、[形状：角丸長方形]の[角丸の半径]で極端に大きい数値を設定しましょう。テキストオブジェクトの大きさやフォントサイズを変更しても、左右の半円が崩れずに保たれます。きつめの角丸処理によってパスがよじれることがあるため、[追加]効果を併用して解消します。

→[追加]効果については P.57

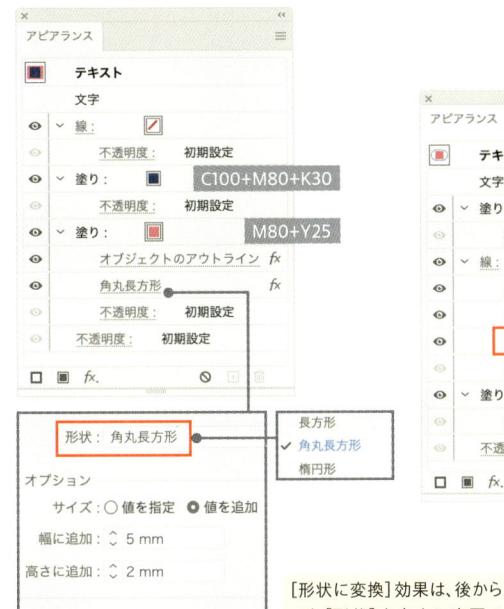

[形状に変換]効果は、後からでも[形状]を自由に変更できます。

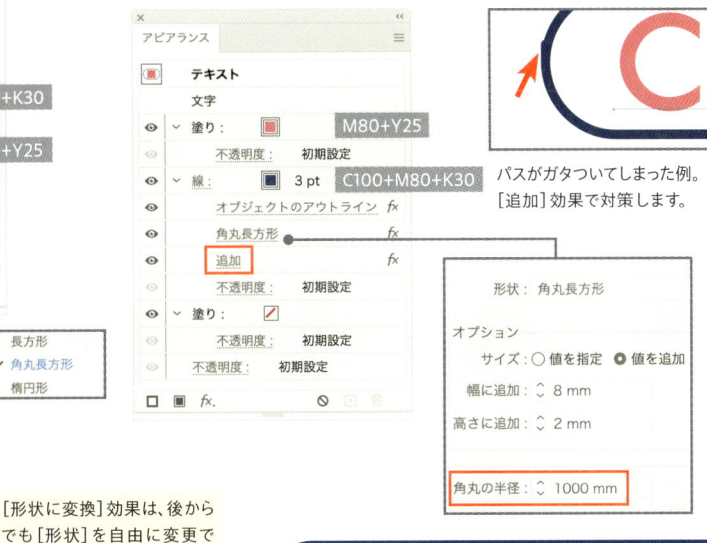

パスがガタついてしまった例。[追加]効果で対策します。

[楕円形]効果と破線を組み合わせると、こんな表現もできます。

[コーナーやパス先端に破線の先端を整列]にするとバランス良く仕上がる

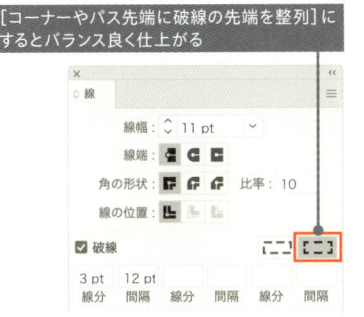

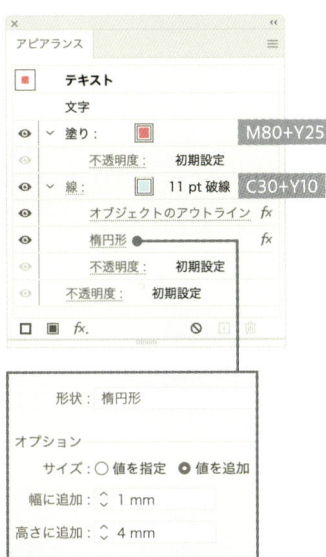

作例通りに作っても同じ見た目にならない場合は、効果がうまくかかっていない可能性があります。[アピアランス]パネルで効果を線の項目へドラッグし、適用し直してみましょう。

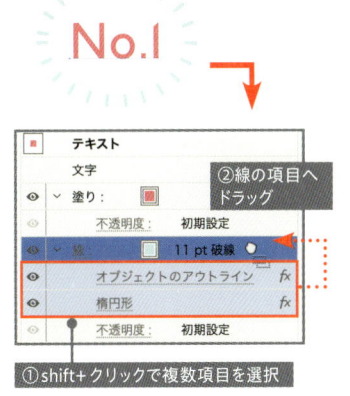

②線の項目へドラッグ

①shift+クリックで複数項目を選択

文字をオビの中心で揃えるには

●[長方形]効果をかけるだけだと…

テキストオブジェクトに[長方形]効果を適用するだけでもオビを付けられますが、オビと文字が中央で揃わないことがほとんどです。

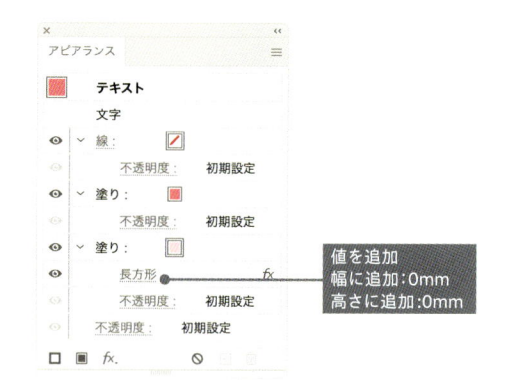

P22 Underground

Kewl Script

Zapfino

値を追加
幅に追加：0mm
高さに追加：0mm

フォントサイズはいずれも60Qです。フォントサイズ、効果の設定値が同じでも、フォントごとに差があります。

この長方形はフォントの持つ「FontBBOX」（フォントバウンディングボックス）の情報を参照して描画されています。FontBBOXはフォント内のすべての字形が収まるサイズで構成されているため、とてつもなく大きな長方形になることがあります。フォントによっては、とてもバランスの悪い仕上がりになってしまいます。

●[変形]効果で動かして調整する

対策のひとつが、[変形]効果の[移動]で文字本体・オビのどちらかを動かして調整する方法です。
ただし、フォントファミリやフォントサイズが変わると[移動]の値を再調整しなければなりません。手軽でわかりやすい手段ですが、修正や流用が多い場合にはかえって手間が増えてしまいます。

TA重ね丸ゴ

フォントを変更するとズレてしまう

せのびゴシック

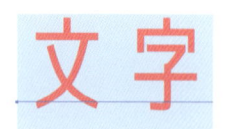 → →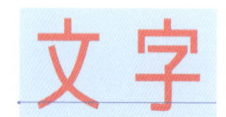

オビと文字が少しズレている

[変形]効果で位置を調整

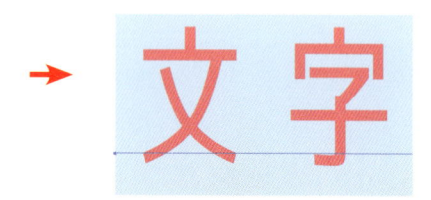

フォントサイズを上げてもズレる

値を追加
幅に追加：0mm
高さに追加：0mm

ここではオビの塗りに[変形]効果をかけて、[移動]で動かしています。中央で揃うよう、見た目で位置を整えます。

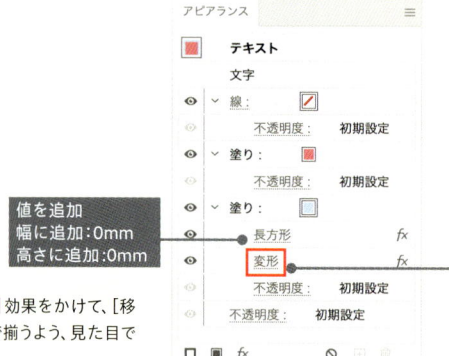

● [オブジェクトのアウトライン]効果で揃える

　もうひとつの対策が、作例でも紹介した[オブジェクトのアウトライン]効果を使う方法です。効果によるアウトライン化でFontBBOXの情報を破棄し、オブジェクトに変換してから[長方形]効果をかけるため、オビと文字が中央で確実に揃います。

　目には見えませんが、[アピアランス]パネルの中では以下のように処理されています。
①[オブジェクトのアウトライン]効果で文字をアウトライン化
②アウトライン後の大きさを基準に長方形を描画

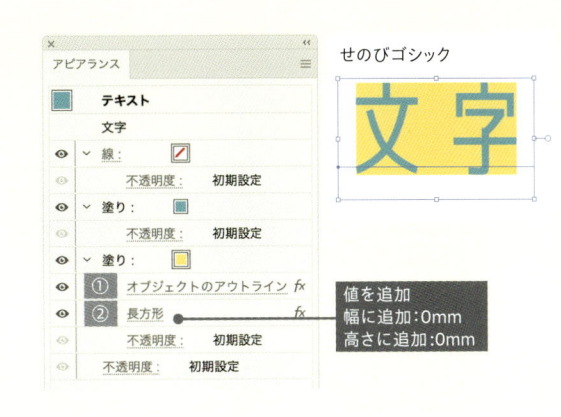

せのびゴシック

値を追加
幅に追加:0mm
高さに追加:0mm

　フォントファミリやフォントサイズの変更にも柔軟に対応できるため、汎用性の高い方法ですが、残念ながらこれも完璧ではありません。文字列によってオビの高さが変わるため、並べるとばらつきが目立ってしまいます。

　すべてのケースで確実な方法を採るのは難しいため、要件を整理し、優先順位を決めて対応しましょう。

　漢数字を単独で使ったり、「y」や「g」などディセンダをもつ欧文の小文字を使ったりすると高さの違いが顕著になります。
→欧文フォント使用時の詳しい解説はP.40

DNP 秀英初号明朝 Std

Chennai

● アウトライン・分割するときの注意点

　効果で装飾した文字を分割しなければいけないときは、分割の手順に注意しましょう。特にFontBBOXのようなフォントのもつ情報を参照して装飾を行っているケースでは、[アウトラインを作成]の実行で描画の結果が変わることがあります。

　多くのケースに対応できるよう、分割時は[アピアランスを分割]→[アウトラインを作成]の順番に実行するのが基本です（※）。

[オブジェクトのアウトライン]効果を使ったオビの文字

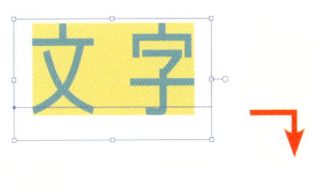

内部で既にアウトライン化されているため、[アウトラインを作成]を先に実行しても見た目は変わりません。

[長方形]効果で
オビをつけただけの文字

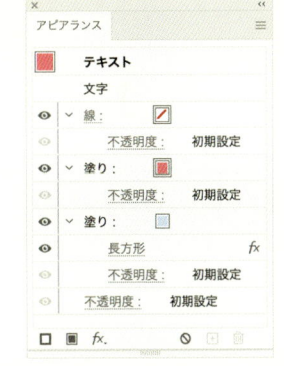

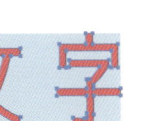

[アウトラインを作成]を実行した時点で見た目が変わります。[変形]効果で位置を調整していても同様です。

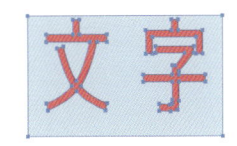

[アピアランスを分割]→[アウトラインを作成]の順で実行すると、そのままの見た目で拡張できます

※[アピアランスを分割]を先に実行すると[テキストの回り込み]が効かなくなるケースなど、一部例外もあります。

Line

Dot. Arrow

Brush stroke

~~Line-through~~

Cross mark

05
アンダーラインの文字

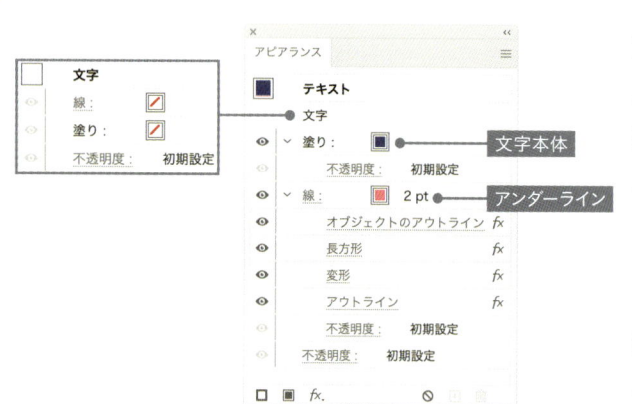

文字	
線：	
塗り：	
不透明度：	初期設定

アピアランス

テキスト	
文字	
塗り：	文字本体
不透明度：	初期設定
線：	2 pt　アンダーライン
オブジェクトのアウトライン	fx
長方形	fx
変形	fx
アウトライン	fx
不透明度：	初期設定
不透明度：	初期設定

伸びるオビの応用で、アンダーラインが追従する文字です。

線を効果でオープンパス化するため、さまざまな線の機能と組み合わせできます。

Line

作例で使用しているフォント

フォントファミリ	New Atten Round
フォントスタイル	Bold
フォントサイズ	60Q

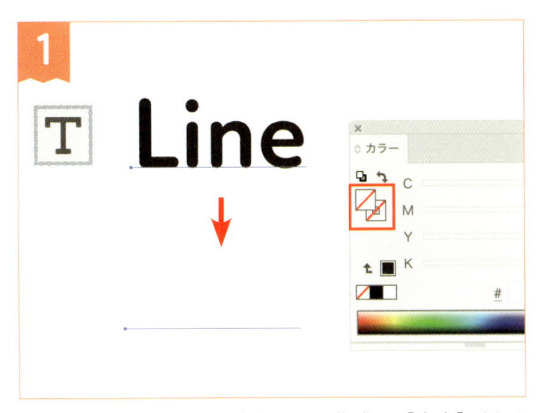

好きな内容でテキストオブジェクトを作成し、[文字] パネルでフォントや文字の大きさなどを自由に設定しましょう。[カラー] パネルで線と塗り、どちらのカラーも [なし] にします。

テキストオブジェクトを選択したまま、[アピアランス] パネルで [新規線を追加] または [新規塗りを追加] のどちらかをクリックしましょう。項目が追加されたら、[文字] の項目をドラッグして一番上へ移動します。

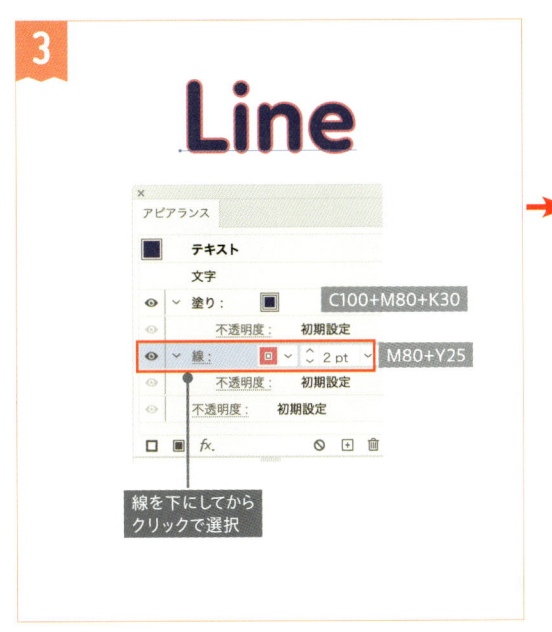

塗りに文字本体、線にアンダーラインの色を設定し、好きな太さで線幅を設定します。重ね順は自由ですが、ここでは線を下にしました。

[アピアランス] パネルで下の塗りをクリックして選び、[効果] メニュー> [パス] > [オブジェクトのアウトライン] を実行します。

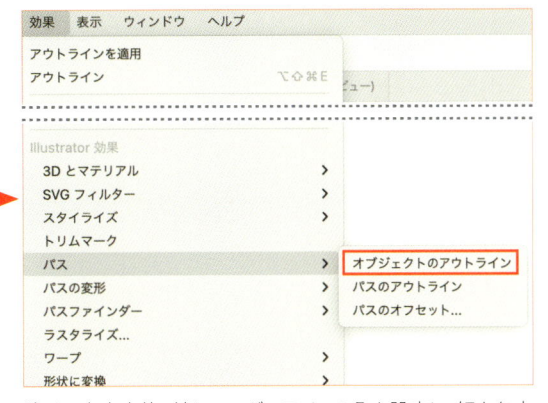

線の項目に [オブジェクトのアウトライン] 効果がかかっているのを確認し、同じ線の項目を選んだまま [効果] メニュー> [形状に変換] > [長方形] を実行しましょう。

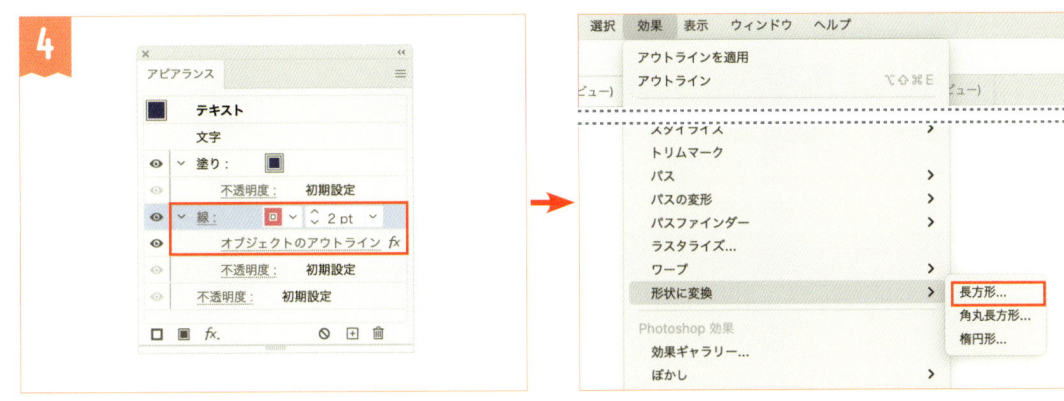

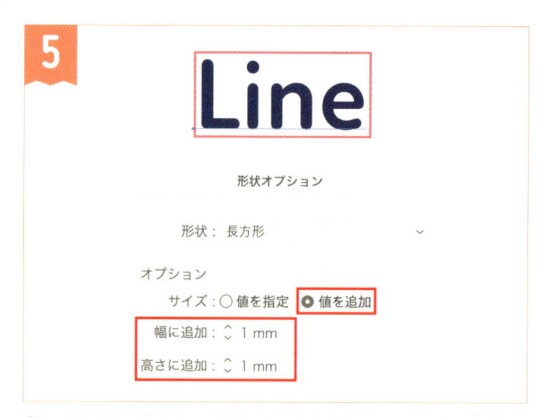

[サイズ：値を追加]で[幅に追加]と[高さに追加]に数値を入力します。[プレビュー]をオンにして、アンダーラインの位置・長さをイメージしながら文字本体よりもひとまわり大きい長方形を設定しましょう。[OK]のクリックで終了します。

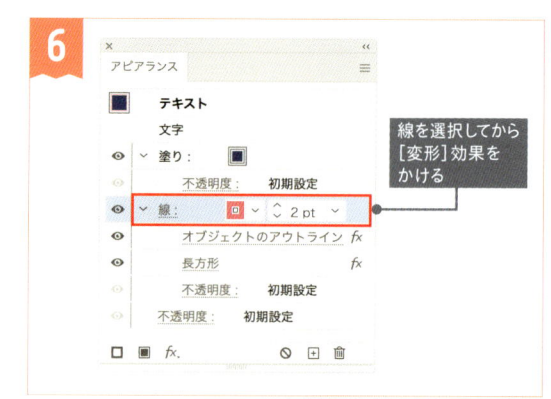

線の項目を選んだまま、[効果]メニュー>[パスの変形]>[変形]を実行します。

> この時点でテキストに囲み罫がついていない場合は効果の位置と順番をよく確認しましょう。

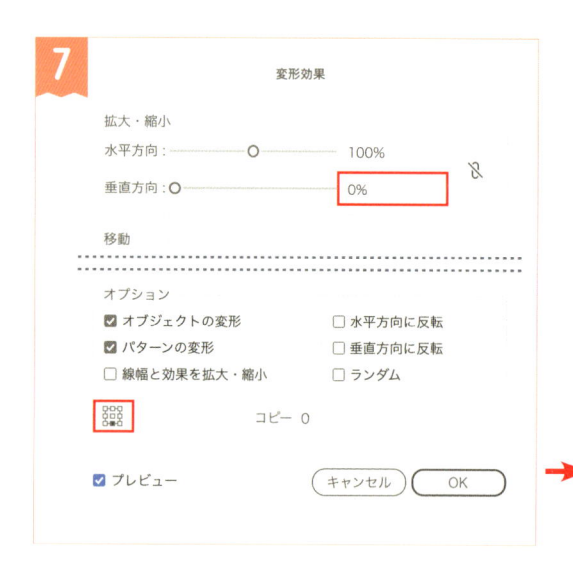

[拡大・縮小]で[垂直方向：0%]に設定します。[オプション]で変形の基準点を下側・中央にしましょう。[OK]のクリックで終了します。

[変形]パネルなどと同様に、基準点はクリックで変更できます。

> 見た目は完成していますが、高さを0にした長方形をオープンパスに変換するため、さらに効果を追加します。

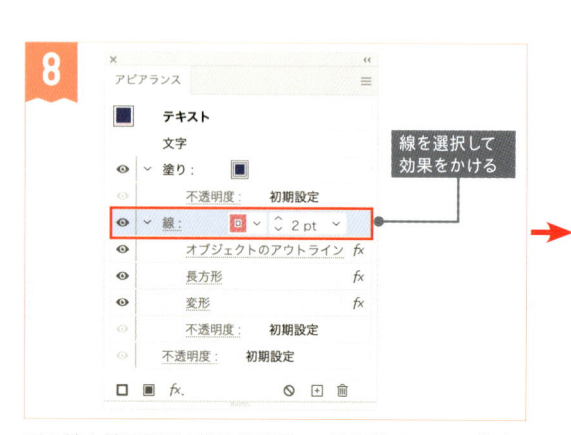

引き続き線の項目を選んだ状態で、[効果]メニュー>[パスファインダー]>[アウトライン]を実行しましょう。

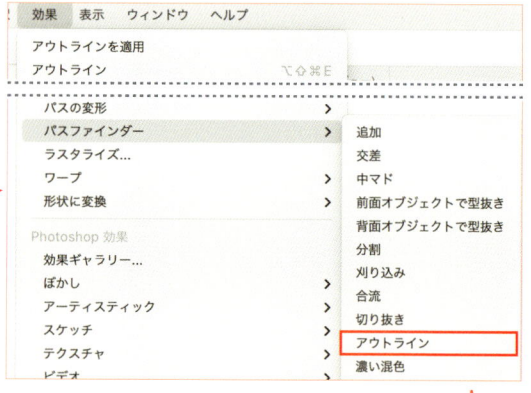

> [効果]メニュー>[パス]>[オブジェクトのアウトライン]と間違えないようにしましょう。

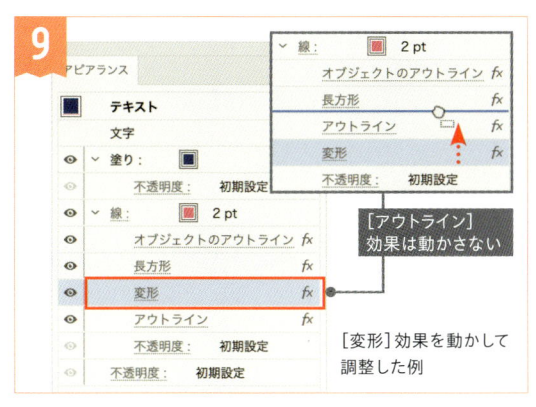

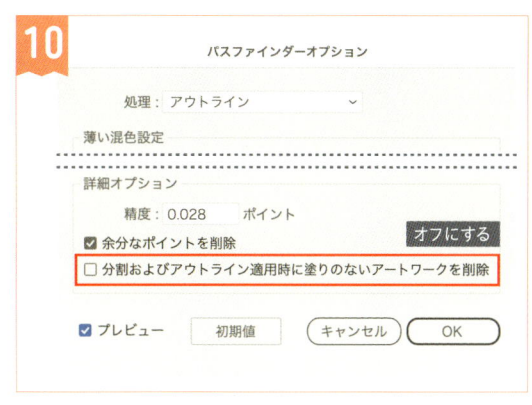

線の項目の中で、[アウトライン] 効果が最後にかかるようにします。このとき、[アウトライン] 効果の項目は触らずに他の項目を動かして順番を調整しましょう。

[アウトライン] 効果の項目をクリックし、[詳細オプション] の[分割およびアウトライン適用時に塗りのないアートワークを削除] をオフに変更しましょう。[OK] のクリックでダイアログを閉じたら完成です。

Line → Linear → Linear mortor

テキストオブジェクトの内容に合わせてアンダーラインが伸びます。

改行すると、最終行の下に線がつきます。

Column

(線をオープンパスにするには)

[変形] 効果で高さを0にした長方形は、厳密には直線ではありません。見た目は線でも内部的にはクローズパスのため、破線やブラシを適用すると意図していない見た目になることがあります。[分割およびアウトライン適用時に塗りのないアートワークを削除] をオフにした [アウトライン] 効果を最後にかけ、オープンパスへ変換しましょう。

[アウトライン] は適用する順番によってうまく効果が働かないことがあります。適用後は [アウトライン] 効果の項目を動かさずに、他の項目の移動で順番を整えると成功の確率が上がります。どうしてもうまくいかない場合は項目に対して効果をかけ直し、あらためて順番を整えるのも有効です。

効果の順番を整えた後は、オブジェクトを複製して [アピアランスを分割] を試してみましょう。うまく処理できていれば、長方形がオープンパス化して一本のパスになっています。

→ [アピアランスを分割] については P.235

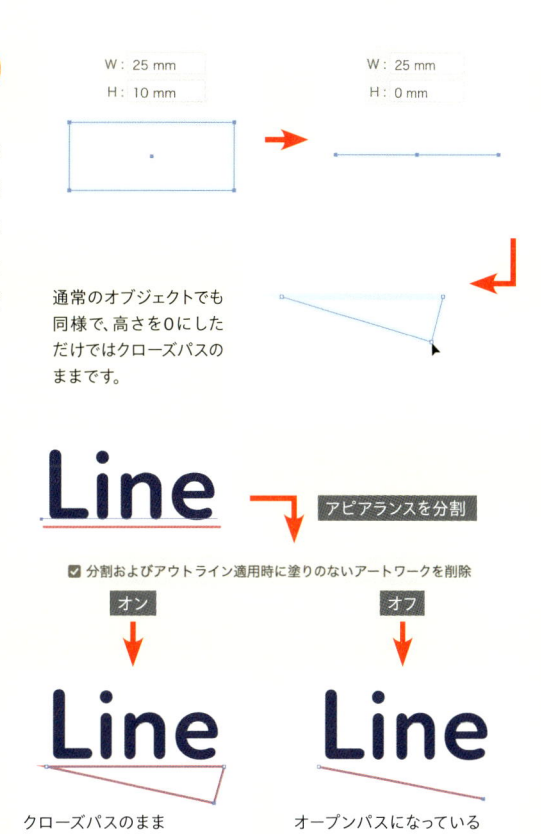

通常のオブジェクトでも同様で、高さを0にしただけではクローズパスのままです。

クローズパスのまま　　　オープンパスになっている

アンダーラインに破線やブラシ、矢印などを組み合わせるだけでも楽しい印象になります。線の位置やかたちも変えてさまざまなアレンジを作ってみましょう。

● 線の機能を組み合わせる

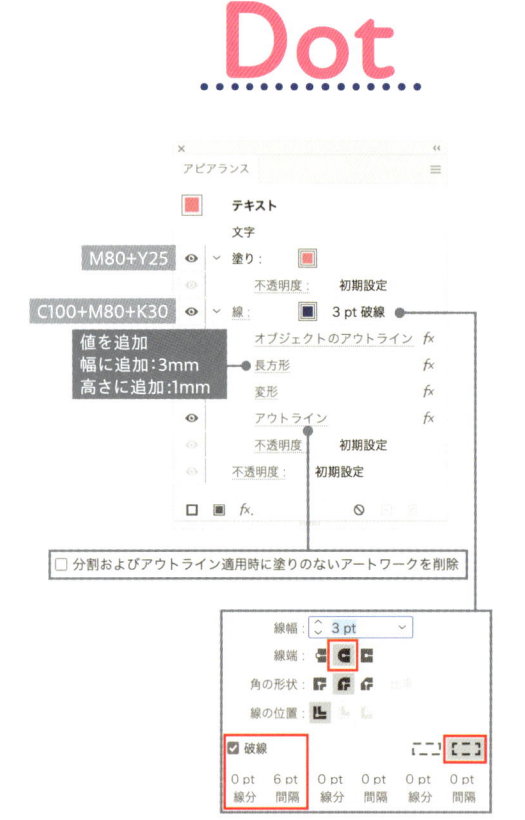

丸いドットの破線は[丸形線端]と[線分:0]で作ります。
[間隔]は線幅に合わせて変更しましょう。

矢印は[線幅]を決めた後に[倍率]で矢じりの大きさを調整しましょう。アンダーラインとして使うときは、[先端位置]を[矢の先端をパスの終点から配置]にするのがおすすめです。

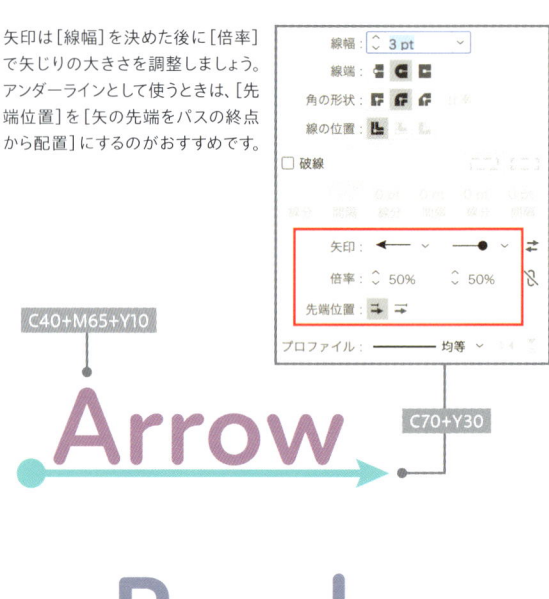

ブラシによって適用時の太さが異なります。
[線幅]などで調整しましょう。

● デフォルトのブラシライブラリを読み込む

デフォルトのブラシライブラリには多数のブラシが用意されています。[ブラシ]パネルの[ブラシライブラリメニュー]ボタンから読み込んで利用しましょう。

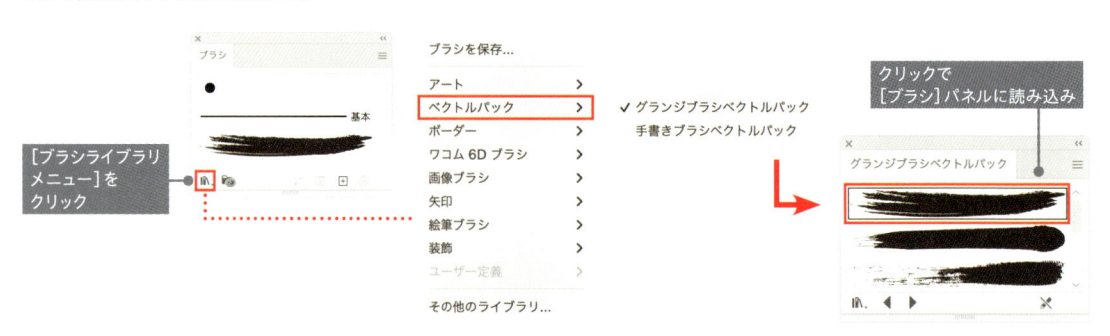

● 打ち消し線やバツ印をつける

[変形]効果で基準点を中央に変更すると、テキストオブジェクトの中心に水平線が入ります。線の項目はドラッグで移動して、上にしましょう。

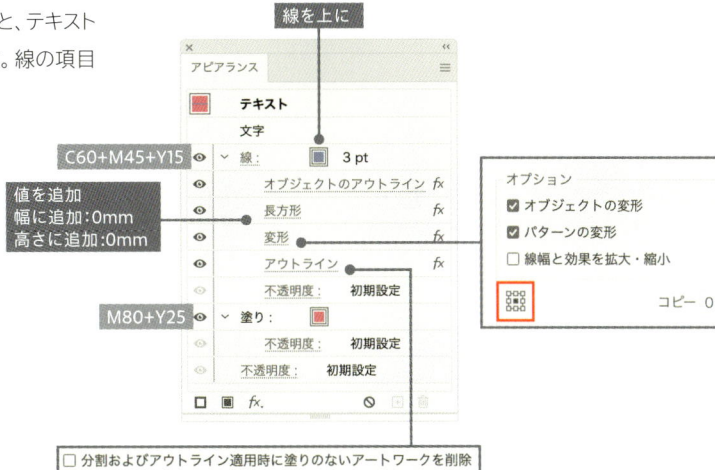

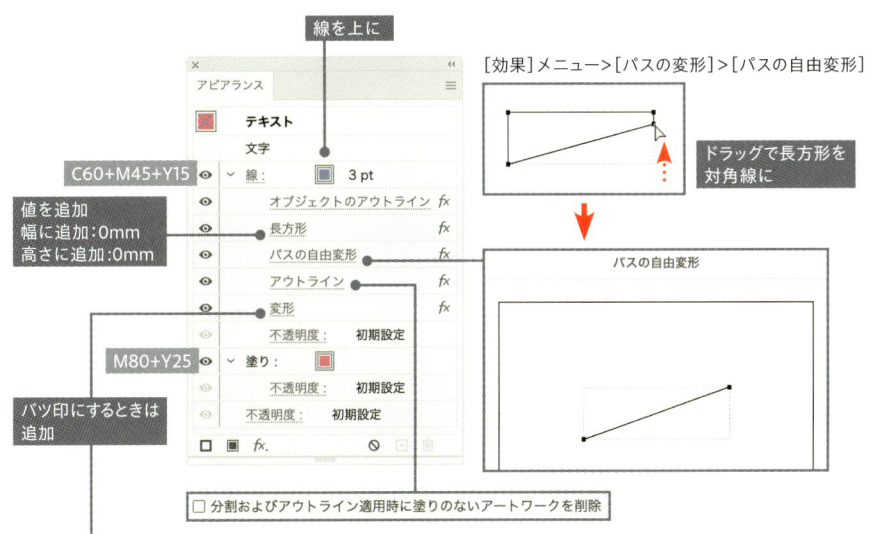

斜線にする場合は[パスの自由変形]効果を使うのがおすすめです。効果のダイアログでドラッグすると長方形を変形できます。[アウトライン]効果でオープンパス化した後、[変形]効果で反転コピーすればバツ印にもできます。

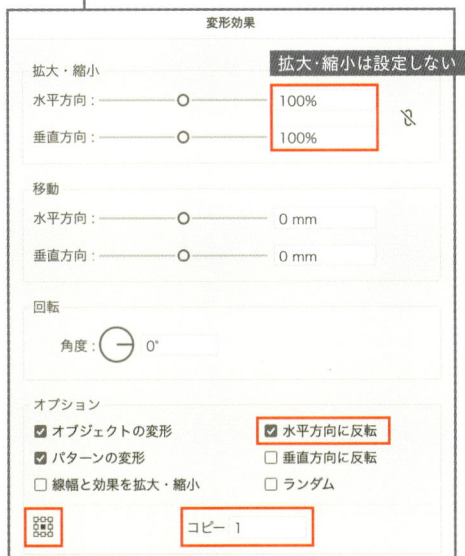

オブジェクトの中心を基準にして、水平方向へ反転コピーする設定です

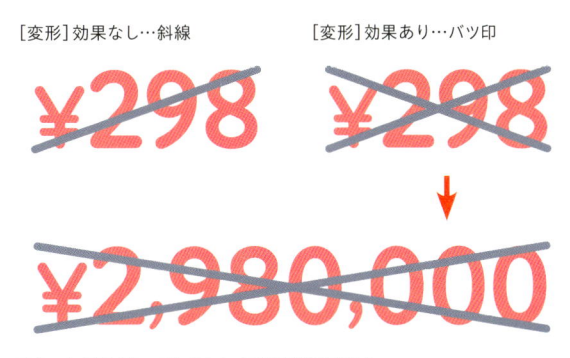

[変形]効果なし…斜線　　　[変形]効果あり…バツ印

テキストが長くなってもきれいに斜線が伸びます。

回転で見た目が変わってしまったら

オビやアンダーラインの表現に使う[形状に変換]は、オブジェクトの縦・横のサイズを基準に描画を行う効果です。そのため、テキストオブジェクトを回転すると装飾の位置が変わってしまいます。

こういったケースでは、回転も効果で実行して解決しましょう。オブジェクト全体にかかるよう[変形]効果を適用し、[回転]の[角度]を設定すると、オビやアンダーラインの位置はそのままで回転できます。

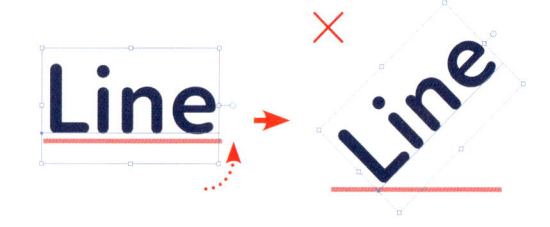

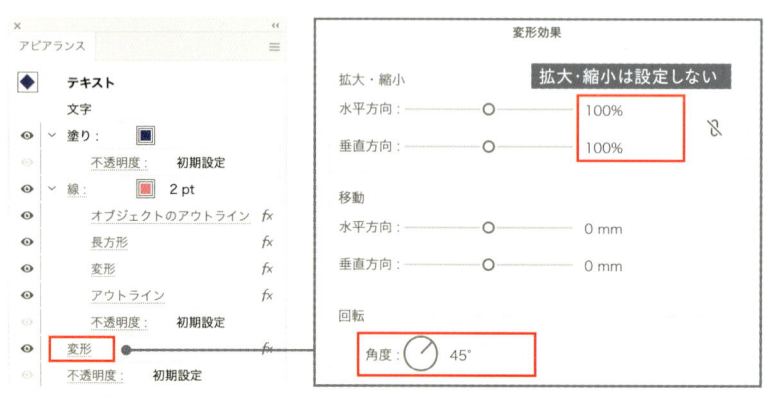

一番最後に[変形]効果を配置して、オブジェクト全体に適用します。

[ワープ](P.91参照)も元のオブジェクトを回転すると結果が変わってしまう効果です。同様に[変形]効果で対応しましょう。

[形状に変換]効果と欧文フォント

作例では[形状に変換]と[オブジェクトのアウトライン]効果を組み合わせて文字にオビやアンダーラインをつけましたが、欧文フォントで作成する場合は少し注意が必要です。

「g」や「y」のようにディセンダを持っていたり、スクリプト系の華やかな装飾パーツがついていたりと、欧文フォントは文字による大きさの差が顕著です。そのため、フォントファミリ・フォントサイズが同じでも装飾の大きさや位置に差が出てしまうことがあります。

こういった場合はスモールキャップスを利用できるフォントを選ぶ、ズレの原因となる[アウトライン]効果を使わずに[変形]効果で位置を調整するなど、状況に応じた対策を考えてみましょう。

[垂直方向:0%]で高さを0に
＋
[移動]の値で位置を調整

→[変形]効果を使った位置の調整と注意点についてはP.32

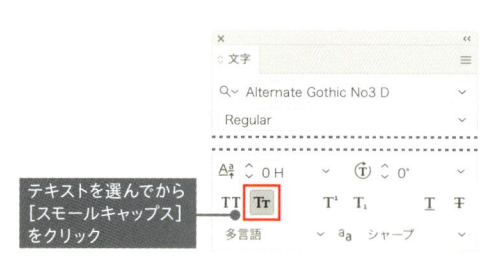

テキストを選んでから[スモールキャップス]をクリック

高さはそのままに小文字が大文字になり、差が解消されます。ただし、スモールキャップスの本来の用途とは異なるため、表現として適切かどうかはその都度判断しましょう。

Chapter 2

フチ文字のアレンジ

フルーツパンチ

クリームソーダ

さっぱり果実感

01

カラフルなフチの文字

文字ごとに異なるカラーのフチをつけたいときは、文字属性のアピアランスを活用しましょう。同じ考え方で、文字ごとに塗りのカラーが異なるフチ文字も作成できます。レイアウトを華やかにしたいときに役立つ、汎用的なテクニックです。

作例で使用しているフォント	
フォントファミリ	ABキリギリス
フォントスタイル	Regular
フォントサイズ	80Q

1

好きな内容でテキストオブジェクトを作成し、[文字]パネル
でフォントや文字の大きさなどを自由に設定しましょう。[カ
ラー]パネルで線と塗り、どちらのカラーも[なし]にします。

ここでは[文字間のカーニング：オプティカル]と
[文字詰め：50%]も設定しています。

2

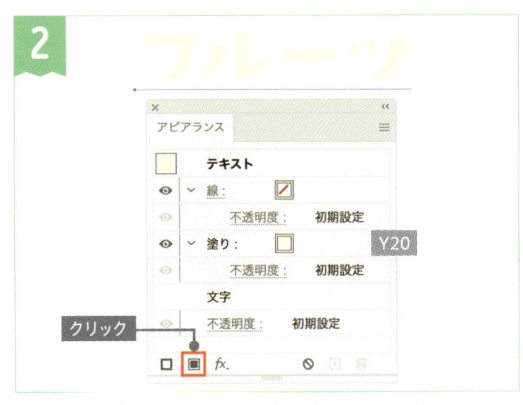

テキストオブジェクトを選択したまま、[新規塗りを追加]を
クリックしましょう。追加された塗りには好きなカラーを設定
します

3

以降は同じ色の
組み合わせで
繰り返し

M80+Y80　C60+Y100　M40+Y100　C20+M60

ここで設定しているのは文字属性の線のカラーです。

[文字]ツールでドラッグしてひと文字ずつ選び、
線のカラーを設定します。線幅は自由ですが、す
べて同じ太さにします。トゲ対策の[角の形状：
ラウンド結合]も設定しましょう。完了したら[選
択ツール]に切り替えるか、[esc]キーを押して
文字列の編集を終了します。

線の設定は、文字の内容を
すべて選んで[線]パネルか
らまとめて行いましょう。

→文字属性についての詳
しい解説はP.16

4

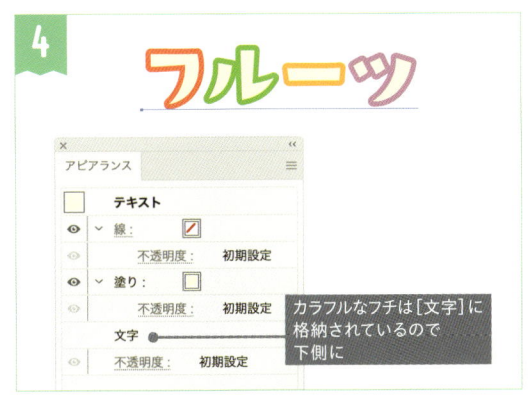

カラフルなフチは[文字]に
格納されているので
下側に

[アピアランス]パネルで[文字]の項目が塗りの項目よりも
下になっていれば完成です。重ね順が違う場合は、項目をド
ラッグで移動して調整しましょう。

アウトライン化せずに作っているため、
フォント変更にもすばやく対応できます。

フルーツパンチ
↓
フルーツパンチ

AB-アンダンテ

※文字詰めは[0%]に変更

文字属性のアピアランスの最大の特徴は「文字ごとに色や線幅などを変えられる」点です。しくみが把握できないうちは扱いに注意が必要ですが、賑やかな印象の文字を作るのにも欠かせない機能です。フチではなく文字本体をカラフルにしたり、版ずれ風など定番の処理と組み合わせたり、応用でさまざまな表現ができます。

塗りがカラフルなフチ文字も同様の手順で作成できます。この場合は文字本体が複数色、フチは単色という組み合わせです。[文字ツール]でひと文字ずつ選んだら、線ではなく塗りに異なるカラーを設定しましょう。フチはオブジェクト側のアピアランスでつけます。

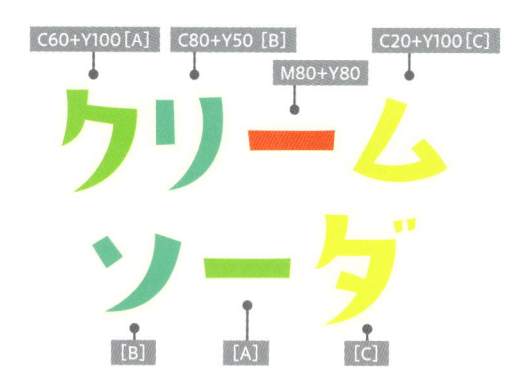

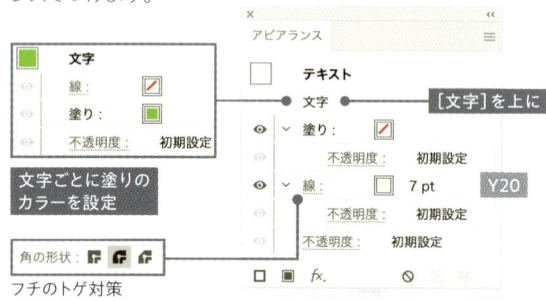

ここではオブジェクト側の線を使っていますが、オブジェクト側の塗り+[パスのオフセット]効果でフチをつけても良いでしょう。

→塗りを使ったフチ文字については P.22

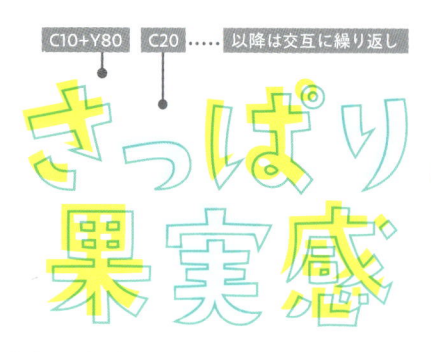

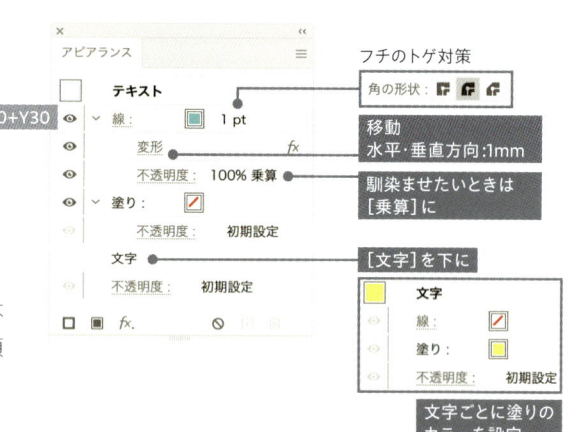

[変形]効果で版ずれ風にアレンジした例です。文字属性では効果が使用できないため、オブジェクト側に設定している項目に[変形]効果をかけてずらしましょう。

● 文字本体とフチ、両方を カラフルにすることはできないの?

残念ながら、単一のテキストオブジェクトでは文字本体とフチの両方をカラフルにした文字は作成できません。文字属性では線・塗りのカラーを文字ごとに変えられますが、線幅が太くなるほど塗りが隠れ、重ね順も変えられず、きれいに仕上がらないためです。

この場合はテキストオブジェクトを重ねるか、[アウトラインを作成]でテキストをパスに変換して表現するなどの方法があります。ただし、使い回しや修正はしにくくなるため注意しましょう。

→[アウトラインを作成]については P.234

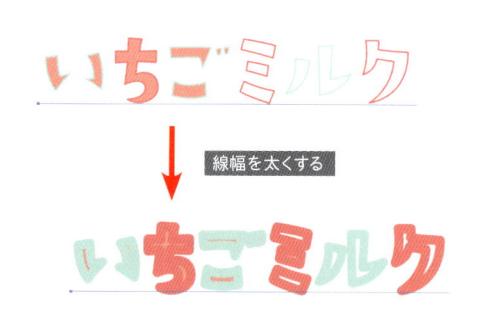

細いフチなら問題ありませんが、太めのフチでは可読性が下がってしまいます。

文字属性にアクセスするには

文字属性の線と塗りを［アピアランス］パネルに表示するには複数の方法があります。文字ごとに線幅やカラーを設定するときだけでなく、文字の内容を修正するときにも応用できる操作です。

● ①［文字ツール］を使う

もっともオーソドックスな方法が［文字ツール］を使う方法です。テキストオブジェクトをクリックまたはドラッグすると、その位置の文字の線と塗りが［アピアランス］パネルに表示されます。

［選択ツール］、［ダイレクト選択ツール］、［グループ選択ツール］でテキストオブジェクトをダブルクリックすると、自動的に［文字ツール］になります。ツールバーやショートカットキーを使わず、すばやく切り替えられるのがメリットです。

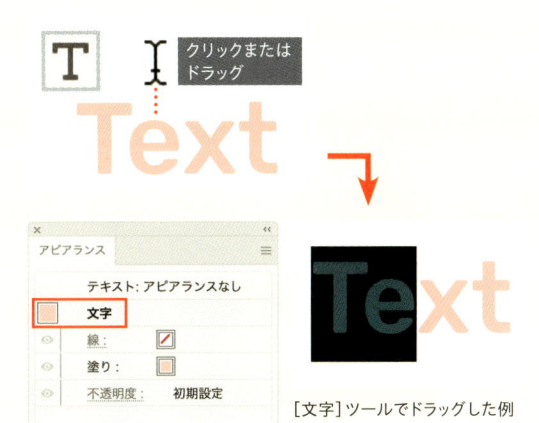

[文字]ツールでドラッグした例

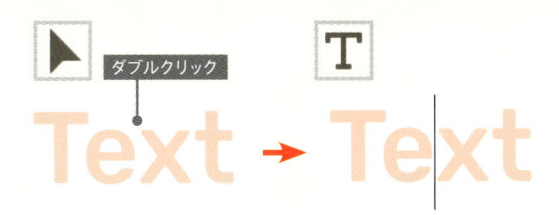

クリック位置にカーソルが挿入されて、文字の編集ができるようになります。

● ②［アピアランス］パネルで［文字］項目をダブルクリック

テキストオブジェクトを選択した状態で、［アピアランス］パネルの［文字］の項目をダブルクリックすると文字列全体が選択されます。何のツールを使っていても全選択と同時に［文字ツール］へ自動で切り替わるため、そのまま部分選択したいときもスムーズです。

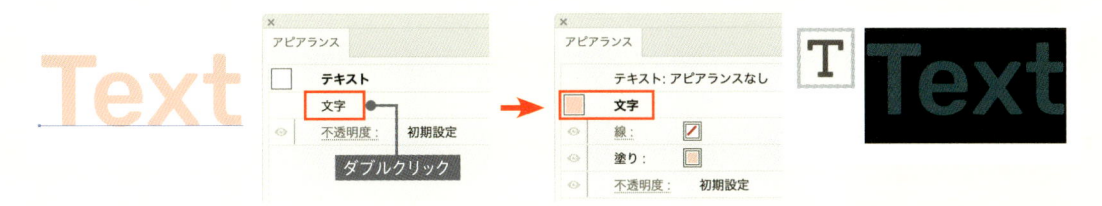

● ③［文字タッチツール］でクリック

［文字タッチツール］では文字をひとつずつ選択して変形できますが、このとき［カラー］パネルや［アピアランス］パネルに表示されているのは文字属性のカラーです。

［文字ツール］ではドラッグで選択するのに対し、［文字タッチツール］ではクリックで選択します。

確実にひと文字ずつ選択できますが、残念ながら複数の文字の選択や文字の打ち替えには対応していません。

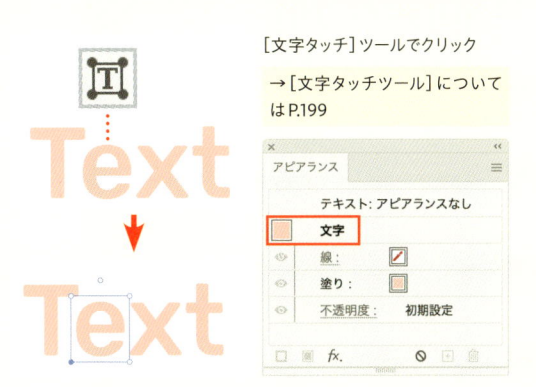

[文字タッチ]ツールでクリック

→［文字タッチツール］については P.199

DOTTED LINE

DOTTED DOTTED
DASHED DASHED
STITCH STITCH

02
破線のフチ文字

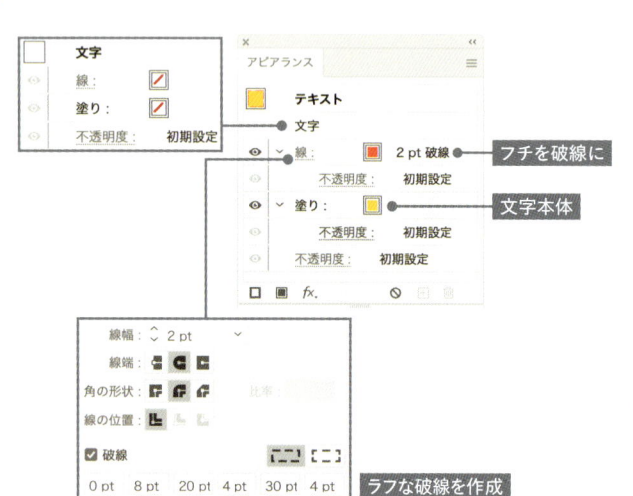

破線をあしらった軽やかな印象のフチ文字です。破線のしくみを意識しながらバリエーションも作成しましょう。

DOTTED

作例で使用しているフォント

フォントファミリ	Domus Titling
フォントスタイル	Extrabold
フォントサイズ	60Q

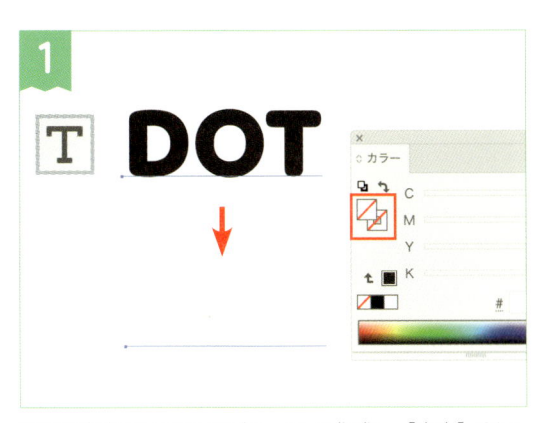

好きな内容でテキストオブジェクトを作成し、[文字] パネルでフォントや文字の大きさなどを自由に設定しましょう。[カラー] パネルで線と塗り、どちらのカラーも [なし] にします。

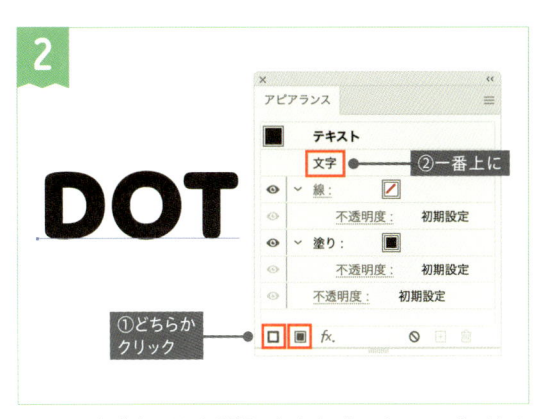

テキストオブジェクトを選択したまま、[アピアランス] パネルで [新規線を追加] または [新規塗りを追加] のどちらかをクリックしましょう。項目が追加されたら、[文字] の項目をドラッグして一番上へ移動します。

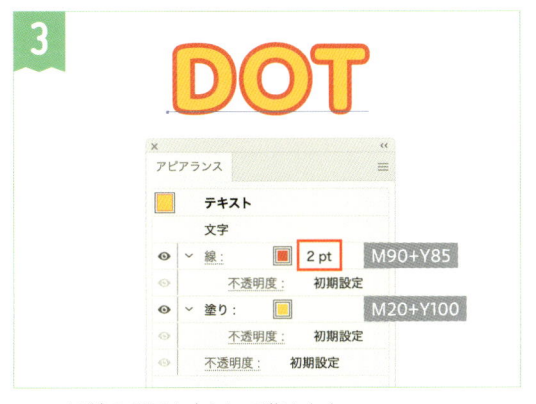

ここでは線の項目を上にして進めます。
線と塗りの項目に [カラー] パネルで好きな色を設定し、[線幅] は文字本体が隠れない程度の太さで自由に設定します。

[線] パネルで線の設定を続けます。
丸いドットを作成するため、[線端:丸形線端] にします。トゲ対策として、[角の形状:ラウンド結合] も設定しましょう。

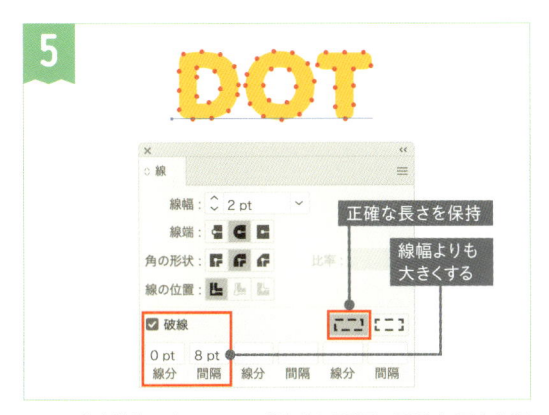

さらに [破線] をオンにして、[線分と間隔の正確な長さを保持] を設定します。一番左の [線分] に [0]、[間隔] に現在の線幅よりも大きい数値を設定し、丸いドットの破線にしましょう。

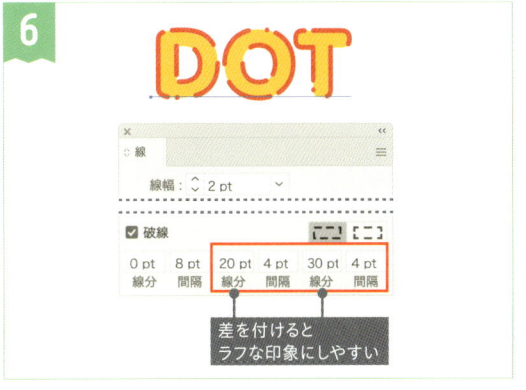

残りの [線分] と [間隔] も設定します。数値は自由ですが、[線分] の数値には差をつけるのがおすすめです。図のようなラフな印象の破線にできたら完成です。

破線の設定によってさまざまなバリエーションを作成できます。その他の文字装飾のテクニックとも組み合わせて印象を変えてみましょう。

[変形]効果を足して版ずれ風にしたアレンジです。線・塗りの項目どちらかに効果をかけて少し動かしましょう。文字列に空気が通るような、軽やかなヌケ感を演出できる組み合わせです。

そのほかの設定はすべて基本の作例と同じ

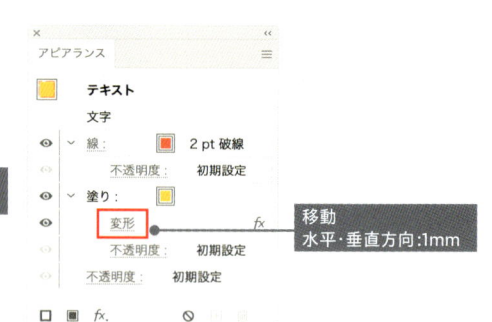

移動
水平・垂直方向:1mm

ここでは塗りに[変形]効果をかけています。動かす値は文字の大きさや線幅に応じて調整しましょう。

[線分]と[間隔]を変更した例。数値変更だけでも雰囲気が変わります。

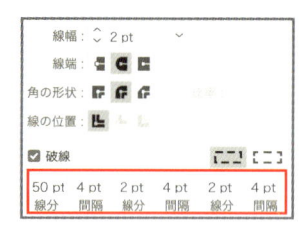

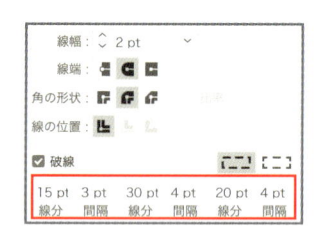

デフォルトで設定されている[コーナーやパス先端に破線の先端を整列]はオブジェクトの角に合わせて破線を調整するオプションです。文字で使用する場合は、画数の多い文字ほど細かく調整がかかります。[線分][破線]の数値によっては結果が大きく変わる点に注意しましょう。

→破線の整列オプションについて詳しい解説はP.53

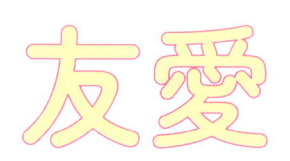

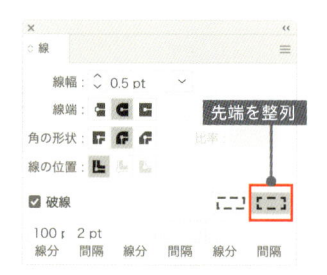

破線の整列オプション以外はまったく同じ設定ですが、右の例では破線の設定が活かされていません。

破線のフチ文字では、[間隔]に最大値である[1000pt]を設定すると、オブジェクトの一部だけに線が入ったような状態になります。

[線分]の値や破線の整列オプションによっても印象が変わるため、文字のかたちや大きさに合わせて設定しましょう。お好みで[変形]効果を足すのもおすすめです。

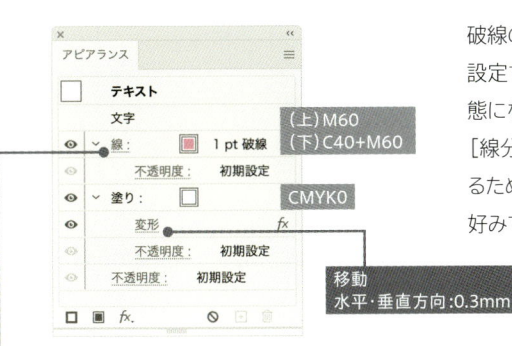

テキスト
文字
線：　1 pt 破線　（上）M60　（下）C40+M60
不透明度：初期設定
塗り：　CMYK0
変形　fx
不透明度：初期設定
不透明度：初期設定

移動
水平・垂直方向：0.3mm

線幅：1 pt
線端：
角の形状：
線の位置：
☑ 破線
30 pt　1000
線分　間隔　線分　間隔

コーナーやパス先端に破線の先端を整列

破線の整列オプションによって線の入り方が変わります。

背景パーツ
C45+Y10

線分と間隔の正確な長さを保持

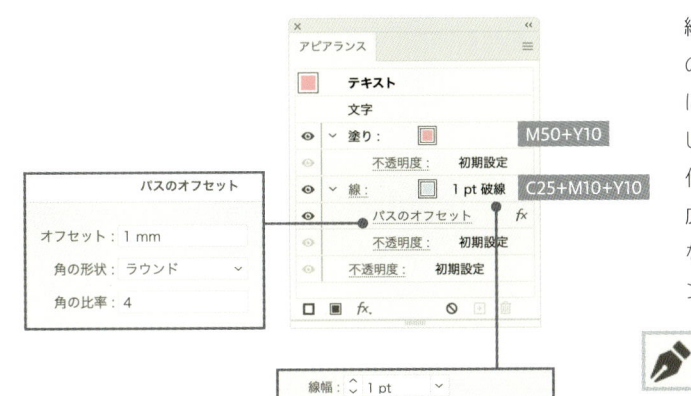

フォントファミリ：ABキリギリス
フォントスタイル：Regular
フォントサイズ：60Q
文字間のカーニング：オプティカル
文字ツメ：20%

縫い目のような破線をつけたフチ文字です。図のような等間隔の破線では[コーナーやパス先端に破線の先端を整列]を使うと、全体がきちんとした印象に仕上がります。

作例では[パスのオフセット]効果を足してフチを広げています。広げたフチが重なって読みにくくなる場合は、[文字間のカーニング]や[トラッキング]などで文字の間にゆとりを持たせましょう。

アピアランス
テキスト
文字
塗り：　M50+Y10
不透明度：初期設定
線：　1 pt 破線　C25+M10+Y10
パスのオフセット　fx
不透明度：初期設定
不透明度：初期設定

パスのオフセット
オフセット：1 mm
角の形状：ラウンド
角の比率：4

線幅：1 pt
線端：
角の形状：
線の位置：
☑ 破線　　先端を整列
2 pt
線分　間隔　線分　間隔　線分　間隔

文字のまわりの飾りは[ペンツール]で書いたものです。文字と同じ設定の破線を使っています。

03　マルチカラーなフチ文字

破線を重ねたカラフルなストロークで作るフチ文字です。きれいな等間隔の破線にするには、[線分]と[間隔]の設定がポイントです。混乱しないよう、設定値の関係性を確認しながら作成しましょう。

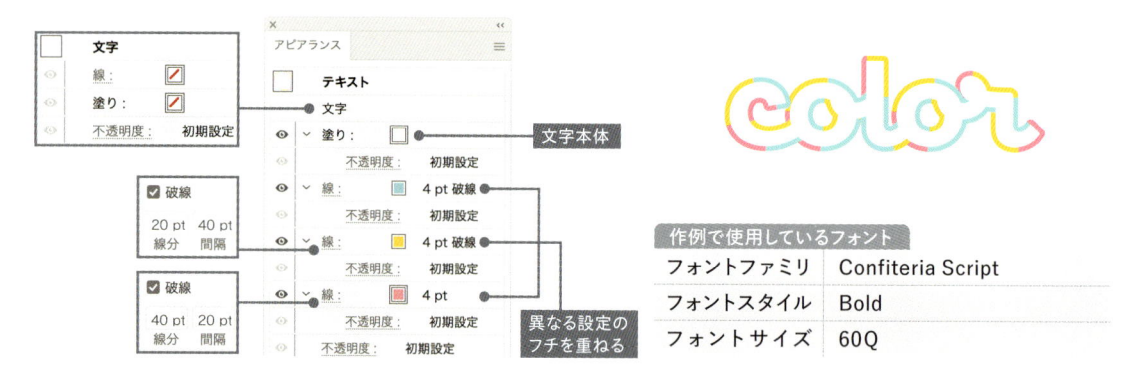

作例で使用しているフォント	
フォントファミリ	Confiteria Script
フォントスタイル	Bold
フォントサイズ	60Q

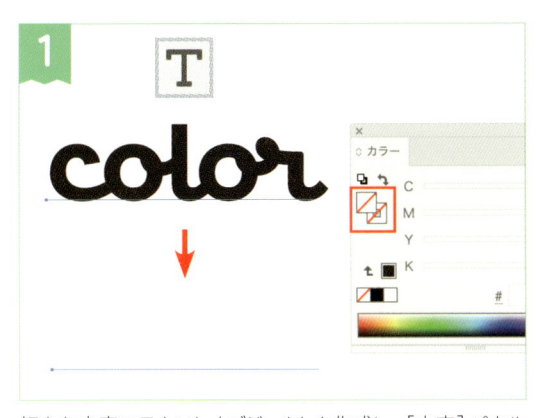

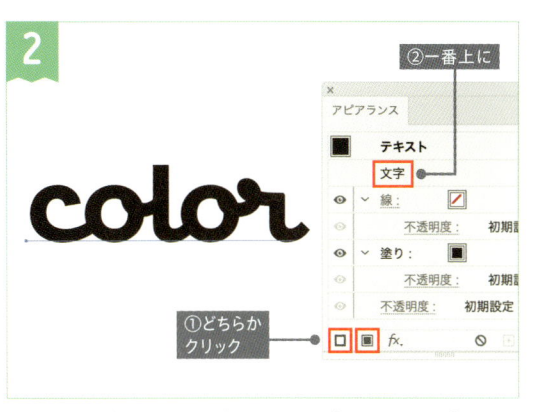

好きな内容でテキストオブジェクトを作成し、[文字]パネルでフォントや文字の大きさなどを自由に設定しましょう。[カラー]パネルで線と塗り、どちらのカラーも[なし]にします。

テキストオブジェクトを選択したまま、[アピアランス]パネルで[新規線を追加]または[新規塗りを追加]のどちらかをクリックしましょう。項目が追加されたら、[文字]の項目をドラッグして一番上へ移動します。

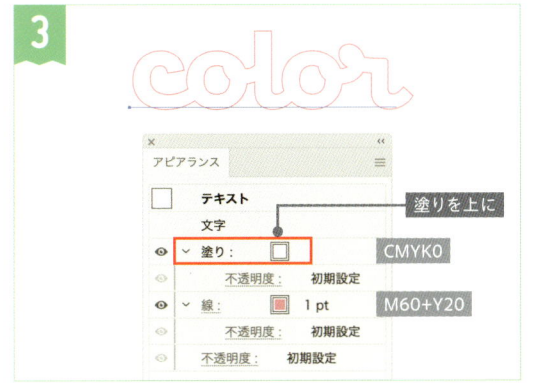

塗りが線より上になるよう、ドラッグで項目を移動します。線と塗りの項目に[カラー]パネルで好きな色を設定します。

[線]パネルで文字本体とのバランスをみながら[線幅]に数値を入力し、トゲ対策に[角の形状：ラウンド結合]を設定します。

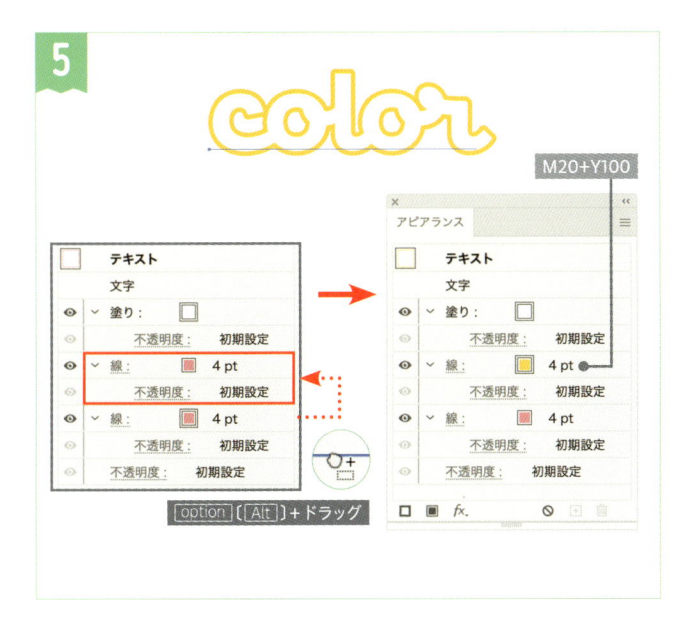

線の項目を option（[Alt]）+ドラッグして、もとの線よりも上になるよう複製しましょう。複製できたら線のカラーを変更します。

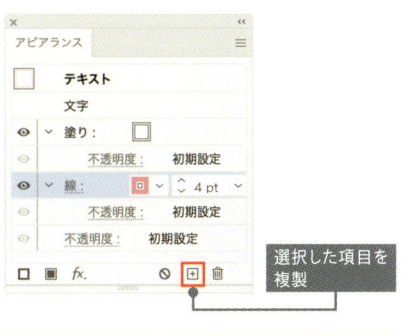

[アピアランス]パネルの[選択した項目を複製]のクリックでも複製できますが、option（[Alt]）+ドラッグなら自由な位置へ複製できるのがメリットです。

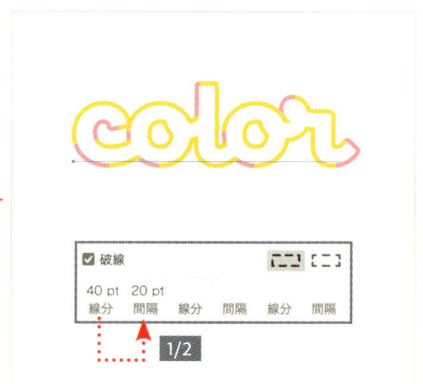

複製した線の設定を編集しましょう。[線幅]はそのままで、[破線]をオンにします。ピッチの正確さを優先するため、[線分と間隔の正確な長さを保持]も設定します。

さらに、破線の[線分]へ好きな数値を設定します。[間隔]には[線分]の1/2の数値を入力しましょう。

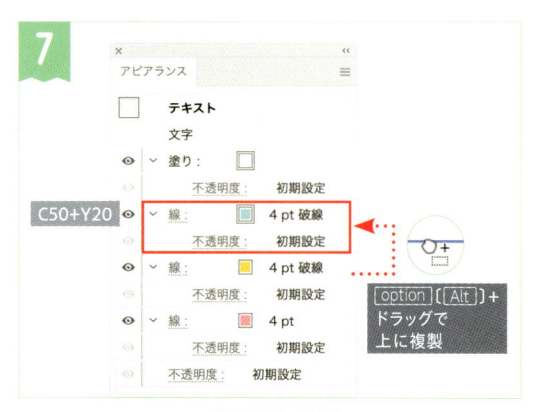

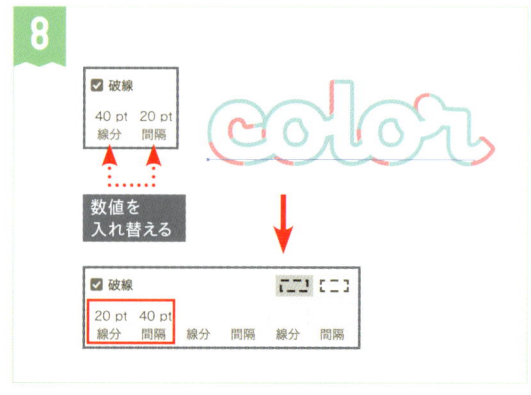

破線にした線の項目を option（ Alt ）+ドラッグで複製します。もとの破線の項目より上にしましょう。複製したら線のカラーを変更します。

同じような設定が続くときは、項目の新規作成ではなく複製がおすすめです。設定の流用で効率よく作成できます。

[線]パネルで破線を再編集します。先ほど設定した[線分]と[間隔]の値を入れ替えましょう。

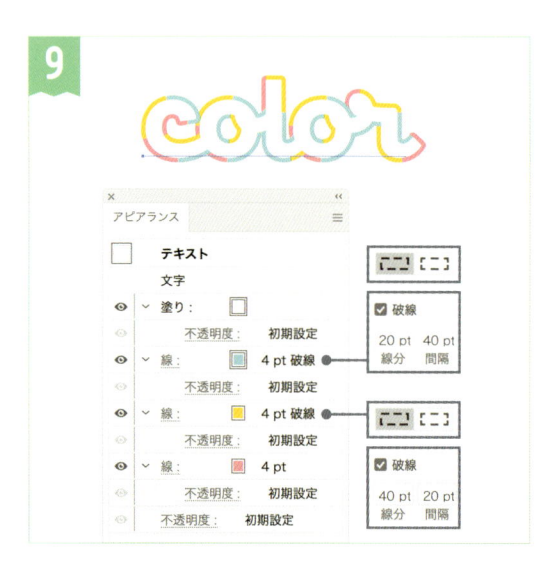

図のような見た目になっていれば完成です。きれいに仕上がっていないときは、破線の設定や項目の重ね順などを再確認しましょう。

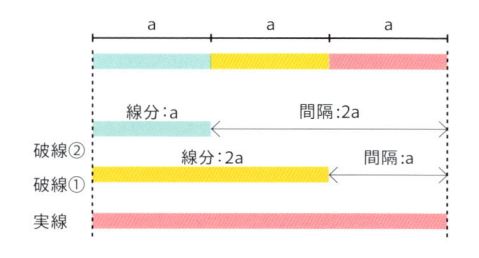

作例のように3色で等間隔に破線を重ねる場合、図のような関係性になっています。等間隔な破線であれば、色数が増えても考え方はおなじです。

作例と同じ設定

△ 作例よりも細かい設定

破線の間隔は自由に決められますが、細かすぎると読みにくくなってしまいます。画数の多い漢字と組み合わせるときは十分注意しましょう。

同じ設定の破線を単純なストロークに適用しても華やかです。長方形と組み合わせる場合は[角を丸くする]効果をかけるとコーナー部分が揃わなくても気になりません。

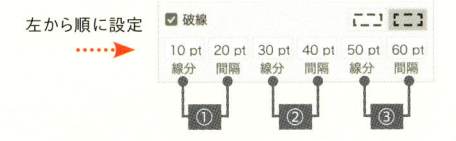

破線の設定について

● 破線のピッチは3セット

破線は[線分]と[間隔]の組み合わせで作成します。[線]パネルでは左から順に3セット分のピッチを設定できるようになっています。

一番左の[線分]に数値を入れれば、もっともシンプルな等間隔の破線を作成できます。

左から順に設定

同じ数値(6pt)

空欄の場合は左隣の[線分]と同じ数値が設定されていることになります。

必ず0に

[線分]より大きく

丸いドットの破線は[線端:丸形線端]と[線分][間隔]の組み合わせで作成します。

● 正確さと見た目、どちらかを優先できる

破線の揃え方を決めるオプションは2種類あります。表現したいものに合わせて適切に切り替えましょう。

線分と間隔の正確な長さを保持

[線分]と[間隔]で設定した数値で正確に破線を描画する設定です。ラフな雰囲気の破線を作りたいときに便利です。

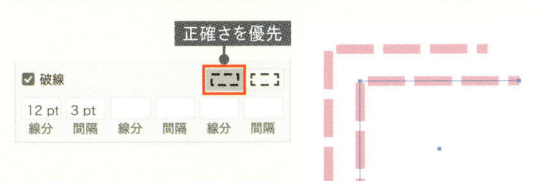

コーナーやパス先端に破線の先端を整列

オブジェクトの角や線端で破線が揃うように調整します。デフォルト設定はこちらです。

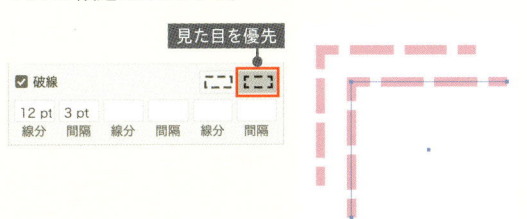

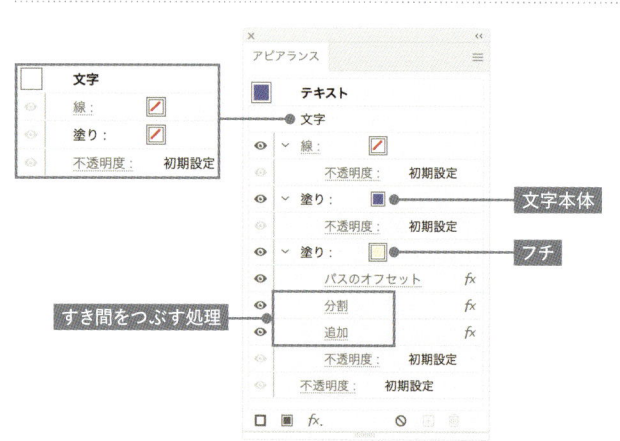

04 すき間をつぶしたフチ文字

文字のかたちによっては、フチをつけたときに細かなすき間が目立ってしまいます。効果でパスファインダー処理を加えて解消しましょう。効果のかかりやすい塗りのフチ文字で作成します。

星月夜

作例で使用しているフォント	
フォントファミリ	Kaisei Decol
フォントスタイル	Bold
フォントサイズ	60Q

好きな内容でテキストオブジェクトを作成し、[文字]パネルでフォントや文字の大きさなどを自由に設定しましょう。[カラー]パネルで線と塗り、どちらのカラーも[なし]にします。

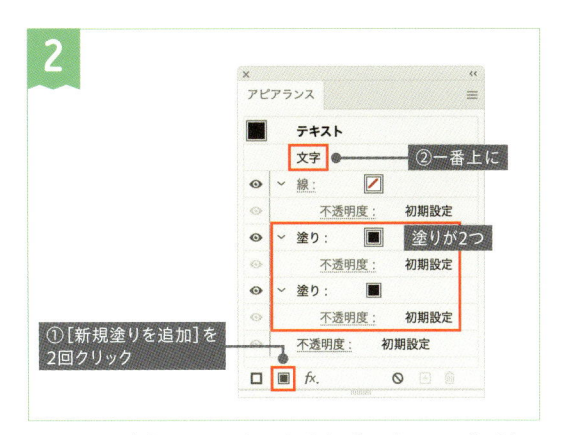

テキストオブジェクトを選択したまま、[アピアランス]パネルで[新規塗りを追加]を2回クリックし、塗りの項目を2つにします。[文字]の項目をドラッグして一番上へ移動します。

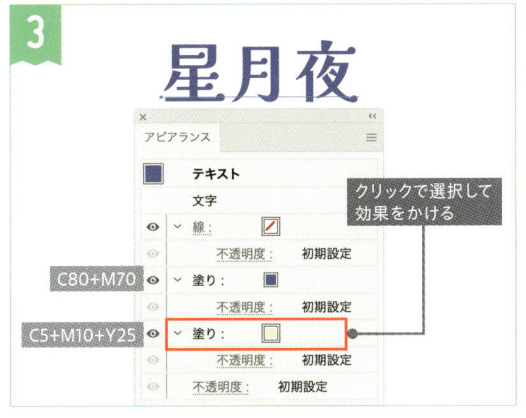

2つの塗りに好きなカラーを適用します。上の塗りには文字本体、下の塗りにはフチの色を設定しましょう。
[アピアランス]パネルで下の塗りをクリックして選び、[パスのオフセット]効果を適用します。

[効果]メニュー>[パス]>[パスのオフセット]

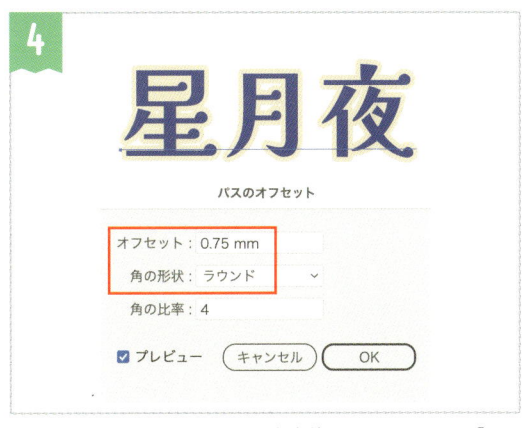

[プレビュー]をオンにして、文字本体にフチがつくよう[オフセット]にプラスの数値を入力します。トゲ対策に[角の形状：ラウンド]も設定して[OK]をクリックしましょう。

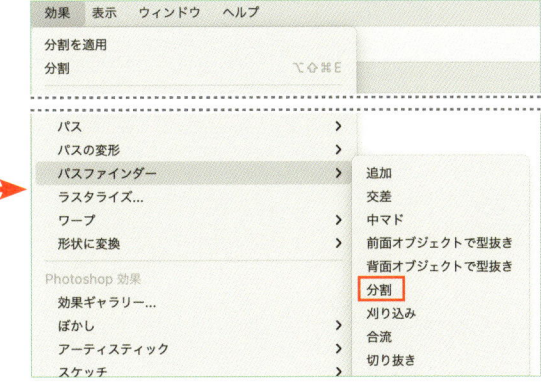

[アピアランス]パネルで[パスのオフセット]効果がかかっているのを確認し、下の塗りを選んだまま[効果]メニュー>[パスファインダー]>[分割]を実行します。

下の塗りで［パスのオフセット］、［分割］の順に効果がかかっているのを確認しましょう。［分割］をクリックしてオプションダイアログを表示します。

［分割およびアウトライン適用時に塗りのないアートワークを削除］をオフにして［OK］をクリックします。

既にすき間が埋まっていても、きれいに仕上げるためさらに効果を追加します。

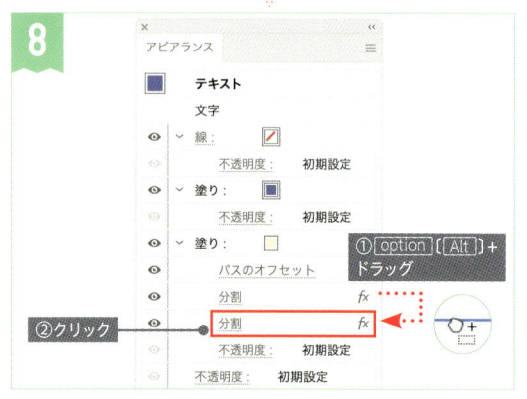

［分割］効果の項目を option（[Alt]）＋ドラッグして、すぐ下側へ複製しましょう。複製した［分割］をクリックして設定を再編集します。

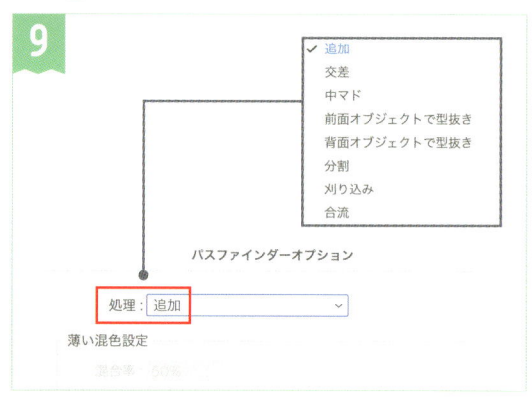

［パスファインダーオプション］ダイアログが表示されたら、［処理：追加］に変更しましょう。［OK］のクリックで終了します。

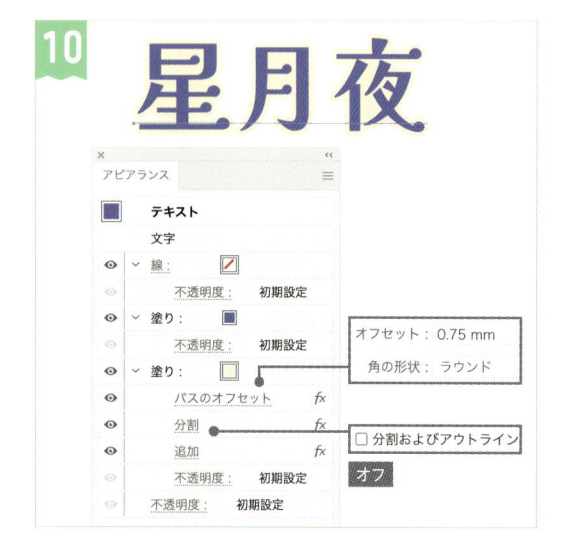

下側の塗りに、図のような順番で効果がかかっていれば完成です。

フチをつけただけの状態

比較すると、すき間が消えてすっきりしているのがわかります。

同じ考え方で、線で作ったフチ文字でもすき間をつぶせます。ただし、かける効果が増える、うまく効果がかからないことがあるといったデメリットもあります。線特有の機能が必要なケースでなければ、塗りのフチ文字を使うのがおすすめです。

線のフチ文字ですき間をつぶした例

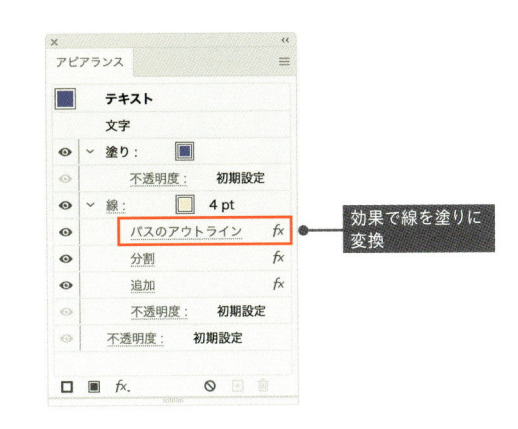

効果で線を塗りに変換

Column

パスファインダー効果ですき間をつぶす

● 文字をばらばらにする［分割］

テキストオブジェクトはさまざまなかたちのパスの集まりです。穴があいていたり、濁点などは離れた位置にパーツがあったりと、複合パスも多く含まれています。これらのパスをバラバラの状態にするために利用するのが、パスファインダー処理の［分割］効果です。

［分割］効果の適用後は［分割およびアウトライン適用時に塗りのないアートワークを削除］をオフにしないと、すき間を埋めるために必要なパーツが削除されてしまいます。オプションは必ず確認しましょう。

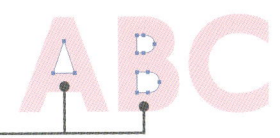

すき間を埋めるのに必要なパーツ

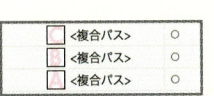

オプションがオンだとこれらのパーツは残りません。

●［追加］でひとまとめに

［分割］効果をかけただけではパーツがまだバラバラの状態です。さらに［追加］効果を適用し、全体を1つのパスにまとめてすっきり仕上げます。

［効果］メニュー>［パスファインダー］

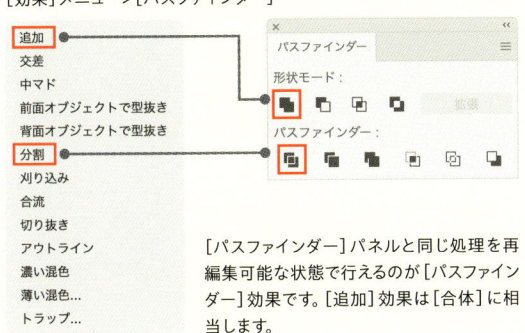

［パスファインダー］パネルと同じ処理を再編集可能な状態で行えるのが［パスファインダー］効果です。［追加］効果は［合体］に相当します。

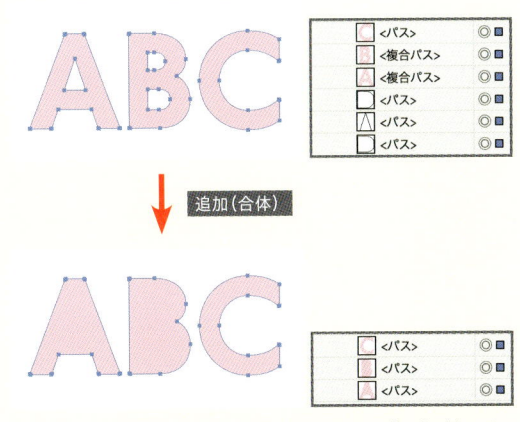

追加（合体）

「すき間をつぶしたフチ文字」では［パスのオフセット］で広げたフチに対し、［アピアランス］パネルの中でこのような処理がされています。

発見！
古民家カフェ

東京の
下町さんぽ

05
すき間がかわいい文字

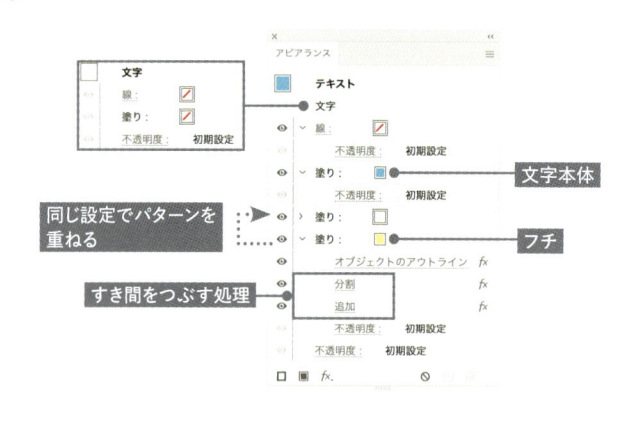

同じ設定でパターンを重ねる

すき間をつぶす処理

文字本体

フチ

すき間をつぶしたフチ文字の応用です。作例ではドットのパターンを使い、楽しく可愛らしい印象に仕上げます。

作例で使用しているフォント	
フォントファミリ	FOT-筑紫A丸ゴシック Std
フォントスタイル	B
フォントサイズ	60Q

1

はじめに、装飾に使うパターンスウォッチを用意しましょう。ここでは斜め45°のドットのパターンを作成します。ツールバーで［楕円形ツール］に切り替え、クリックまたは shift ＋ドラッグでちいさな正円をひとつ描きます。

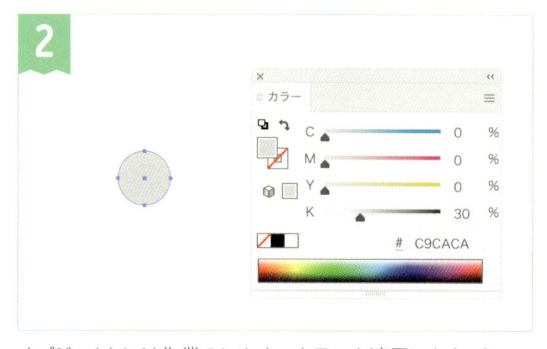

2

オブジェクトには作業のしやすいカラーを適用します。カラーは自由ですが、線はなしにしましょう。

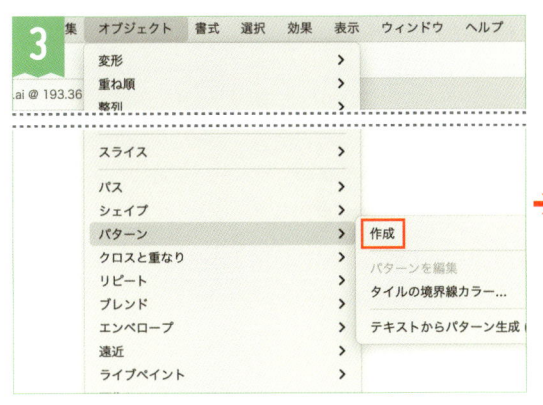

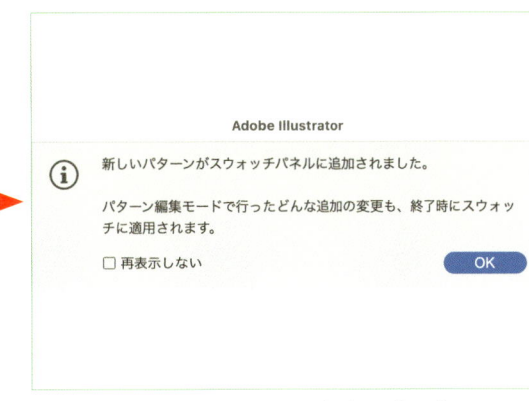

正円のオブジェクトを選択し、[オブジェクト]メニュー>[パターン]>[作成]を実行します。

作例のように小さなパーツを使うときはメニューからパターンスウォッチを作成すると確実です。

図のようなアラートが表示された場合は、[OK]をクリックして作業を続けましょう。画面がパターン編集モードに切り替わります。

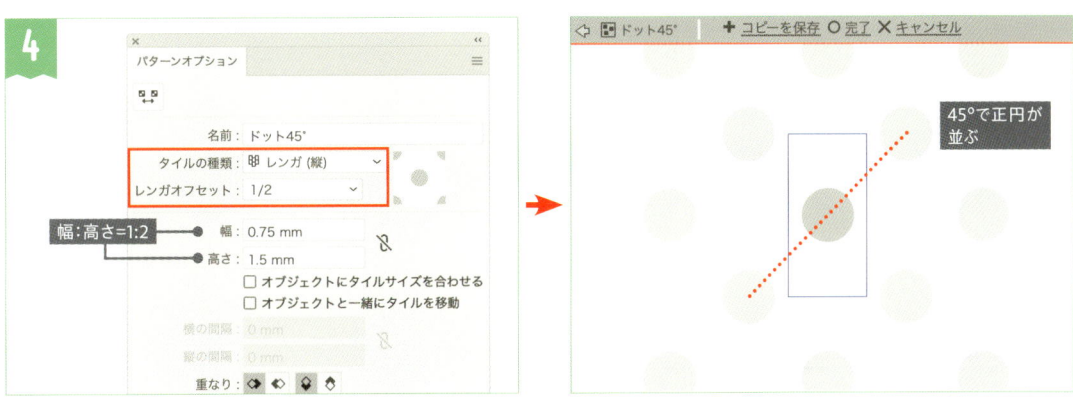

[パターンオプション]パネルで[タイルの種類：レンガ（縦）]、[レンガオフセット：1/2]にします。
[幅]と[高さ]は自由な数値でかまいませんが、「1:2」の比率で設定して、ななめ45°で正円が並ぶパターンにします。

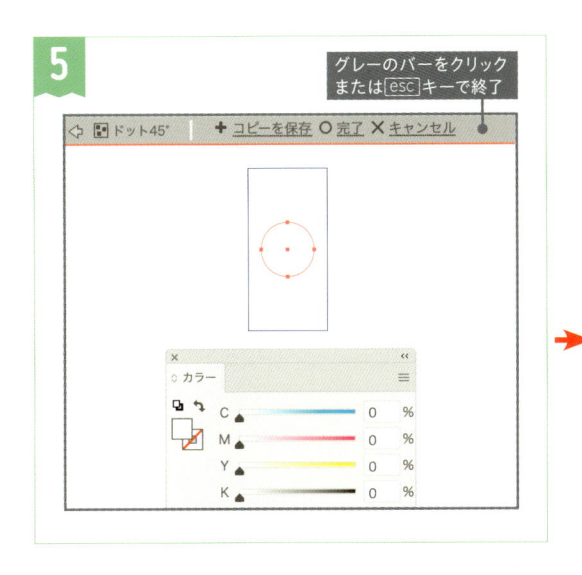

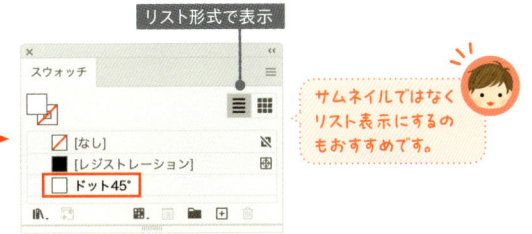

パターンのバランスを確認したら、正円の塗りのカラーを白に変更します。グレーのバーをクリックするか、[esc]キーを押してパターン編集モードを終了しましょう。
作成したパターンは[スウォッチ]パネルに登録されています。

サムネイルではなくリスト表示にするのもおすすめです。

白いオブジェクトでパターンを作成するとサムネイルでは見えなくなってしまいます。取り違えないよう、パターンスウォッチには分かりやすい名前を付けましょう。

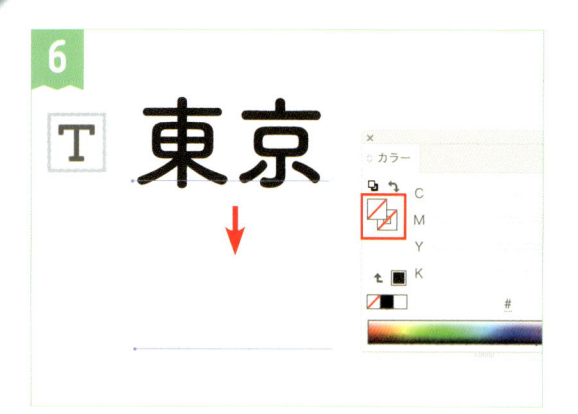

好きな内容でテキストオブジェクトを作成し、[文字] パネルでフォントや文字の大きさなどを自由に設定しましょう。[カラー] パネルで線と塗り、どちらのカラーも [なし] にします。

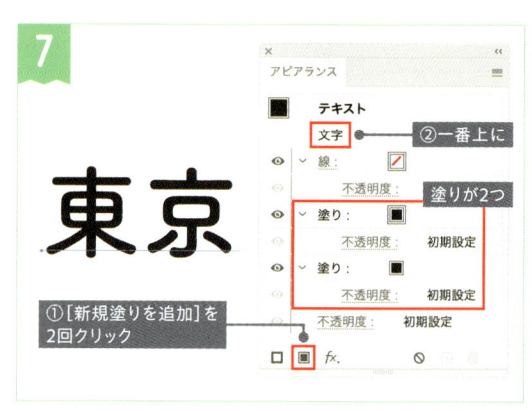

テキストオブジェクトを選択したまま、[アピアランス] パネルで [新規塗りを追加] を2回クリックし、塗りの項目を2つにします。[文字] の項目をドラッグして一番上へ移動します。

2つの塗りに好きなカラーを適用します。
上の塗りには文字本体、下の塗りには文字のすき間から見える色を設定しましょう。

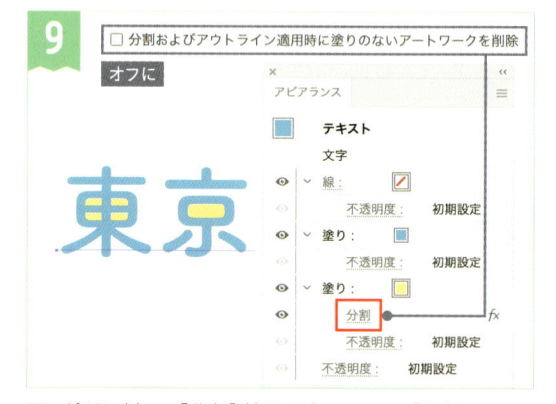

下の塗りに対して [分割] 効果を適用します。[分割およびアウトライン適用時に塗りのないアートワークを削除] をオフにすると、文字のすき間に色が入ります。

[効果] メニュー>[パスファインダー]>[分割]

同じかたちで塗りが重なっているため、書き出し結果に影響しないよう塗りを少しだけ小さくします。

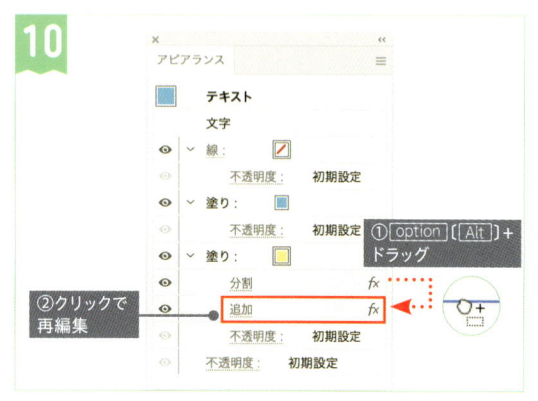

[分割] 効果の項目を option ([Alt])+ドラッグして、すぐ下側へ複製しましょう。複製した [分割] をクリックしてダイアログを開き、[処理] を [追加] へ変更します。

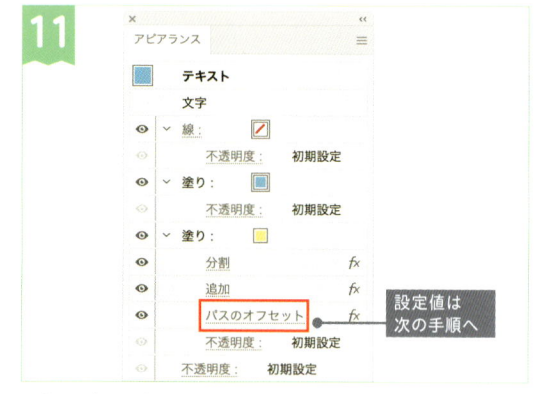

下側の塗りに [パスのオフセット] 効果を足します。効果の順番に注意しましょう。

[効果] メニュー>[パス]>[パスのオフセット]

12

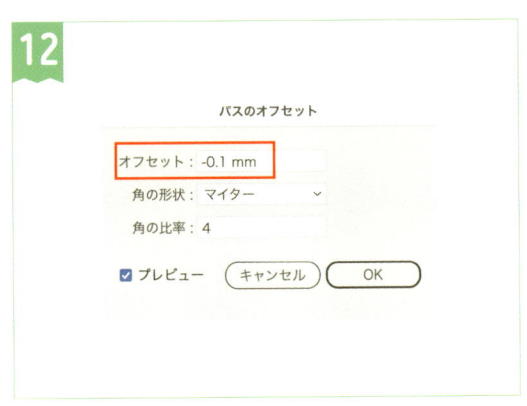

パスのオフセット

オフセット： -0.1 mm

角の形状： マイター

角の比率： 4

☑ プレビュー　（キャンセル）（OK）

［オフセット］にマイナスの数値を入力して、文字本体より少しだけ小さくします。［プレビュー］をオンにして、小さくなりすぎないよう数値を決めましょう。［OK］のクリックでダイアログを閉じます。

13

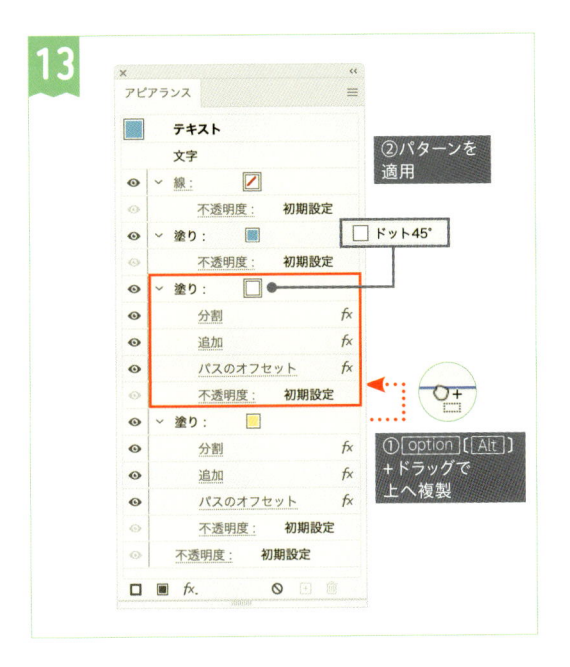

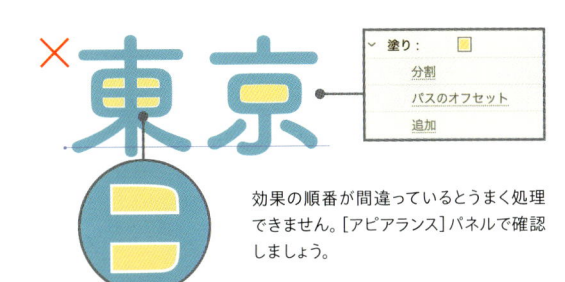

塗りがほんの少し内側に入る程度で問題ありません。
※確認のため、文字本体の不透明度を下げています。

効果の順番が間違っているとうまく処理できません。［アピアランス］パネルで確認しましょう。

下の塗りを option （ Alt ）＋ドラッグで複製します。もとの塗りの上へ配置しましょう。
複製した項目に、先ほど作ったドットのパターンを設定して完成です。

バリエーション

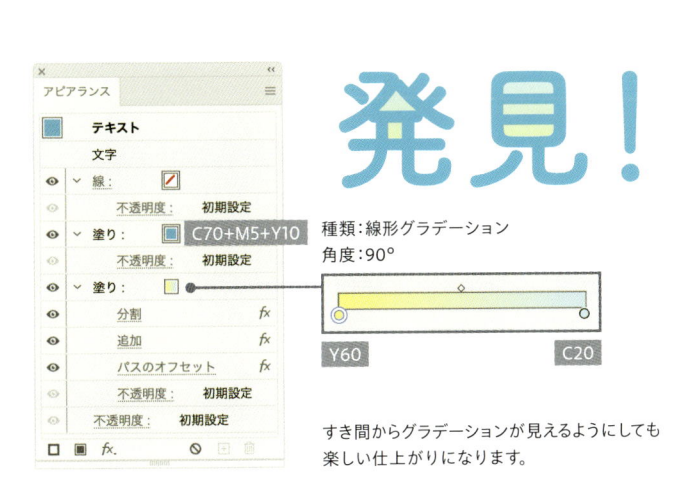

種類：線形グラデーション
角度：90°

Y60　　　　C20

すき間からグラデーションが見えるようにしても楽しい仕上がりになります。

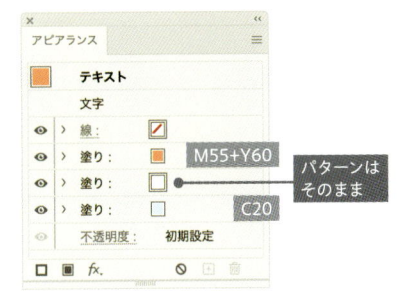

白いドットはそのままに、その他の色を変えた例。異なる塗りでパターンの背景色をつけているので、色替えがかんたんです。

パターンスウォッチを活用しよう

定番のドットやストライプなど、模様をつけたいときに使うのがパターンスウォッチです。テキストオブジェクトの場合は、文字属性とオブジェクト側のアピアランスのどちらでも利用可能です。

● パターンを作成するには

パターンの作成には2つの方法があります。操作の状況に応じて使い分けるのが良いでしょう。

[スウォッチ]パネルにオブジェクトをドラッグ&ドロップ

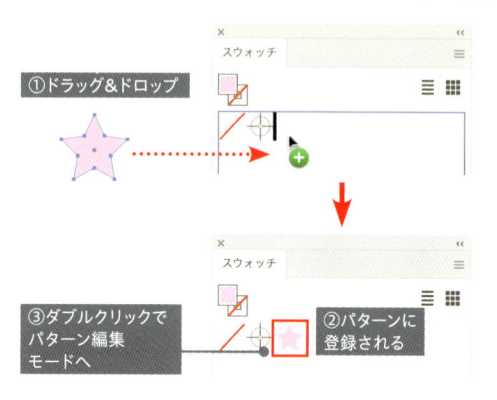

オブジェクトを選択して
[オブジェクト]メニュー>[パターン]>[作成]を実行

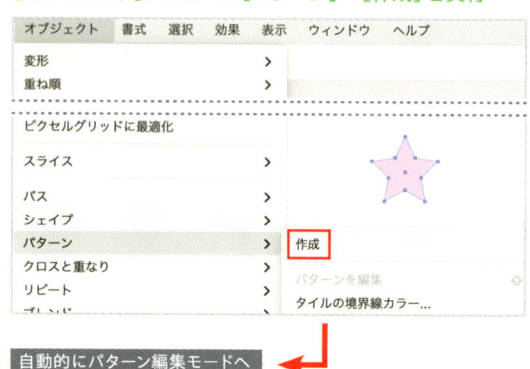

● パターンに登録できないもの

効果でかたちを変えているオブジェクトなどは、パターン登録時に強制的に分割されるため注意しましょう。分割されるオブジェクトがパターンに含まれていると、パターン編集モードの終了時にアラートが表示されます。

Adobe Illustrator

⚠ パターンには、アクティブコンテンツ（シンボル、効果、プラグインループ、ネストされたパターン、内部/外部に整列されたストローク、グラフ）が含まれています。スウォッチを作成するためにこれらを分割・拡張する必要があります。後でパターンを再度編集すると、分割・拡張したコンテンツは編集可能ではなくなります。

続行しますか？（パターン編集モードに戻るにはキャンセルをクリックしてください。）

☐ 再表示しない　　　　　（キャンセル）　（OK）

● 便利なパターン編集モード

「パターン編集モード」では、パターンに登録するオブジェクトだけが画面に表示され、実際の仕上がりをプレビューしながら編集できます。

タイルの大きさや形、並べ方などは[パターンオプション]パネルから変更できます。

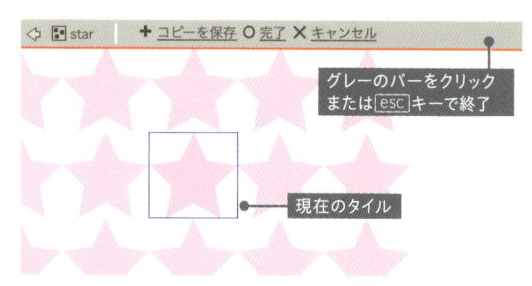

プレビューを確認しながら、オブジェクトを編集・追加してパターンを作成できます。

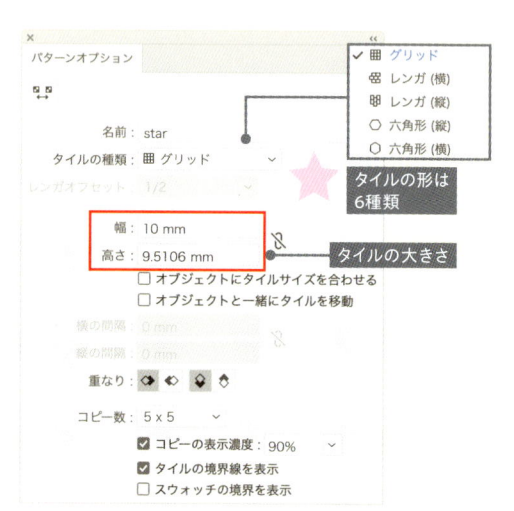

パターンの作成直後は、[タイルの種類:グリッド]でオブジェクトと同じ大きさのタイルが設定されています。

● 便利なタイル設定① 水平・垂直

[タイルの種類：グリッド]に設定します。タイルの[幅]、[高さ]の数値がいくつであっても、必ず格子状に柄がつながります。

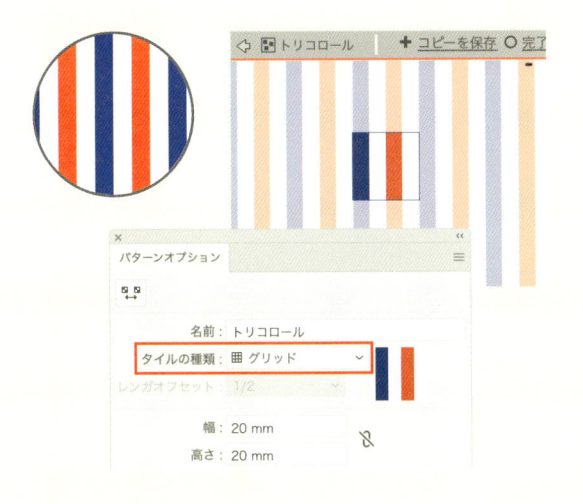

● 便利なタイル設定② ななめ45°

[タイルの種類：レンガ（縦）]、[レンガオフセット：1/2]にして、[幅]と[高さ]を「1:2」の比率で設定すると、ななめ45°で柄がつながります。

● 便利なタイル設定③ ななめ60°

正六角形のタイルはななめ60°で柄がつながります。正六角形のオブジェクトと一緒にパターンへ登録するとかんたんです。

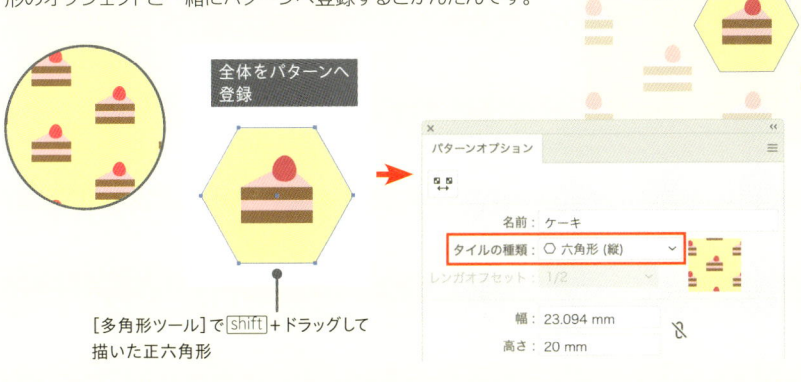

[多角形ツール]で shift +ドラッグして描いた正六角形

[タイルの種類]をデフォルトの[グリッド]から[六角形（縦）]に切り替えると、正六角形のオブジェクトに合わせた大きさでタイルが定義されます。

● デフォルトのパターンライブラリ

デフォルトライブラリにもさまざまなパターンが用意されています。[スウォッチライブラリメニュー]ボタンをクリックし、[パターン]から読み込んで使いましょう。

クリックで[スウォッチ]パネルに読み込まれます。サムネイルをダブルクリックすれば再編集も可能です。

[ベーシック_点]を開いた例

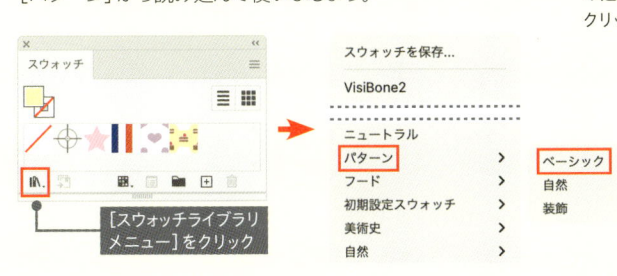

[スウォッチライブラリメニュー]をクリック

［パスのオフセット］効果の重ねがけでフチ全体をなめらかにつなげた文字です。どんなフォントでも作成できますが、丸みのあるもの、優美な曲線で構成されているものを選ぶとより効果的です。

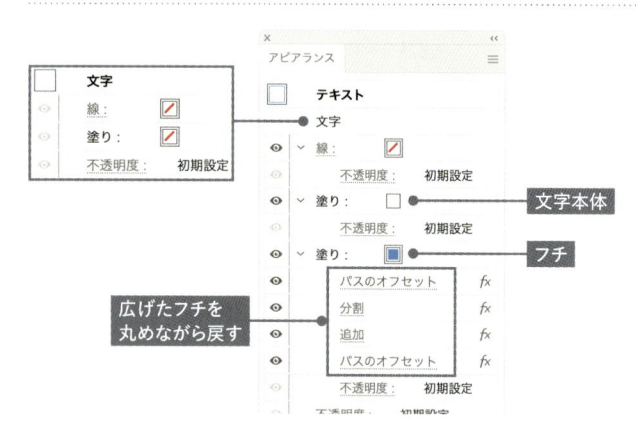

作例で使用しているフォント	
フォントファミリ	貂明朝
フォントスタイル	Regular
フォントサイズ	60Q

1 好きな内容でテキストオブジェクトを作成し、[文字] パネルでフォントや文字の大きさなどを自由に設定しましょう。
文字間が空きすぎているとうまく作成できないため、[文字間のカーニング] や [トラッキング]、[文字詰め] などで調整して全体を程よく詰めます。

2 [カラー] パネルで線と塗り、どちらのカラーも [なし] にしましょう。

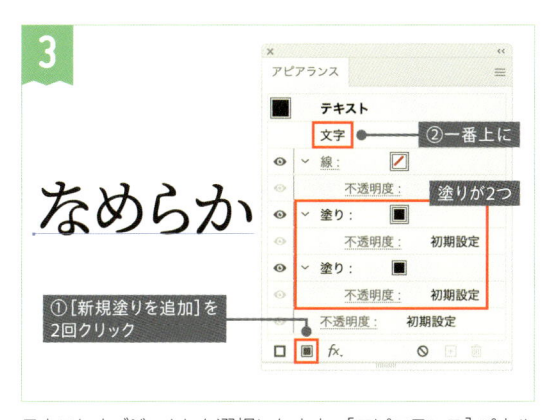

3 テキストオブジェクトを選択したまま、[アピアランス] パネルで [新規塗りを追加] を2回クリックし、塗りの項目を2つにします。[文字] の項目をドラッグして一番上へ移動します。

4 2つの塗りに好きなカラーを適用します。上の塗りには文字本体、下の塗りにはフチの色を設定しましょう。

5 [アピアランス] パネルで下の塗りをクリックして選び、[パスのオフセット] 効果をかけます。

[効果] メニュー>[パス]>[パスのオフセット]

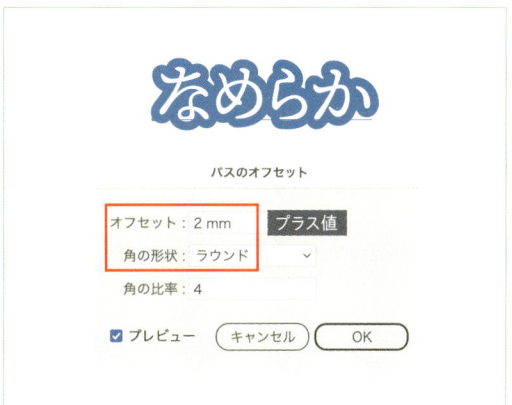

6 [プレビュー] をオンにして [オフセット] にプラスの数値を入力します。隣の文字と重なる程度にフチを広げましょう。
[角の形状：ラウンド] も設定して [OK] をクリックします。

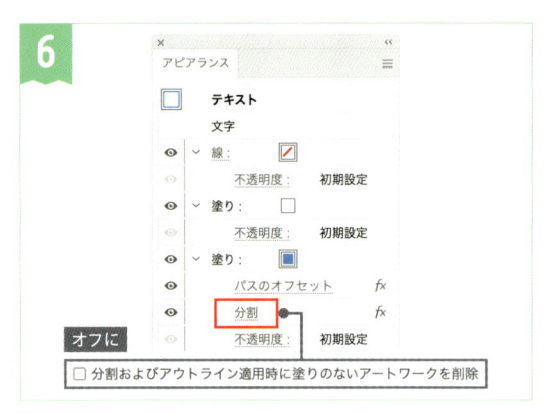

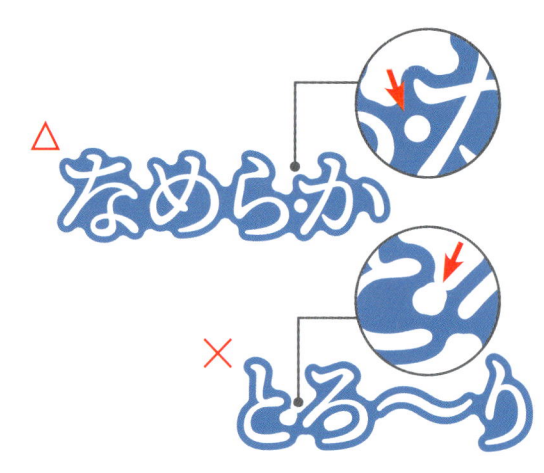

下の塗りに[分割]効果を適用します。[パスのオフセット]の次に効果がかかるようにしましょう。
[分割およびアウトライン適用時に塗りのないアートワークを削除]はオフにします。

[効果]メニュー>[パスファインダー]>[分割]

「すき間をつぶしたフチ文字」(P.54)と同じ考え方でフチのすき間をつぶします。

この[分割]効果がないと、フチに穴が空いたり、細かなトゲが出たりすることがあります。

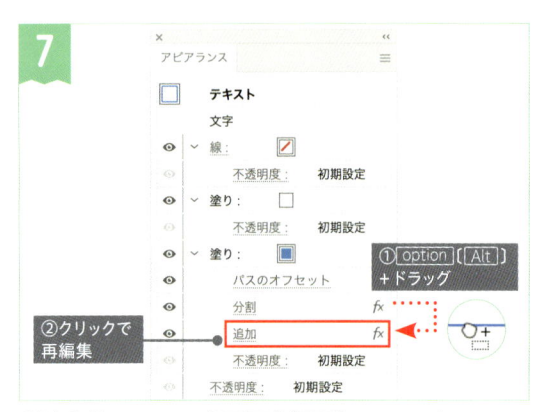

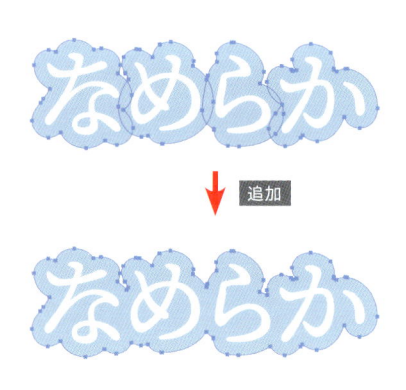

[分割]効果の項目を option （ Alt ）+ドラッグして、すぐ下側へ複製しましょう。複製した[分割]をクリックしてダイアログを開き、[追加]へ変更します。

見た目は変わりませんが、広げたフチが[追加]効果によってひとまとめになります。

最初にかけた[パスのオフセット]を option （ Alt ）+ドラッグして、一番下へ複製しましょう。複製した[パスのオフセット]効果をクリックして設定を再編集します。

[オフセット]にマイナスの数値を入力します。文字本体に程よくフチが付く程度に狭めましょう。[角の形状：ラウンド]は必ず設定します。[OK]のクリックで終了します。

9

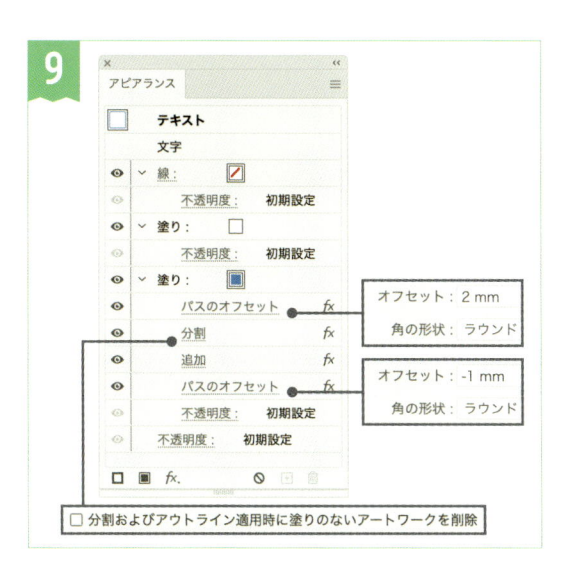

下側の塗りに図のような順番で効果がかかっていれば完成です。

同じ結果になっていないときは、効果の順番や設定をあらためて確認しましょう。

なめらか

うまくいかないときは、文字の間が空きすぎている可能性があります。文字間を詰めるか、最初の[パスのオフセット]効果で広げる値を大きくしましょう。

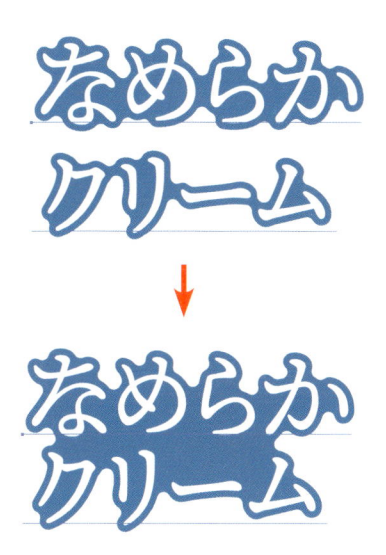

複数行のときは、行間を詰めると全体にフチがつきます。

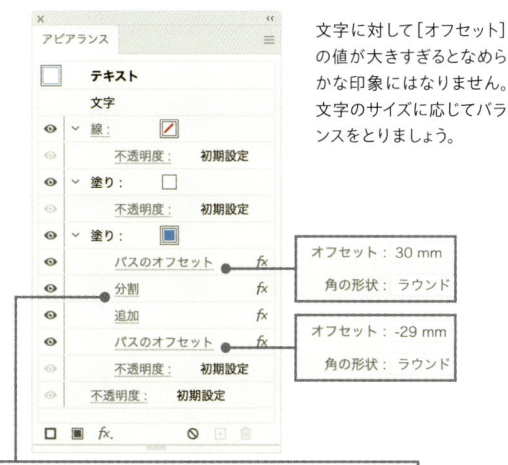

文字に対して[オフセット]の値が大きすぎるとなめらかな印象にはなりません。文字のサイズに応じてバランスをとりましょう。

（［パスのオフセット］効果の重ねがけで丸める）

● 広げた部分を丸めながら戻す

「なめらかなフチ文字」ではフチの塗りに「パスのオフセット」効果を2回かけています。2回目の［パスのオフセット］効果で［角の形状：ラウンド］を設定し、丸めながら塗りを縮めているのがポイントです。

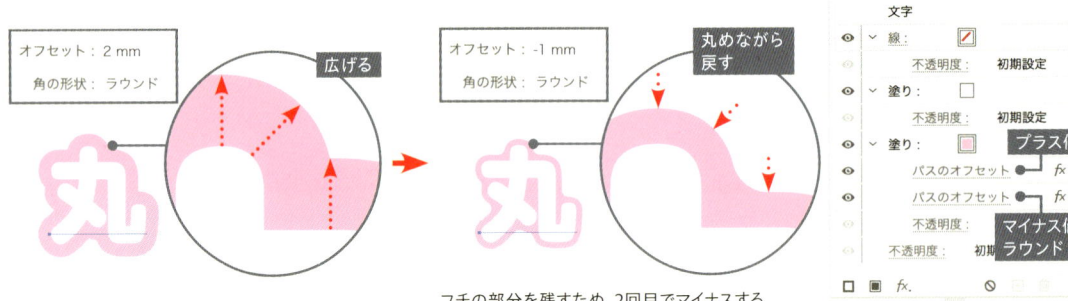

フチの部分を残すため、2回目でマイナスする値が1回目の値を超えないよう注意します。

● ［角を丸くする］効果の代わりにも

定番の［角を丸くする］効果は、形状によってはきれいに角丸がかからないことがあります。こういったケースでも［パスのオフセット］効果の重ねがけが有効です。

オブジェクトの内側・外側どちらの角を丸めるかはプラス値・マイナス値でオフセットする順番でコントロールできます。外側ならマイナス→プラス、内側ならプラス→マイナスの順でオフセットしましょう。

また、フチをつけずに角を丸める場合は、同じ値でプラス・マイナス0になるよう［オフセット］の値を設定します。

外側の角を丸める

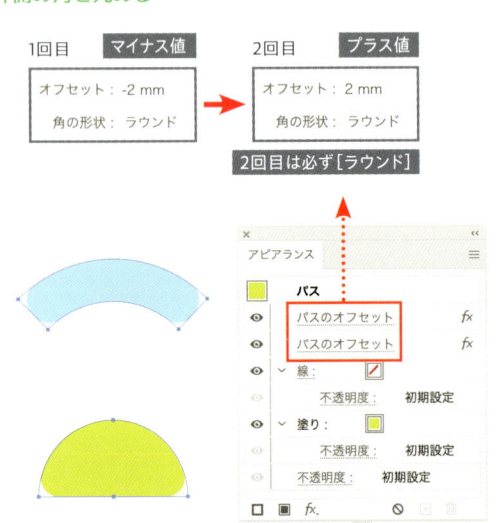

内側の角を丸める

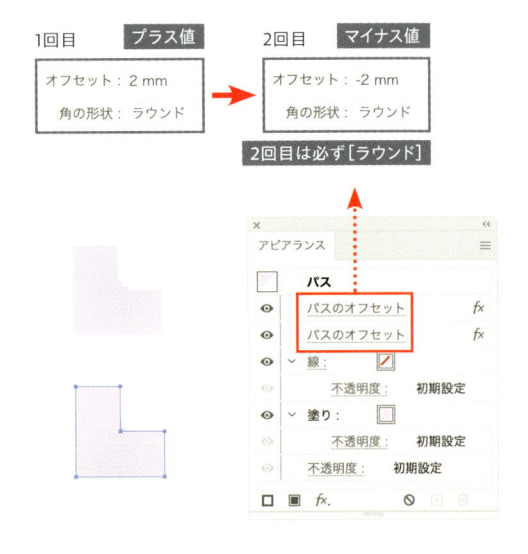

動きをつける

花より
だんご

Hana Yori Dango

01
塗りを重ねたずらし文字

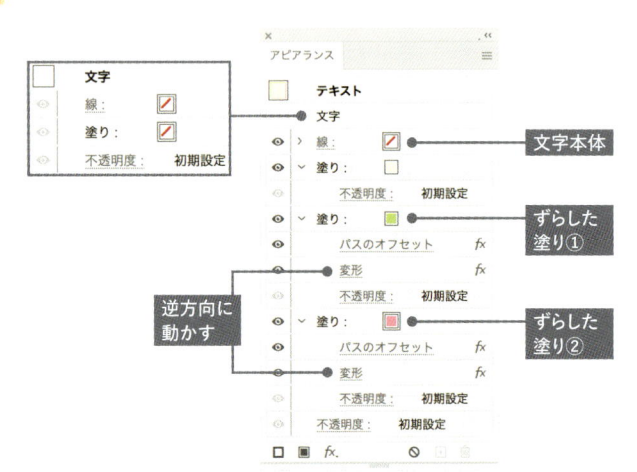

ずらした塗りがかわいらしい印象の文字です。
[変形]効果の値で塗りをずらす方向を調整し
ましょう。

作例で使用しているフォント	
フォントファミリ	ABキコリ
フォントスタイル	Regular
フォントサイズ	60Q

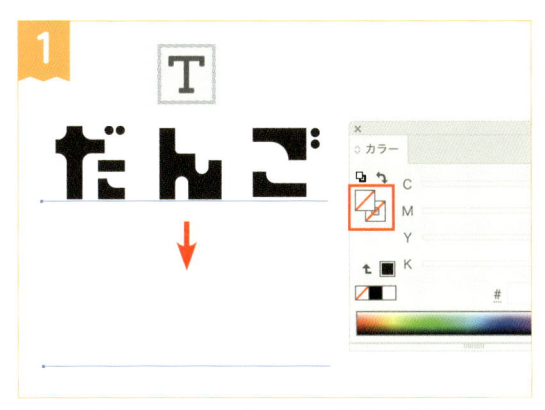

好きな内容でテキストオブジェクトを作成し、[文字] パネル
でフォントや文字の大きさなどを自由に設定しましょう。[カ
ラー] パネルで線と塗り、どちらのカラーも [なし] にします。

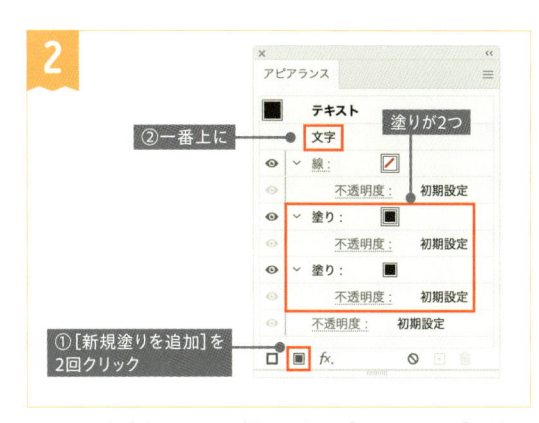

テキストオブジェクトを選択したまま、[アピアランス] パネル
で [新規塗りを追加] を2回クリックしましょう。
塗りの項目が2つになったら、[文字] の項目をドラッグして
一番上へ移動します。

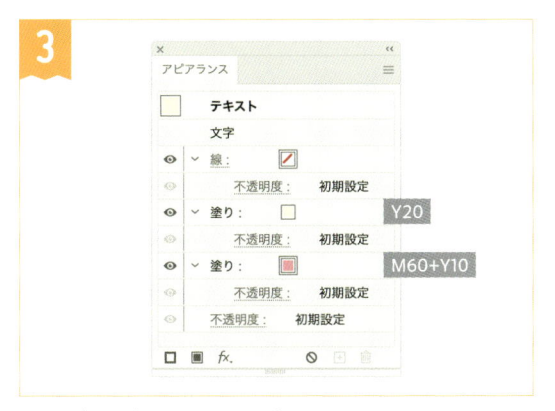

2つの塗りに好きなカラーを適用します。
上の塗りには文字本体、下の塗りにはずらしたときに見える
色を設定しましょう。

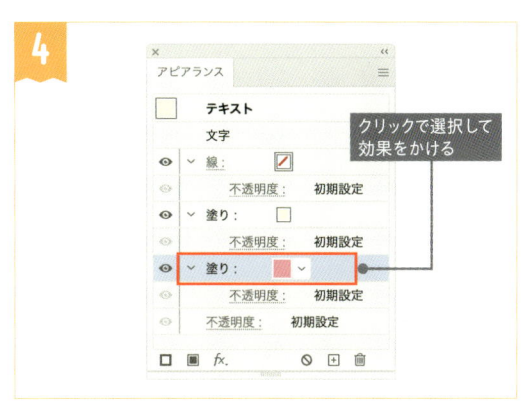

[アピアランス] パネルで下の塗りをクリックして選び、[パス
のオフセット] 効果を適用します。

[効果] メニュー > [パス] > [パスのオフセット]

[オフセット] にプラスの値を入れて塗りを少しだけ太らせま
す。[角の形状：ラウンド] も設定しましょう。
[プレビュー] をオンにしてバランスを確認したら、[OK] のク
リックで終了します。

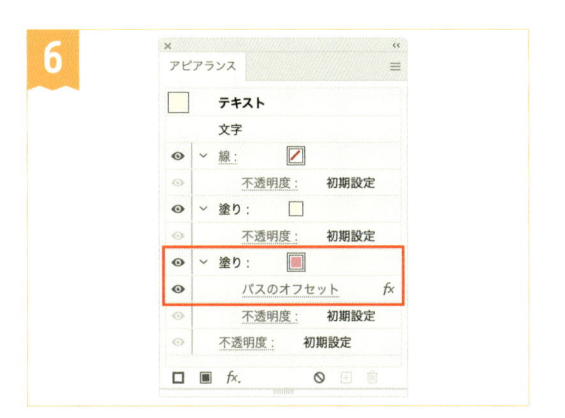

下の塗りに [パスのオフセット] 効果がかかっているのを確
認し、同じ塗りを選んだまま [変形] 効果を適用します。

[効果] メニュー > [パスの変形] > [変形]

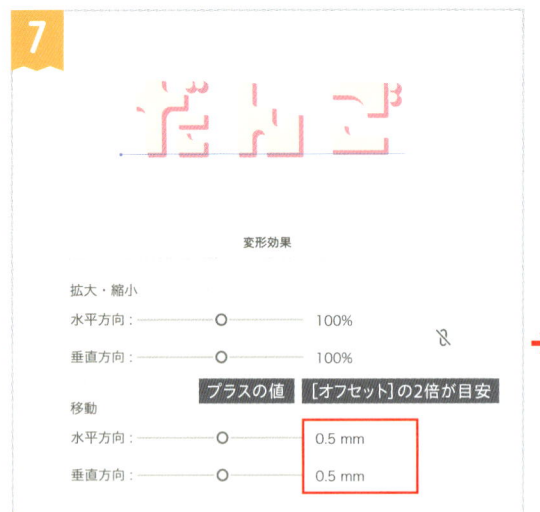

7 ［プレビュー］をオンにして、［移動］の［水平方向］と［垂直方向］にプラスの数値を設定します。オフセットで太らせた数値の2倍ほどの数値で動かしましょう。

塗りが右斜め下にずれたら［OK］をクリックします。

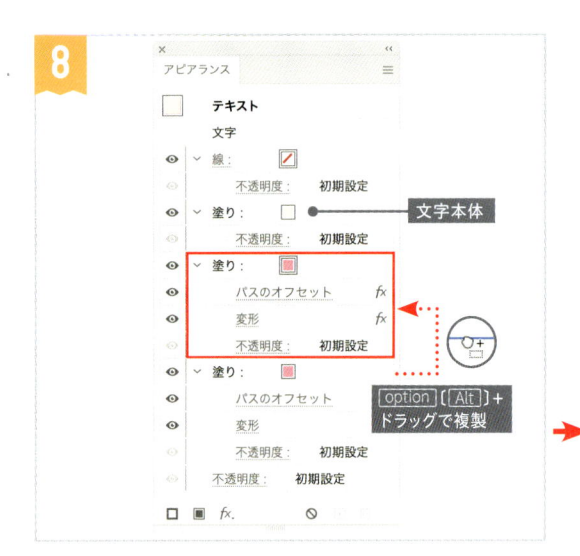

8 下の塗りを`option`（`Alt`）＋ドラッグで複製します。文字本体よりも下なら重ね順はどこでもかまいません。

複製した塗りはカラーを変更し、［変形］効果をクリックして設定を再編集します。

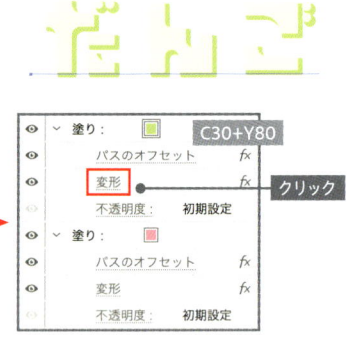

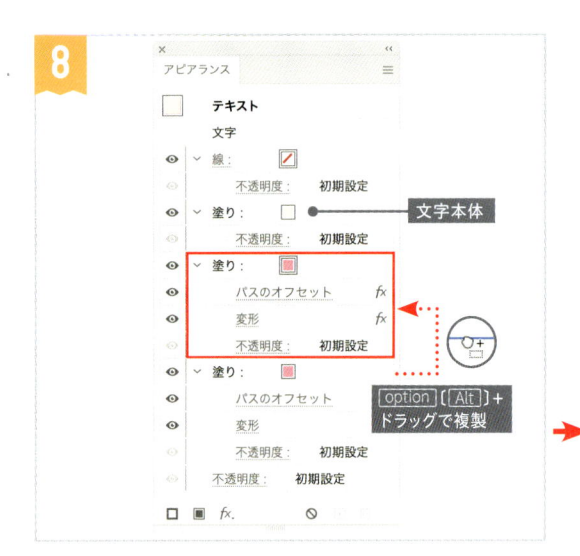

9 ［移動］の［水平方向］と［垂直方向］の数値にマイナスを追加します。塗りが逆方向にずれて、塗りが左斜め上に移動します。［OK］のクリックで終了します。

10

オフセット：0.25mm
角の形状：ラウンド

移動
水平・垂直方向：
-0.5mm

移動
水平・垂直方向：
0.5mm

文字本体に対して、2色の塗りがそれぞれ逆方向にずれていれば完成です。

フォントファミリ：Zen Maru Gothic

作例のような太めのフォントがおすすめですが、[パスのオフセット]効果で塗りを広げているため、細めのフォントでもある程度対応できます。ずらした部分のすき間が目立つ場合は効果の数値を見直してみましょう。

バリエーション

[変形]効果でずらす方向を変えた例です。ななめ方向から上下・左右にするだけでも印象が変わります。

左右にずらす　　　　　　　　　　　　　　　上下にずらす

作例と同じ設定のテキストオブジェクトですが、ずらしたフチが重ならないよう[トラッキング：40]で文字の間隔を開けています。

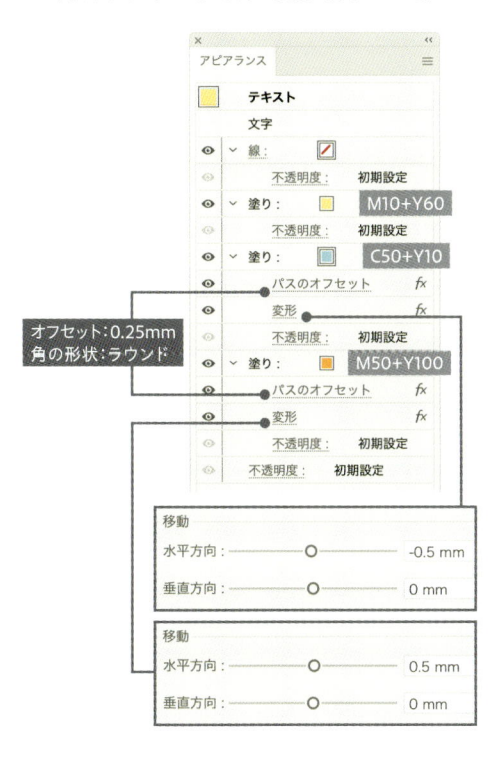

オフセット：0.25mm
角の形状：ラウンド

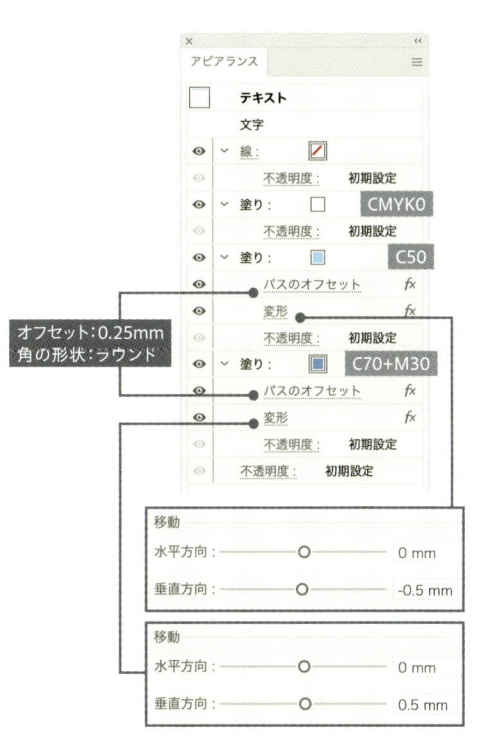

オフセット：0.25mm
角の形状：ラウンド

02
グリッチ風文字

グリッチノイズ風の加工がされた文字です。「塗りを重ねたずらし文字」にアレンジを加え、散布ブラシを組み合わせて作成します。ランダムなノイズ感を意識して作成しましょう。

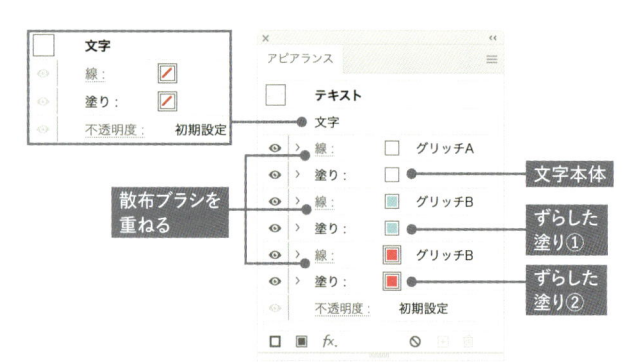

作例で使用しているフォント

フォントファミリ	TA-ルビー
フォントスタイル	Regular
フォントサイズ	60Q

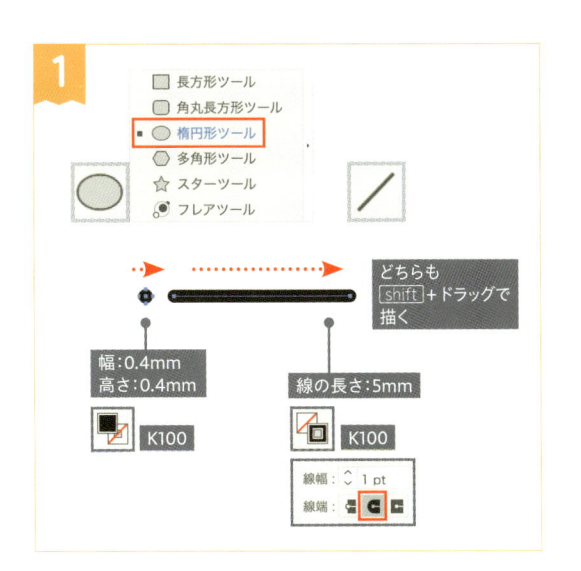

グリッチ風の表現に必要な散布ブラシを作成します。
[楕円形ツール] と [直線ツール] で shift ＋ドラッグして、
図のような正円と直線のオブジェクトを用意しましょう。どちらもできるだけ小さなサイズで作成し、カラーはK100にします。
線の [線幅] は正円とのバランスを見ながら設定し、[線端：丸型線端] にします。

小さなサイズでパーツを作成するのは、ブラシにしたとき扱いやすくするためです。

正円と直線のパーツは少しだけ離して配置しましょう。
パーツ全体を選択し、[整列] パネルの [垂直方向中央に整列] で位置を揃えます。

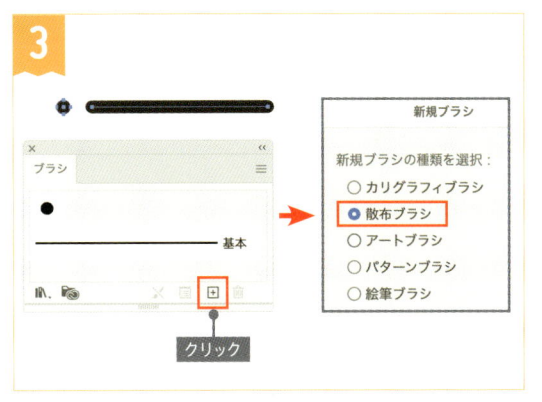

パーツ全体を選択したまま、[ブラシ] パネルの [新規ブラシ]
ボタンをクリックします。[散布ブラシ] を選択して [OK] をクリックします。

[ブラシ] パネルは [ウインドウ] メニュー＞[ブラシ] で表示できます。

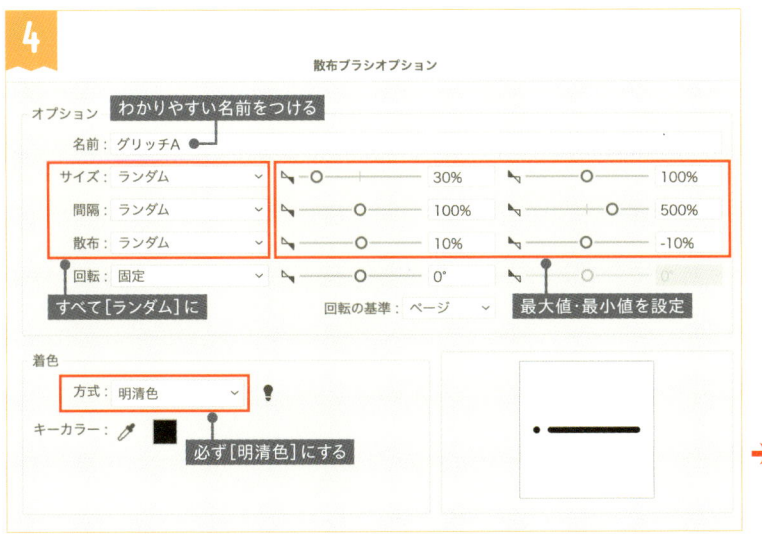

[サイズ]、[間隔]、[散布] をすべてランダムにしましょう。最大値・最小値は図のように設定します。着色は必ず [方式：明清色] にして、わかりやすい名前をつけます。ここでは「グリッチA」としました。[OK] をクリックするとブラシへ登録されます。

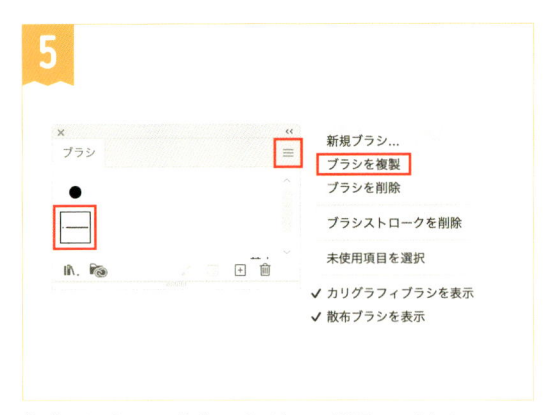

作成したブラシを［ブラシ］パネルで選択し、パネルメニューから［ブラシを複製］を実行します。

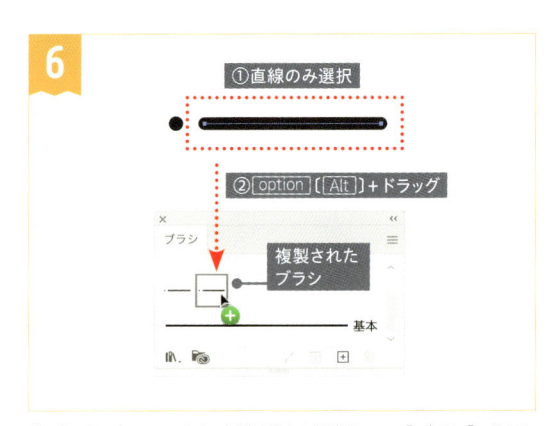

作成したパーツのうち直線だけを選択して、［ブラシ］パネルで複製したブラシのサムネイル上へ option（ Alt ）ドラッグします。

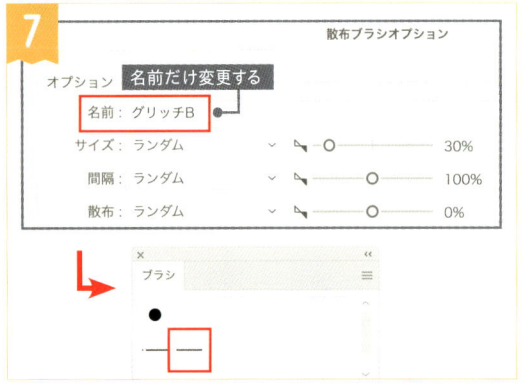

［散布ブラシオプション］ダイアログが表示されますが、［名前］だけを変更しましょう。ここでは「グリッチ B」にしました。［OK］のクリックで終了します。

設定を流用して、パーツだけ変えた散布ブラシができます。

好きな内容でテキストオブジェクトを作成し、［文字］パネルでフォントや文字の大きさなどを自由に設定しましょう。［カラー］パネルで線と塗り、どちらのカラーも［なし］にします。

テキストオブジェクトを選択したまま、［アピアランス］パネルで［新規線を追加］または［新規塗りを追加］のどちらかをクリックしましょう。項目が追加されたら、［文字］の項目をドラッグして一番上へ移動します。

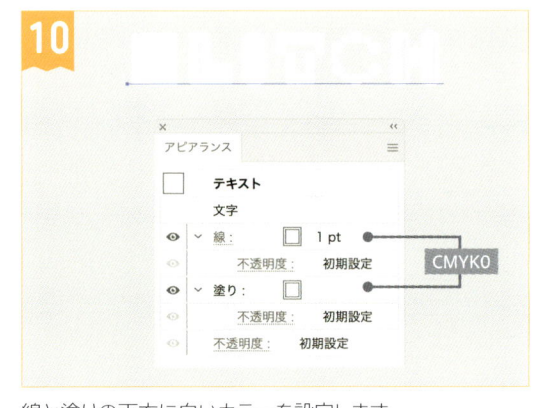

線と塗りの両方に白いカラーを設定します。
見えにくい場合は、作業がしやすいよう好きなカラーを設定した長方形などを背景に敷きましょう。

11

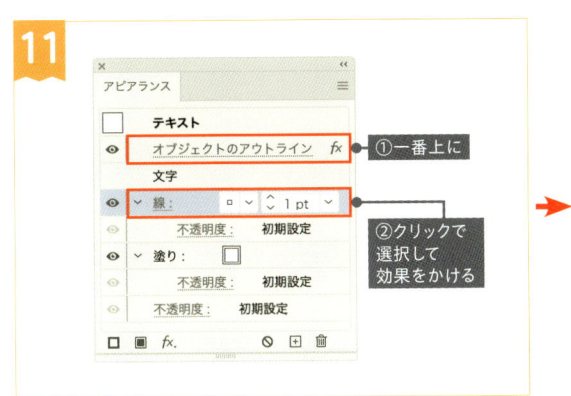

[オブジェクトのアウトライン] 効果を適用します。[アピアランス] パネルで一番上に配置しましょう。

[効果] メニュー>[パス]>[オブジェクトのアウトライン]

この位置に効果を配置すると、内部では既にアウトライン化された状態で線と塗りが描画されます。

12

13

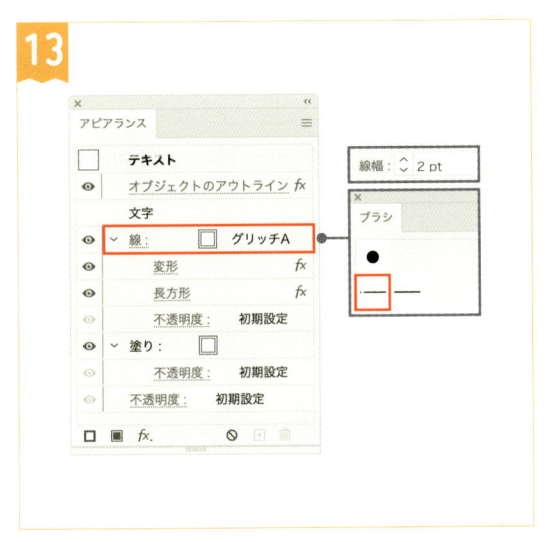

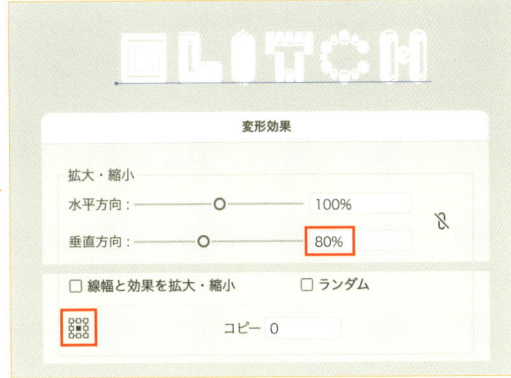

線の項目を選択し、[効果] メニュー>[パスの変形]>[変形] 効果を適用します。[垂直方向：80%] で高さを少し低くしましょう。変形の基準点は中央にして、[OK] のクリックで終了します。

同じ線の項目に、[長方形] 効果をさらに追加します。[サイズ：値を追加] で [幅に追加] と [高さに追加] をどちらも [0mm] に設定すると、文字本体より少し低い高さの囲み罫がつきます。

効果の適用後は、[アピアランス] パネルで [変形] → [長方形] になるよう重ね順を整えます。

[効果] メニュー>[形状に変換]>[長方形]

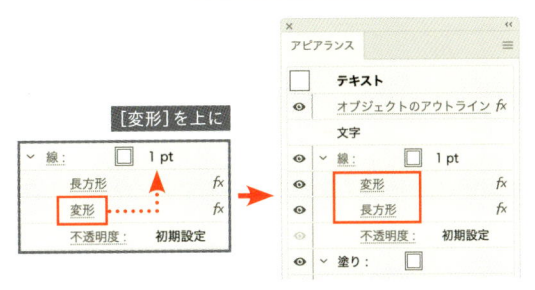

はじめに作成した散布ブラシを線の項目に適用します。[アピアランス] パネルで線の項目を選んでいる状態で、[ブラシ] パネルでサムネイルをクリックしましょう。ここでは「グリッチＡ」にしました。

文字本体とバランスをとりながら、[線] パネルで [線幅] も設定します。

K100のオブジェクトでブラシを作成し、着色方式を [明清色] に設定しているので、線のカラーがそのままブラシに反映されます。

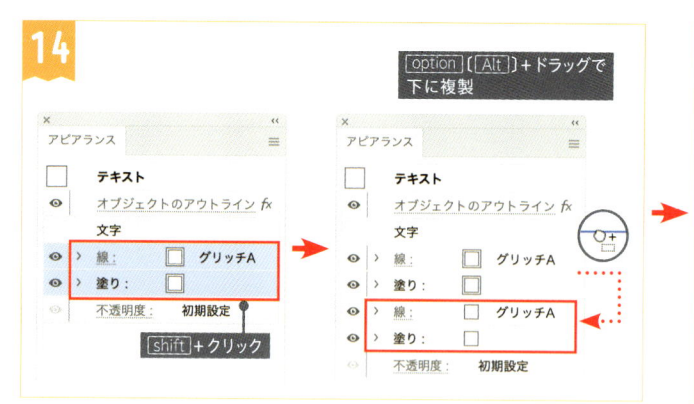
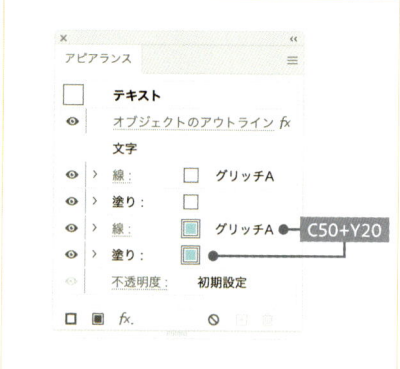

[アピアランス] パネルで線と塗りの項目を shift +クリックでまとめて選択します。そのまま option （ Alt ）+ドラッグで下へ複製しましょう。

複製できたら、線と塗りのカラーをそれぞれ同じ色へ変更します。ここでは緑系のカラーに変更しました。

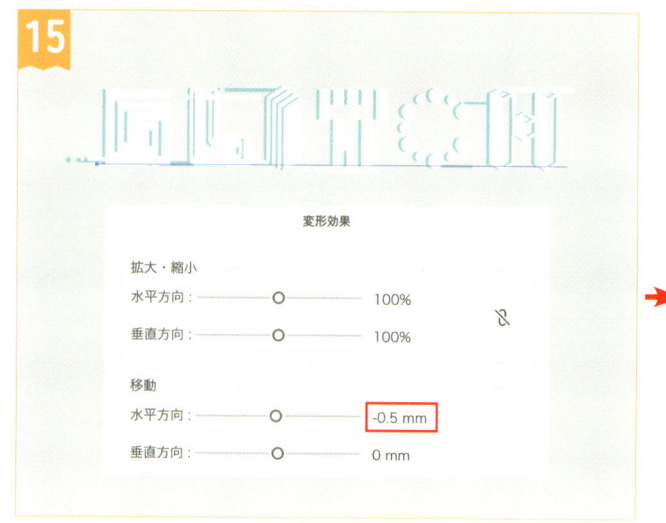
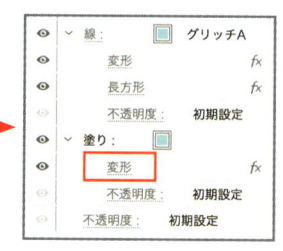

複製した塗りの項目を選択し、[変形] 効果を新たにかけます。[移動] の [水平方向] にマイナス値を入れて、左へ少しずれるようにしましょう。[OK] のクリックで終了します。

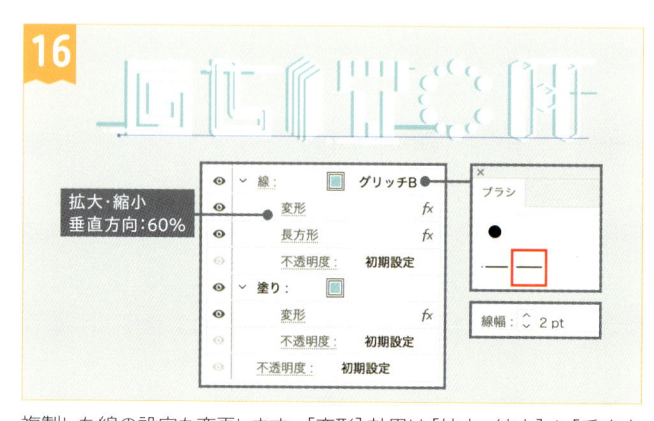

複製した線の設定も変更します。[変形] 効果は [拡大・縮小] を [垂直方向：60%] にしましょう。ブラシも「グリッチB」へ変更します。複製前と同じ線幅で適用しましょう。

14 と同じ手順で、 option （ Alt ）+ドラッグして塗りと線を下へ複製します。複製後はそれぞれカラーを変更しましょう。ここでは赤系の色にしています。

18

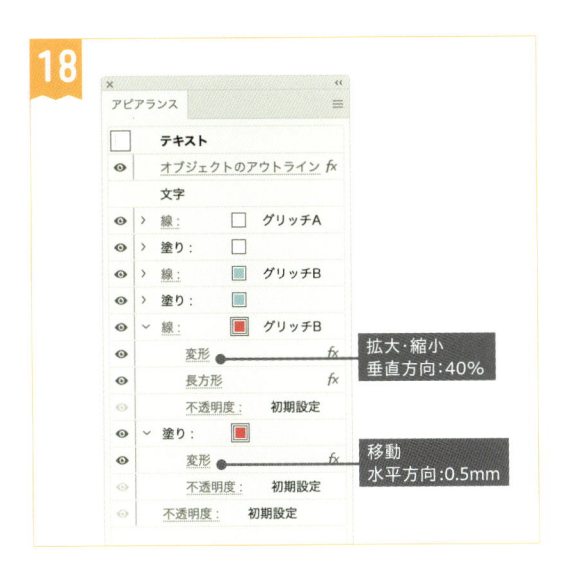

複製した線と塗りにかかっている効果の設定を変更します。線の項目の[変形]効果は[拡大・縮小]を[垂直方向：40%]にしましょう。
塗りの項目の[変形]効果は[移動]の値をマイナスからプラス値へ変更し、塗りを逆方向へずらします。

19

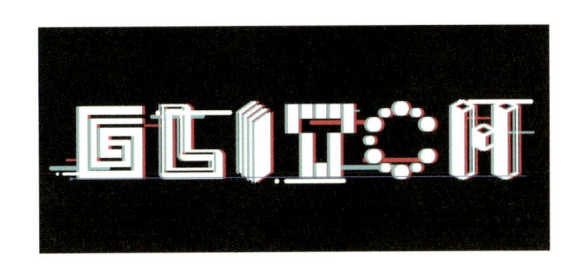

図のように項目が並んでいれば完成です。塗りに暗いカラーを設定した長方形などを背景にして使いましょう。

[ランダム]設定の散布ブラシは適用するたびに結果が変わります。バランスを変えたい場合は、[ブラシ]パネルでサムネイルをクリックして再適用しましょう。

太めのフォントやデジタル感のあるフォントで作成するのがおすすめです。

フォントファミリ：Bungee ／フォントスタイル：Regular　　　フォントファミリ：LoRes 12／フォントスタイル：Regular

ブラシの基本

● ブラシは5種類

Illustratorには5種類のブラシがあり、数値設定で作るものと、オブジェクトを登録して作るものに分けられます。

線グラデーションや破線、線幅プロファイルなど、線の機能と組み合わせて使えるブラシもあり、文字の装飾でもさまざまなシーンで活用できます。

新規ブラシ

新規ブラシの種類を選択：
- ● カリグラフィブラシ
- ○ 散布ブラシ
- ○ アートブラシ
- ○ パターンブラシ
- ○ 絵筆ブラシ

数値設定で作る

オブジェクトを登録して作る

● カリグラフィブラシ

名前の通り、カリグラフィ風の線を描くブラシです。線に抑揚を持たせたいときに活躍します。

● 絵筆ブラシ

かすれやにじみなど、筆で描いたような質感表現が得意なブラシです。

● 散布ブラシ

ブラシに登録したオブジェクトを、線に沿ってばらまきます。［ランダム］を設定したブラシでは、適用するたびに結果が変わります。

● アートブラシ

線に沿ってオブジェクトを伸ばすブラシです。どのように伸縮させるかは［ブラシ伸縮オプション］で設定できます。

● パターンブラシ

線に沿ってオブジェクトを繰り返し並べて敷き詰めます。飾り罫などの作成に向いています。

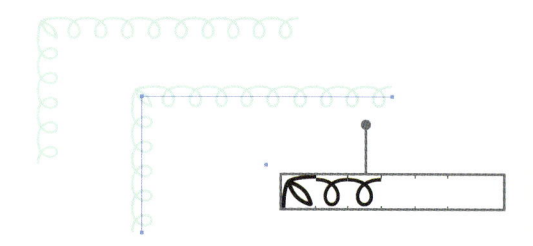

● ブラシのカラーをコントロールする

オブジェクトを登録して作るブラシにはいずれも［着色］の［方式］という設定があります。しくみの分かりやすい［なし］と［明清色］を活用するのがおすすめです。

色のついたオブジェクトで散布ブラシを作成

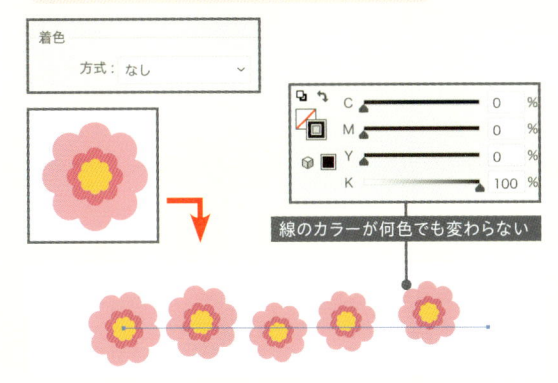

線のカラーが何色でも変わらない

グレースケールのオブジェクトで散布ブラシを作成

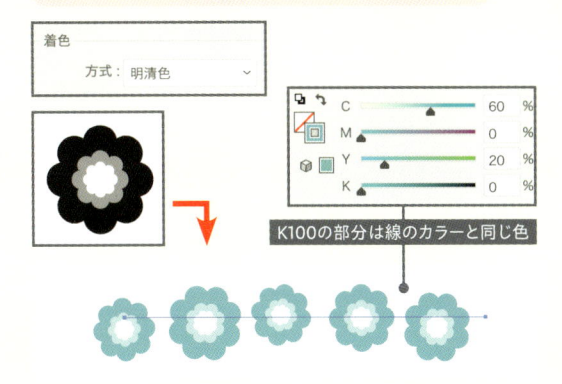

K100の部分は線のカラーと同じ色

［方式：なし］では、ブラシへ登録したオブジェクトのカラーをそのまま活かすことができます。

［方式：明清色］はオブジェクトのグレースケール濃度に応じて線のカラーを反映させます。

● ブラシの大きさをコントロールする

オブジェクトを登録して作るブラシは、どれもデフォルト設定では「ブラシ登録時のサイズ＝ブラシを1ptで適用したときのサイズ」になっています。

10mm×10mmのオブジェクトで散布ブラシを作成

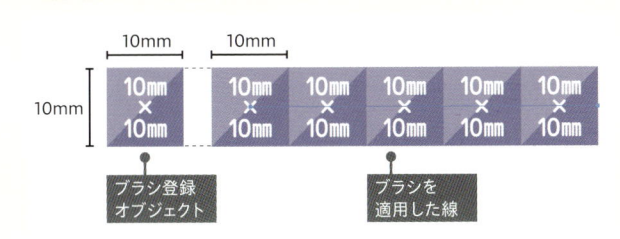

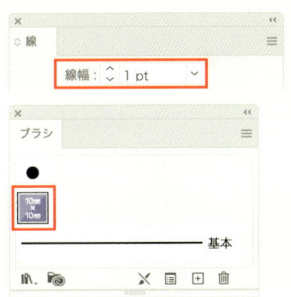

ブラシの大きさは［線幅］でも調整できます。ただし、大きなオブジェクトをブラシに登録すると微調整が大変になるため注意しましょう。

同じパターンブラシを適用して線幅を変更

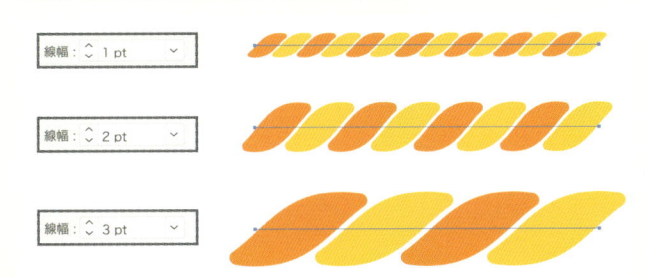

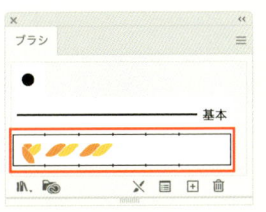

2ptで2倍、3ptで3倍と言った具合に、1ptの時の大きさを基準にブラシのサイズが調整されます。

Drop Shadow
Contact Shadow
Outer Glow

03
調整しやすい影・光彩の文字

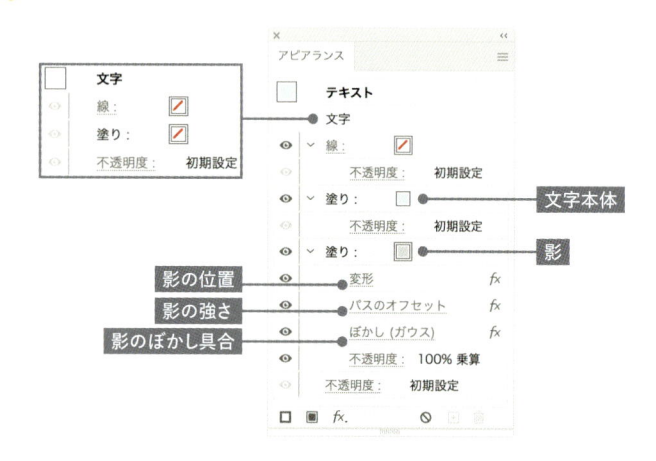

[ドロップシャドウ]効果を使わずに作る影の文字です。影の濃さや色などを調整しやすく、設定のアレンジで光彩風の表現もできます。

作例で使用しているフォント	
フォントファミリ	Pacifico
フォントスタイル	Regular
フォントサイズ	80Q

好きな内容でテキストオブジェクトを作成し、[文字] パネル
でフォントや文字の大きさなどを自由に設定しましょう。[カ
ラー] パネルで線と塗り、どちらのカラーも [なし] にします。

テキストオブジェクトを選択したまま、[アピアランス] パネル
で [新規塗りを追加] を2回クリックし、塗りの項目を2つにし
ます。[文字] の項目をドラッグして一番上へ移動します。

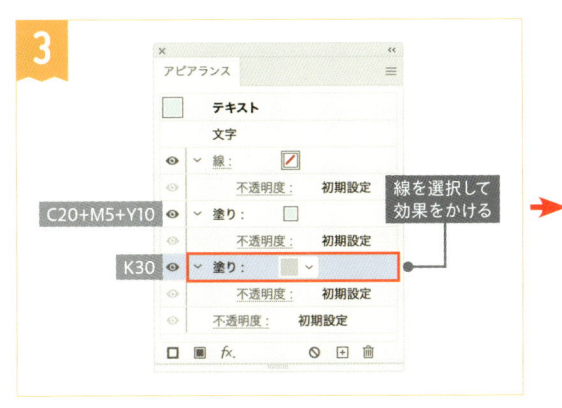

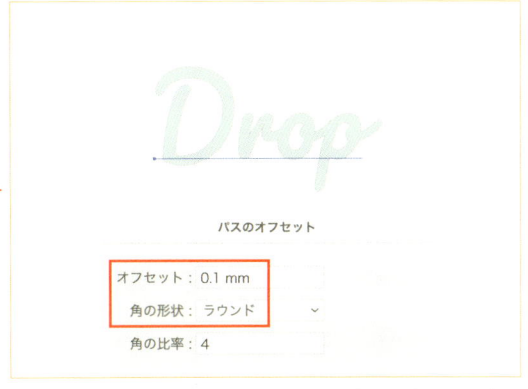

2つの塗りのうち、上が文字本体、下が影になります。それ
ぞれに好きなカラーを設定しましょう。
下の塗りの項目をクリックで選択して、[パスのオフセット]
効果をかけます。

[オフセット] にプラスの値を入力して、塗りを少しだけ広げ
ます。[角の形状：ラウンド] を設定し、[OK] のクリックで終
了しましょう。

[効果]メニュー>[パス]>[パスのオフセット]

下の塗りの項目を選択したまま、さらに [変形] 効果を追加し
ましょう。
[プレビュー]をオンにして結果を確認しながら、[移動] の [水
平方向] と [垂直方向] に数値を入力して影の位置を決めま
す。[OK] のクリックで終了します。

[効果]メニュー>[パスの変形]>[変形]

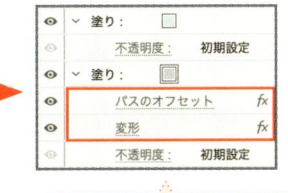

[アピアランス]パネルで[パスのオフセット]と[変形]
効果が下の塗り項目の中に入っているか確認しましょう。

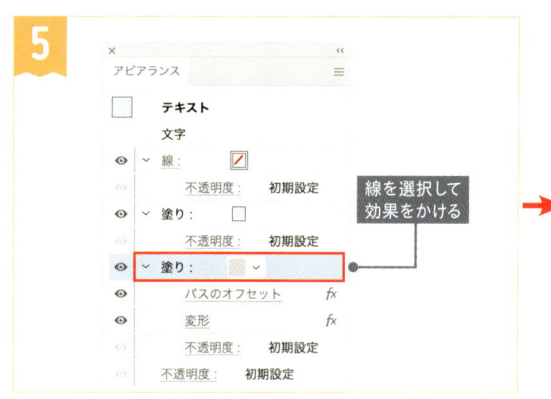

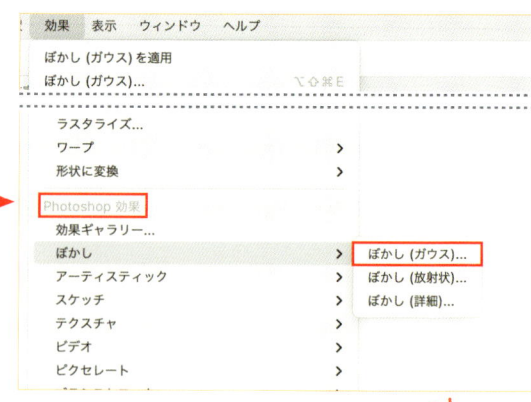

線を選択して
効果をかける

下の塗りにもう一つ効果を適用します。塗りの項目をクリックで選び、[効果]メニュー>[ぼかし]>[ぼかし(ガウス)]を実行します。

[効果]メニュー>[スタイライズ]>[ぼかし]と間違えないように注意します。

[ぼかし(ガウス)]ダイアログの[半径]が大きいほど、強くぼかしがかかります。[プレビュー]をオンにして確認しながら好きな数値を設定し、[OK]のクリックで終了します。

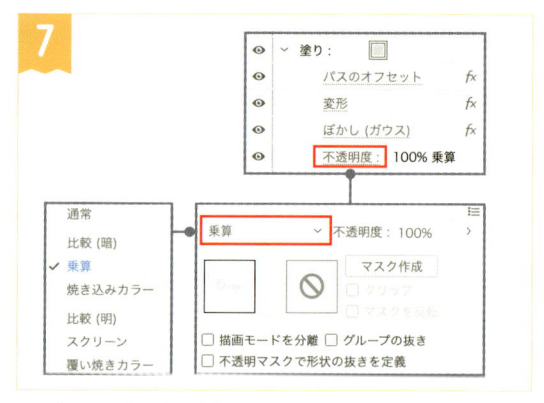

下の塗りの[不透明度]をクリックしてパネルを表示します。[描画モード]を[乗算]に変更しましょう。

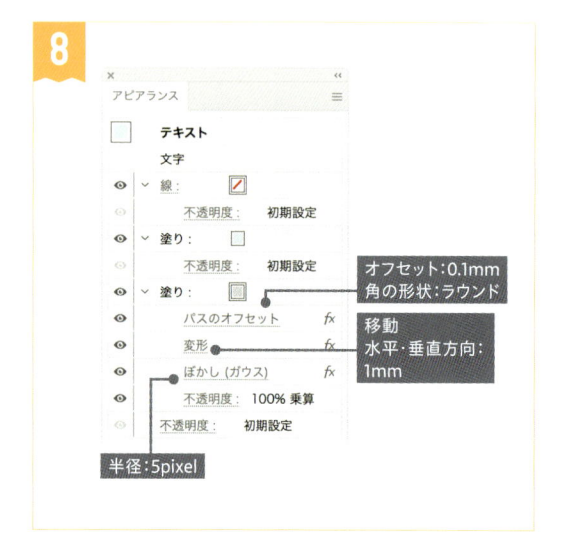

オフセット:0.1mm
角の形状:ラウンド

移動
水平・垂直方向:
1mm

半径:5pixel

[アピアランス]パネルで図のように効果がかかっていれば完成です。

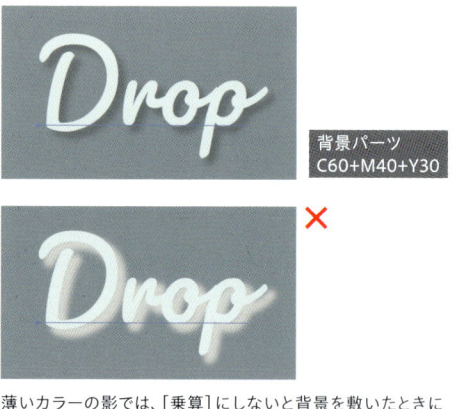

背景パーツ
C60+M40+Y30

薄いカラーの影では、[乗算]にしないと背景を敷いたときに浮いてしまいます。馴染ませたいときは必ず設定しましょう。

バリエーション

[パスのオフセット] と [ぼかし (ガウス)] 効果の値で影のニュアンスをコントロールできます。数値を変えて試してみましょう。

パスのオフセット／オフセット：1mm
ぼかし (ガウス) ／半径：3px

パスのオフセット／オフセット：0.3mm
ぼかし (ガウス) ／半径：10px

コンタクトシャドウ風

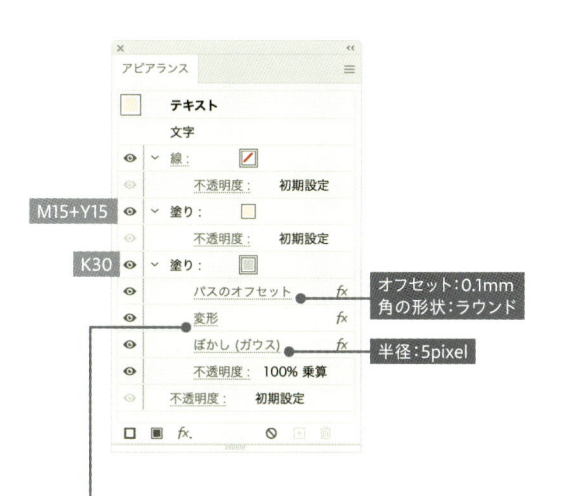

M15+Y15
K30

オフセット：0.1mm
角の形状：ラウンド

半径：5pixel

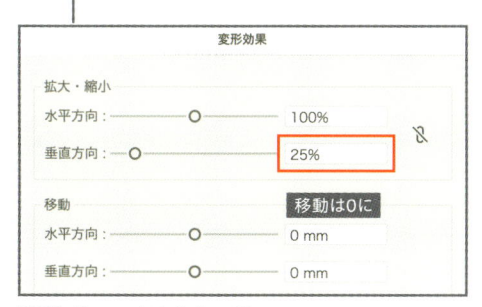

塗りの下側を基準に、縦につぶしてコンタクトシャドウ風にしています。

グラデーション光彩

CMYK0

オフセット：1mm
角の形状：ラウンド

半径：10pixel

グラデーションの設定例

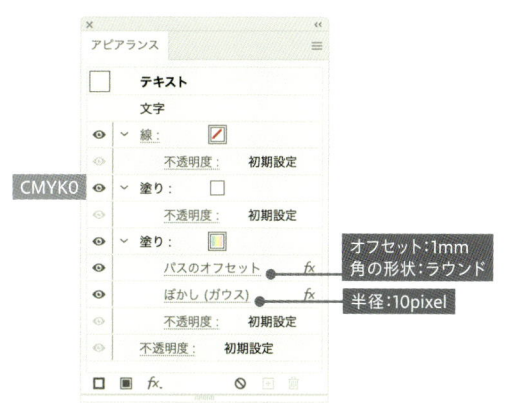

C50+Y20   Y50   M40

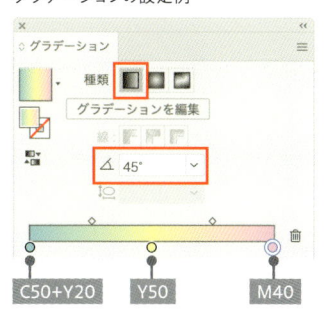

塗りにグラデーションを適用して、光彩として使っても印象的な文字になります。光彩にする場合は [変形] 効果と [乗算] は不要です。

04

もじもじする文字

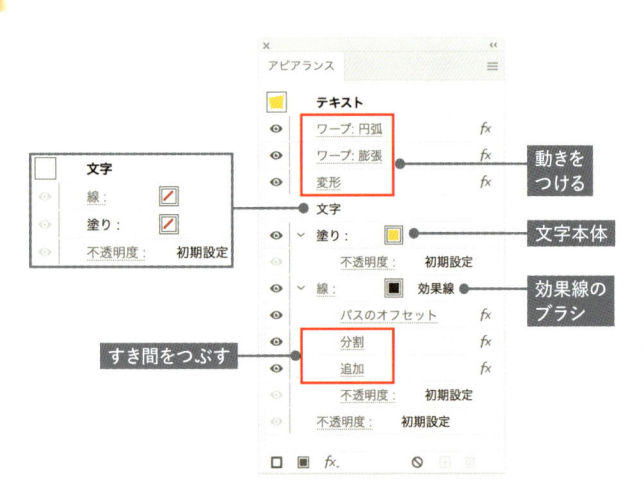

もじもじ動いているような装飾のついた楽しい文字です。パターンブラシと破線を組み合わせて、動きを演出する効果線を付けましょう。

動きをつける

文字本体

効果線のブラシ

すき間をつぶす

作例で使用しているフォント	
フォントファミリ	Sneakers
フォントスタイル	Medium
フォントサイズ	80Q

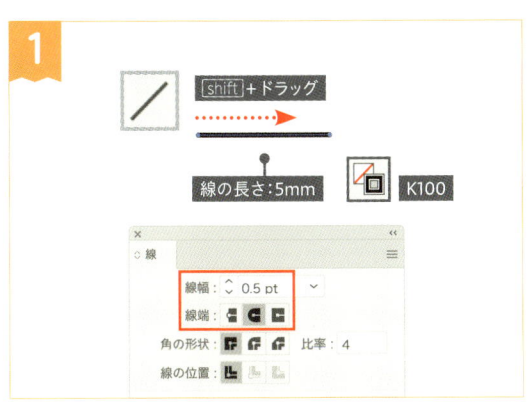

はじめに効果線のパターンブラシを作成します。
[直線ツール]で shift +ドラッグして、短い水平な直線を描きましょう。ここでは5mmほどの長さで進めます。線のカラーはK100に設定し、[線]パネルで[線幅：0.5pt]、[線端：丸型線端]にします。

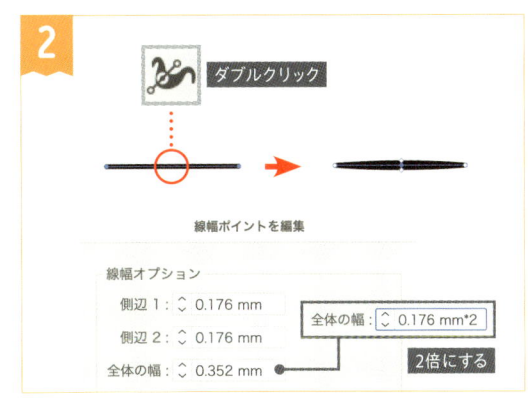

[線幅ツール]に切り替え、線の中央付近をダブルクリックしましょう。
[線幅ポイントを編集]ダイアログで[全体の幅]の末尾に「*2」を入力して、数値を2倍にします。[OK]のクリックで終了すると、中央がふくらんだ線になります。

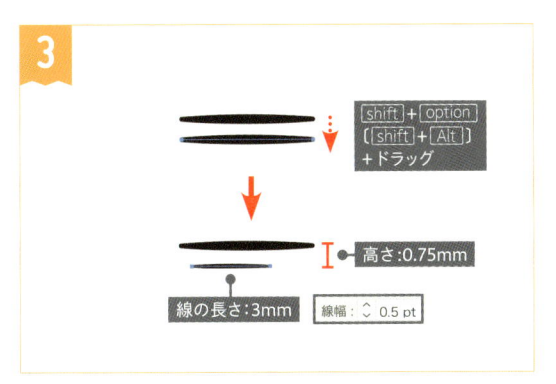

[選択ツール]などで直線を shift + option （ shift + Alt ）+ドラッグで下へ移動しながら複製します。少し離れた位置に配置して、線の長さを短くしましょう。さらに[線]パネルで[線幅]を下げます。
2つの線は中央で揃えず、少しずらした方が動きを演出できます。

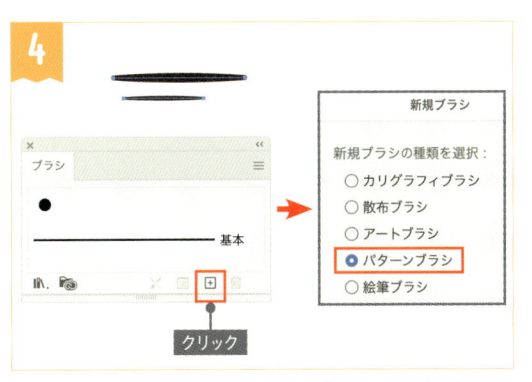

全体を選択して、[ブラシ]パネルの[新規ブラシ]ボタンをクリックします。[パターンブラシ]を選択して[OK]をクリックしましょう。

[ブラシ]パネルは[ウインドウ]メニュー>[ブラシ]で表示できます。

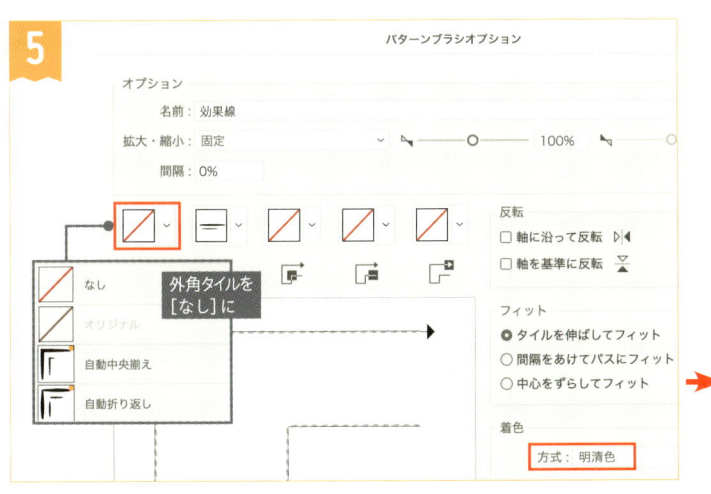

ダイアログが表示されたら、自動設定されている[外角タイル]を[なし]に変更しましょう。[着色]は[方式：明清色]にして、[OK]のクリックで終了します。

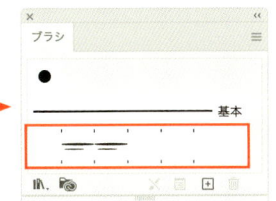

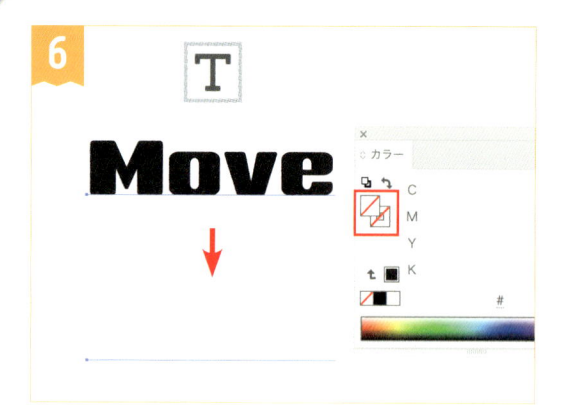

好きな内容でテキストオブジェクトを作成し、[文字] パネルでフォントや文字の大きさなどを自由に設定しましょう。[カラー] パネルで線と塗り、どちらのカラーも [なし] にします。

テキストオブジェクトを選択したまま、[アピアランス] パネルで [新規塗りを追加] をクリックしましょう。項目が追加されたら、[文字] の項目をドラッグして一番上へ移動します。

追加した塗りの項目には好きなカラーを設定しましょう。
テキストオブジェクトを選択したまま、[効果] メニュー> [ワープ] > [円弧] を実行します。

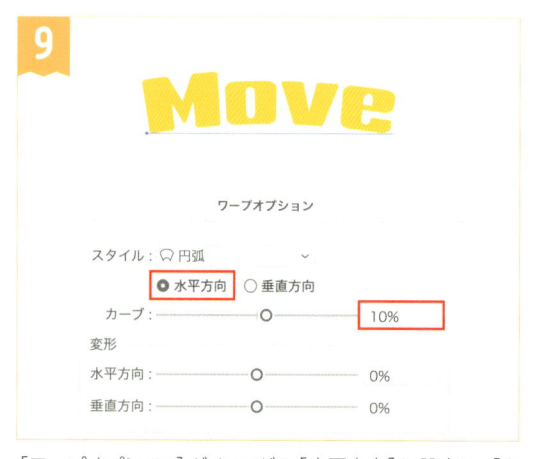

[ワープオプション] ダイアログで [水平方向] に設定し、[カーブ] に数値を入れましょう。数値に応じてテキスト全体が扇状に広がります。[OK] のクリックで終了します。

[ワープ:円弧] 効果の項目は [アピアランス] パネルの一番上に配置しましょう。さらに option (Alt) +ドラッグで下へ複製し、クリックして再編集します。

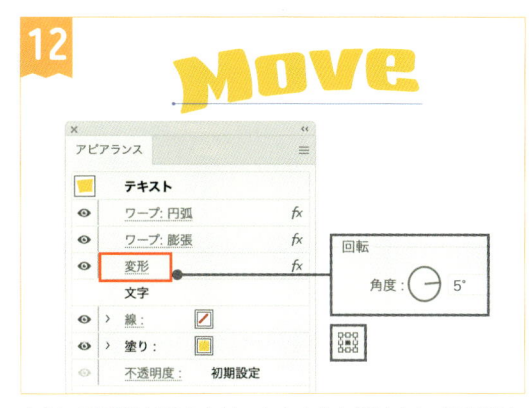

[ワープオプション]ダイアログで[スタイル：膨張]に変更します。[プレビュー]をオンにして、[カーブ]にマイナスの数値を設定しましょう。中心に向かってぎゅっと縮まったような見た目になったら、[OK]のクリックで終了します。

さらに[変形]効果をかけて文字全体を傾けます。[回転]に角度を設定して動きをつけましょう。

[効果]メニュー>[パスの変形]>[変形]

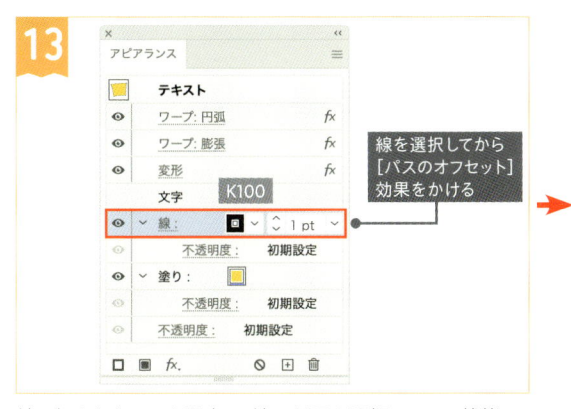

線に好きなカラーを設定し、線の項目を選択している状態で、[パスのオフセット]に効果を適用します。

[効果]メニュー>[パス]>[パスのオフセット]

[オフセット]にプラスの値を入力し、隣の文字と線が重なる程度に広げます。[角の形状：ラウンド]に設定したら、[OK]のクリックで終了しましょう。

線の項目にさらに効果を足します。[分割]と[追加]効果を順番にかけて、すき間を埋めたフチにしましょう。

[効果]メニュー>[パスファインダー]>[分割]／[追加]

→すき間を埋める処理については P.57

作成したパターンブラシを線の項目に適用します。ブラシ内のパーツの大きさは[線幅]で調整しましょう。

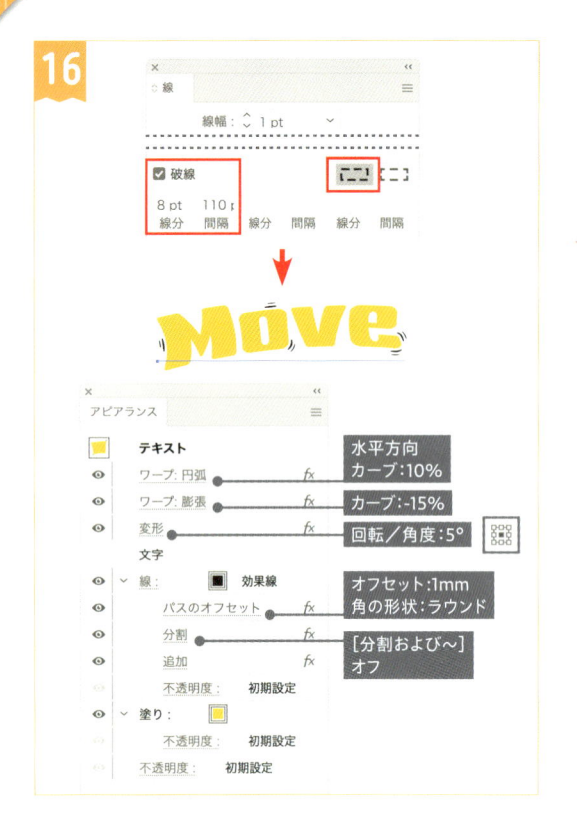

[線] パネルで [破線] をオンにします。[線分と間隔の正確な長さを保持] で左側の [線分] と [間隔] に数値を設定しましょう。文字のまわりがパターンブラシで程よく装飾できたら完成です。

> [線分] と [間隔] の適切な数値はフォントや文字の内容によって変わります。結果を見ながら微調整しましょう。

パターンブラシがうまく適用できないときは、内部で意図通りに効果がかかっていない可能性があります。線の項目へ効果をまとめてドラッグ&ドロップして再適用しましょう。

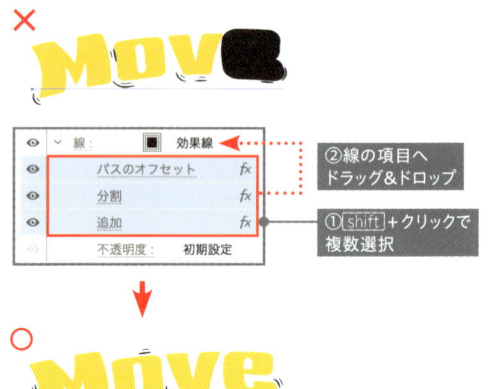

バリエーション

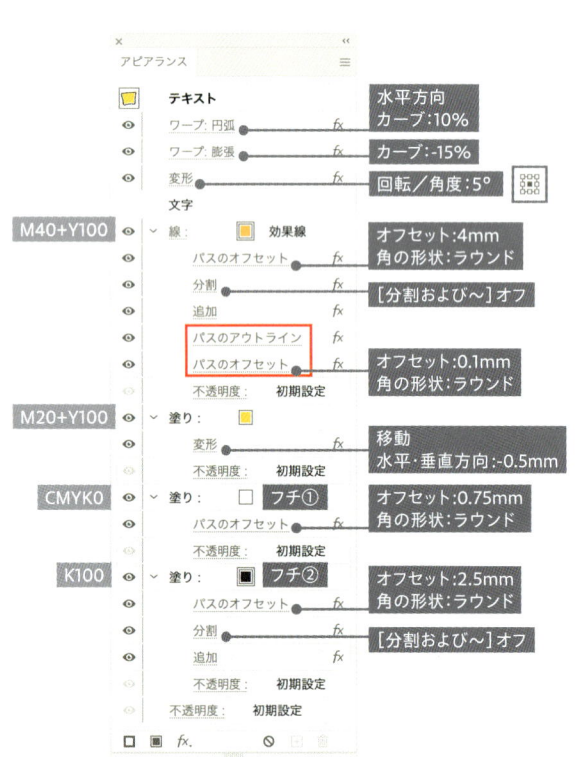

塗りを増やしてフチを重ねると、さらにインパクトのある文字になります。パターンブラシで [方式:明清色] を設定しているため、線のカラーに応じて装飾パーツの色も変わります。

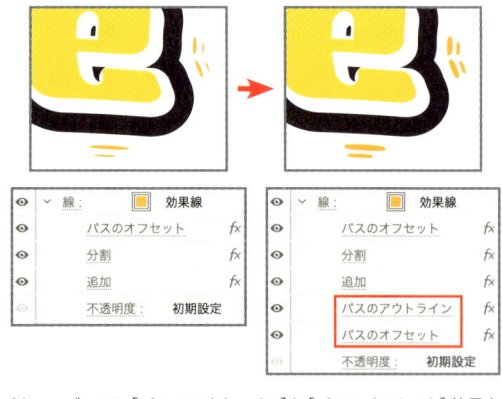

パターンブラシに [パスのアウトライン] と [パスのオフセット] 効果を足すと、ブラシ内の装飾パーツの太さを調整できます。

［ワープ］効果の基本

● ［ワープ］効果は全部で15種類

数値設定でオブジェクトを曲げたり伸ばしたり、形をかんたんにアレンジしたい時に役立つのが［ワープ］効果です。長方形などの図形オブジェクトだけでなく、テキストオブジェクトに対しても有効です。

プリセットにはアーチや旗など、さまざまな種類があります。効果として適用するため実際のパスを編集する必要がなく、あとから何度でも自由に調整ができます。

格子状のオブジェクトとテキストオブジェクトを重ね、グループにしてからそれぞれの［ワープ］効果を適用します。
※すべて［水平方向］（魚眼レンズ、膨張を除く）、［カーブ：20%］に設定

円弧

上弦

下弦

アーチ

でこぼこ

貝殻（下向き）

貝殻（上向き）

旗

波形

魚形

上昇

魚眼レンズ

膨張

絞り込み

旋回

● ［変形］も活用しよう

どの［ワープ］効果にも［変形］のオプションが用意されています。［カーブ］の値が0のときも設定可能で、オブジェクトに遠近感をつけたような状態にできます。

ワープオプション

スタイル： ♡ 円弧

● 水平方向　○ 垂直方向

カーブ：　　　　　　　　　0%

変形

水平方向：　　　　　　　　30%

垂直方向：　　　　　　　　0%

Hello!

How have you been?

05

レトロな影の文字

パキッとした影が付く文字です。パスファインダー処理のため、テキストオブジェクトを複合シェイプに変換する必要があります。内部での図形処理をイメージしながら作成しましょう。

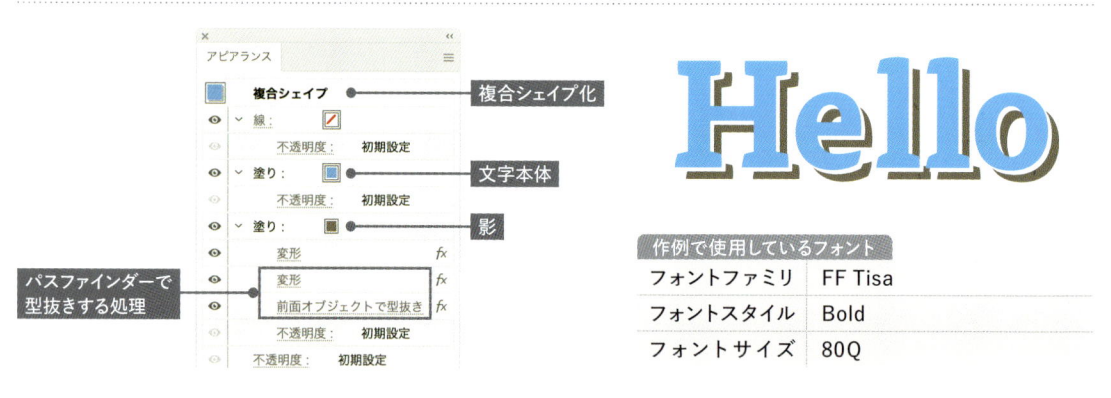

作例で使用しているフォント	
フォントファミリ	FF Tisa
フォントスタイル	Bold
フォントサイズ	80Q

1

好きな内容でテキストオブジェクトを作成し、[文字] パネルでフォントや文字の大きさなどを自由に設定します。[トラッキング] などを設定して、文字間を少し開けておきましょう。

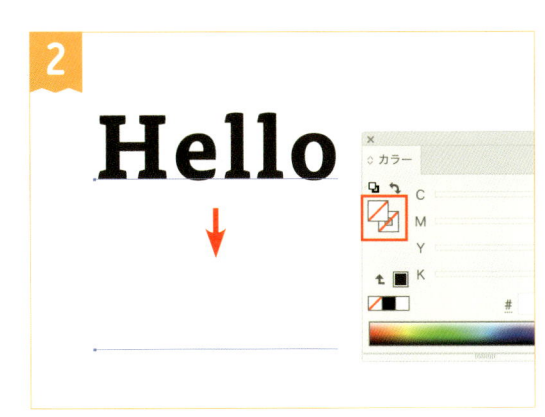

2

[カラー] パネルで線と塗り、どちらのカラーも [なし] にします。

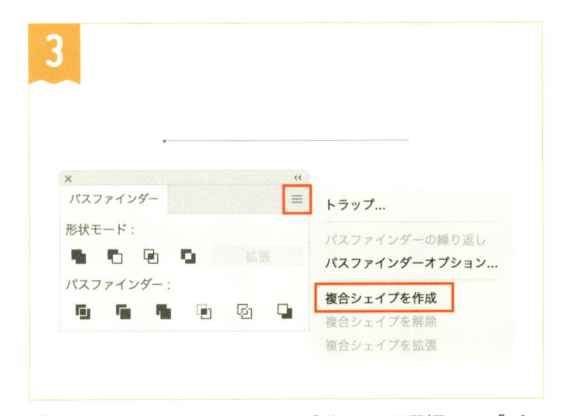

3

塗り・線をなしにしたテキストオブジェクトを選択して、[パスファインダー] パネルメニューから [複合シェイプを作成] を実行します。

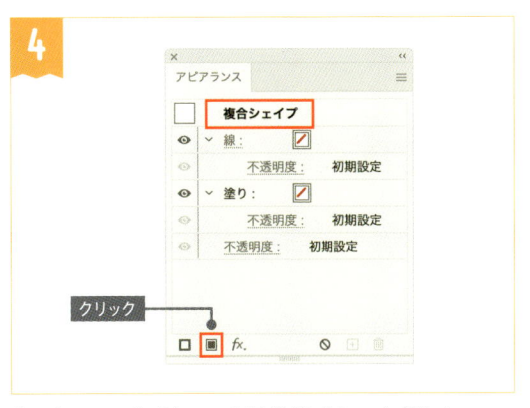

4

[アピアランス] パネルの表記が [複合シェイプ] になっているのを確認します。線と塗りが1つずつ作成されていますが、さらに [新規塗りを追加] をクリックして塗りの項目を2つにしましょう。

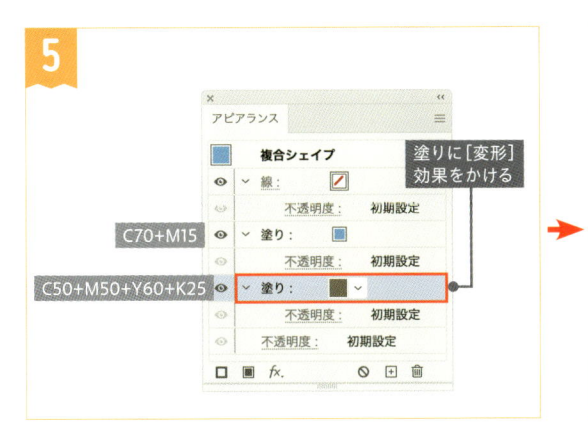

5

塗りの項目それぞれに好きなカラーを設定します。上の塗りが文字本体、下の塗りが影の色です。下の塗りを選択して、[変形] 効果を適用します。

[効果] メニュー>[パスの変形]>[変形]

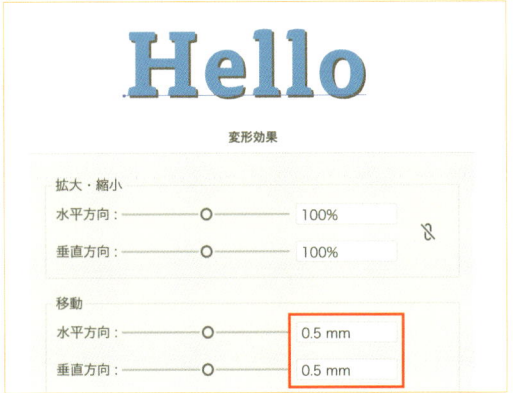

[移動] の [水平方向] と [垂直方向] にプラスの値を入力して、右斜め下へ動かします。下の塗りが少しだけ見える程度にしましょう。[OK] のクリックで終了します。

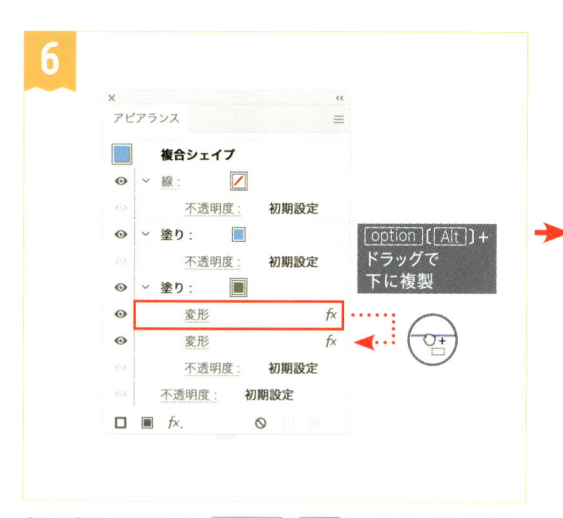

[変形] 効果の項目を option （ Alt ）＋ドラッグして下へ複製します。

この後の処理を分かりやすくするため、上の塗りは目玉のアイコンをクリックして非表示にしましょう。

2回目の[変形]効果をクリックして設定を再編集します。

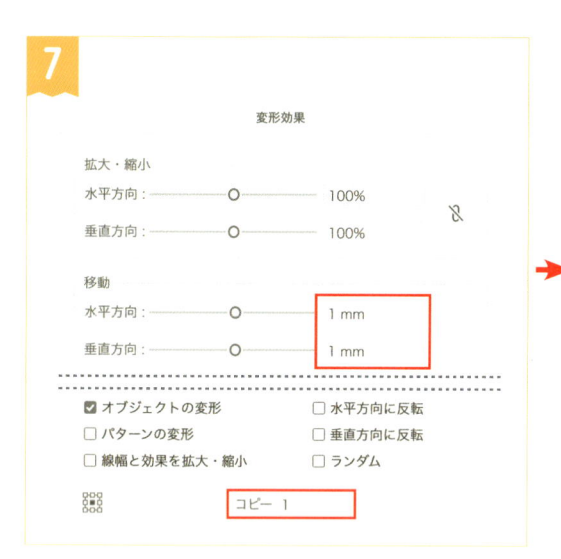

1回目に設定した [移動] の [水平方向] と [垂直方向] の値を2倍程度に大きくしましょう。

[コピー：1] に設定すると、[移動] で設定した位置へ現在の塗りが複製されます。[OK]のクリックで終了します。

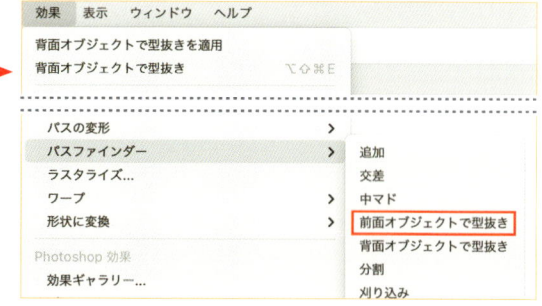

[コピー] に数値を入力すると、[拡大・縮小] や[移動] などの変形処理を済ませたオブジェクトが背面に複製されます。

下の塗りへさらに効果を追加します。[効果] メニュー> [パスファインダー] > [前面オブジェクトで型抜き]を実行しましょう。

9

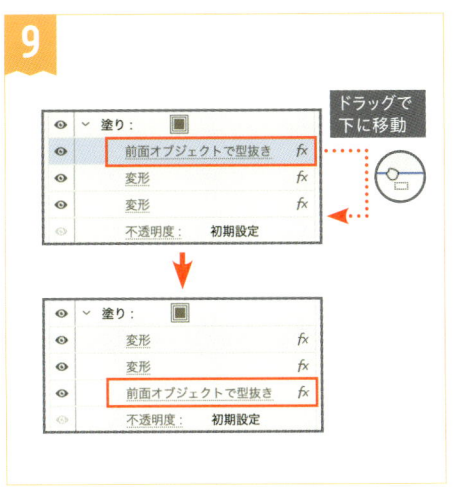

ドラッグで
下に移動

[前面オブジェクトで型抜き]効果は2回目の[変形]
効果の下へ配置します。順番が違う場合はドラッグ
で整えましょう。

10

クリックで
表示する

移動
水平・垂直方向:
0.5mm

移動
水平・垂直方向:
1mm
コピー:1

非表示にしていた塗りを表示して完成です。

Column

複合シェイプについて

●複合シェイプとは

[パスファインダー]パネルで形状モードのボタンを option
([Alt])+クリックすると作成できるのが複合シェイプです。
通常のパスファインダー処理とは異なり、オブジェクトを活か
したまま追加や型抜きができます。

複合シェイプの拡張や解除も「パスファインダー」
パネルで行います。

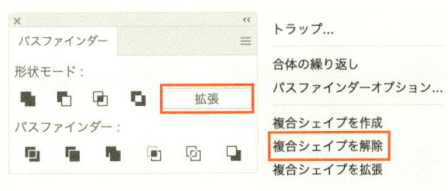

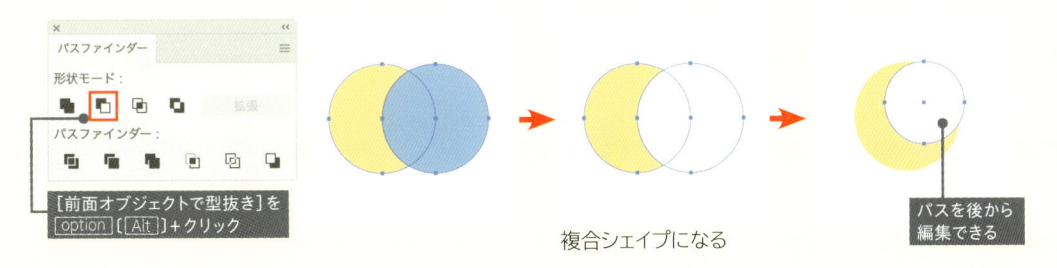

[前面オブジェクトで型抜き]を
option([Alt])+クリック

複合シェイプになる

パスを後から
編集できる

●テキストを複合シェイプにすると

[パスファインダー]パネルメニューの[複合シェイプを作
成]を実行すると、テキストオブジェクトを複合シェイプに変
換できます。内部でパスがひとまとまりの扱いに変わるため、
パスファインダー効果の結果が変わります。

結果には影響しませんが、複合シェイプ化前のアピアランスの情報は
階層内に残ります。本書の作例では、念のためすべて破棄してから複
合シェイプ化しています。

○ テキストを複合シェイプ化

× 通常のテキストオブジェクト

複合シェイプにせず「レトロな影の文字」を作ると、
最初の一文字だけがパスファインダー処理の対象に
なります。

Back to the 1990s

06
食い込み文字

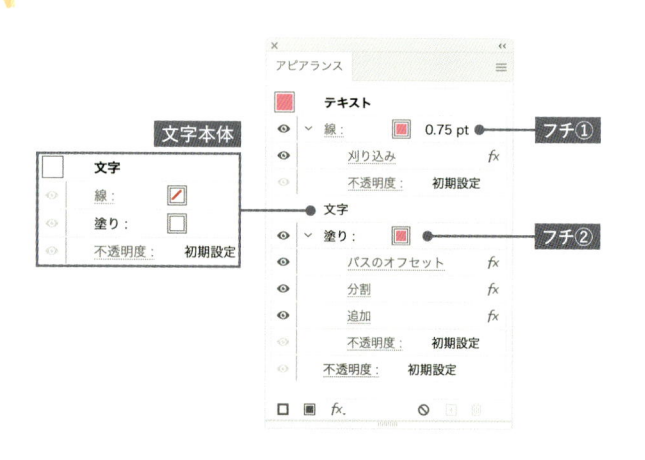

文字同士が食い込んで立体的に重なった文字です。文字属性の特性を活用して作成します。

作例で使用しているフォント	
フォントファミリ	Miller Headline
フォントスタイル	Bold Italic
フォントサイズ	80Q

好きな内容でテキストオブジェクトを作成し、[文字] パネルでフォントや文字の大きさなどを自由に設定しましょう。[トラッキング] などを設定して、文字同士が重なるくらいに文字間を詰めます。

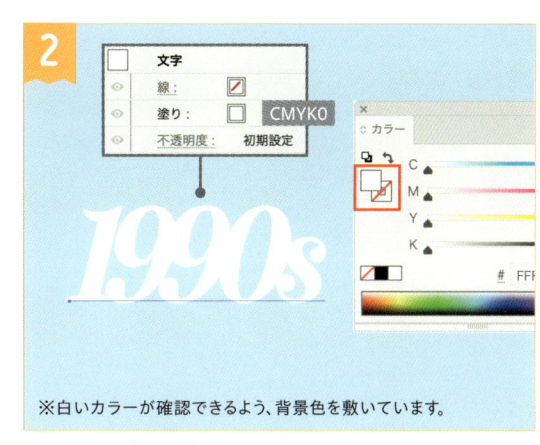

[カラー] パネルで塗りに好きなカラーを設定します。線のカラーはなしにしましょう。

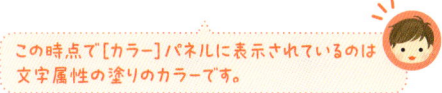

この時点で [カラー] パネルに表示されているのは文字属性の塗りのカラーです。

テキストオブジェクトを選択した状態で、[アピアランス] パネルで [新規線を追加] をクリックします。追加された線の項目は一番上に配置しましょう。

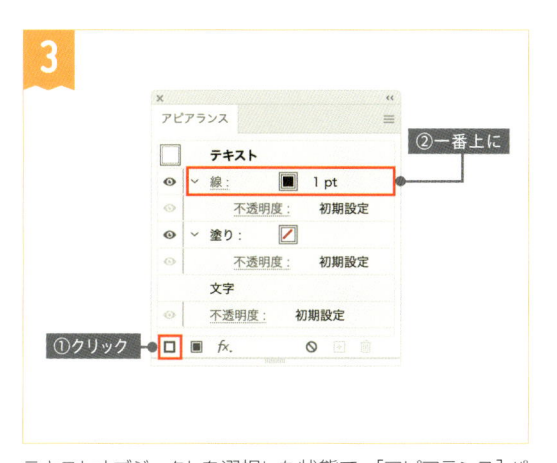

線には好きなカラーを設定しましょう。

線が一番上になっているため、文字が読みにくくならない程度に [線] パネルで細めの [線幅] を設定します。さらにトゲ対策として [角の形状：ラウンド結合] にします。

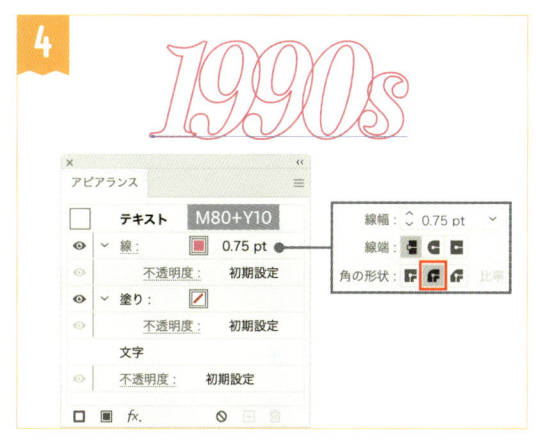

[アピアランス] パネルで線の項目をクリックして選び、[効果] メニュー> [パスファインダー] > [刈り込み] を実行します。

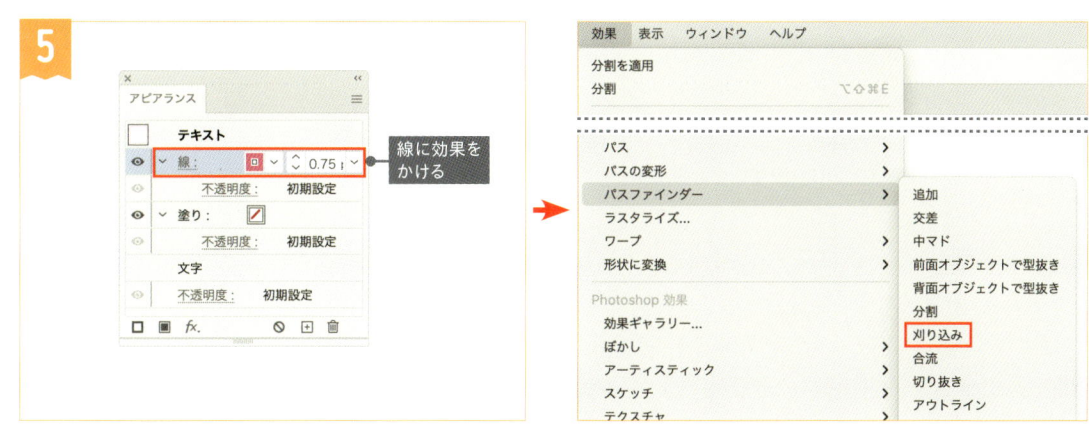

[刈り込み]によって重なり部分が処理されて右隣の文字が上に重なっているような見た目になります。

図のようにならない時は、線の項目の中に[刈り込み]効果が入っているか確認しましょう。

分割と同時に、重なって隠れている部分と線を削除するのが[刈り込み]です。テキストオブジェクトに適用した場合、文字属性にカラーが設定されていれば、文字列全体ではなく一文字単位でパスファインダー処理されます。

[刈り込み]効果は[パスファインダー]パネルの[刈り込み]と同じ処理を行います。

さらにフチをつけます。線と同じカラーを塗りに設定して、[文字]の項目よりも下へ移動します。

塗りの項目を選択して[パスのオフセット]効果を適用しましょう。

[効果]メニュー>[パス]>[パスのオフセット]

[オフセット]にプラスの値を設定して、好きなバランスでフチをつけましょう。[角の形状：ラウンド]にして、[OK]のクリックで終了します。

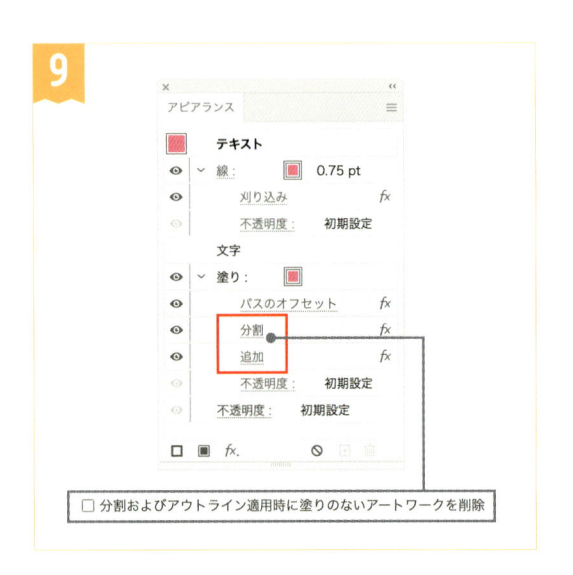

同じ塗りを選択したまま、[分割]と[追加]効果を順番にかけて、フチのすき間を埋めましょう。

[効果]メニュー>[パスファインダー]>[分割]／[追加]

→すき間を埋める処理についてはP.57

10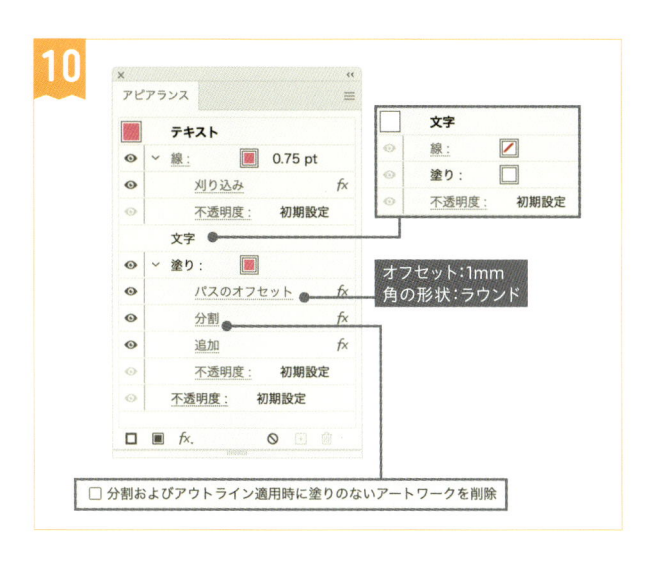

図のように仕上がっていれば完成です。
文字属性を活かして作成しているため、[文字]の項目の位置にも注意しましょう。

バリエーション

フチをつけない食い込み文字

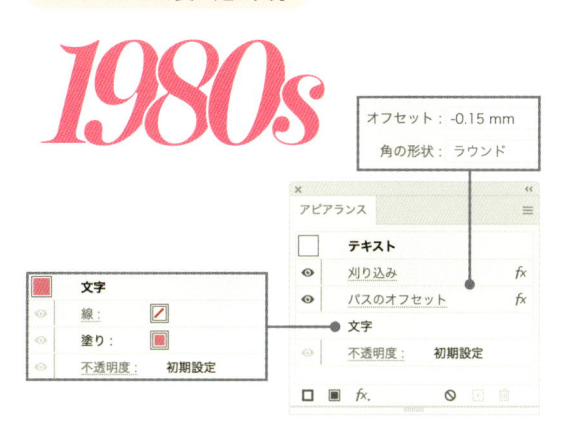

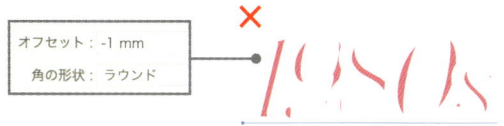

文字本体は文字属性のアピアランスで設定しているため、文字ごとに色を変える処理も可能です。

フチをつけない場合は、オブジェクト側に効果を2つかけるだけで作成できます。[パスのオフセット]効果で塗りを縮めすぎないよう注意しましょう。大きな数値を設定すると、文字が途切れて読めなくなってしまいます。

商品の価格表記に使うのもおすすめです。
いろいろなフォントで作ってみましょう。

フォントファミリ：小塚ゴシック
フォントスタイル：H

フォントファミリ：Rift Soft
フォントスタイル：Bold Italic

07

ポップな重ね文字

[内容]側

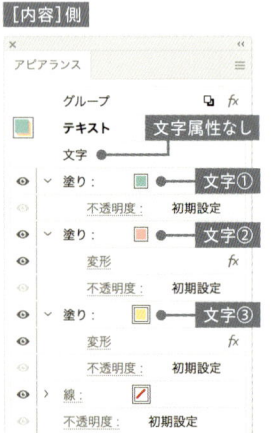

[グループ]側

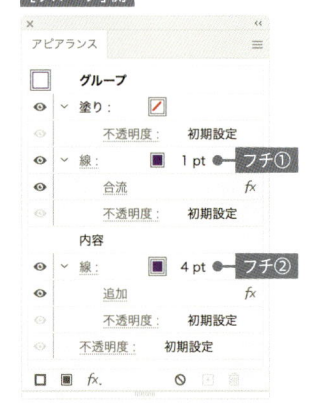

カラフルな塗りを重ねたポップな印象の文字です。グループ化でアピアランスを階層構造にするため、少ない項目数で効率よく作成できます。

作例で使用しているフォント	
フォントファミリ	Poppins
フォントスタイル	Black
フォントサイズ	60Q

1

好きな内容でテキストオブジェクトを作成し、［文字］パネル
でフォントや文字の大きさなどを自由に設定しましょう。［カ
ラー］パネルで線と塗り、どちらのカラーも［なし］にします。

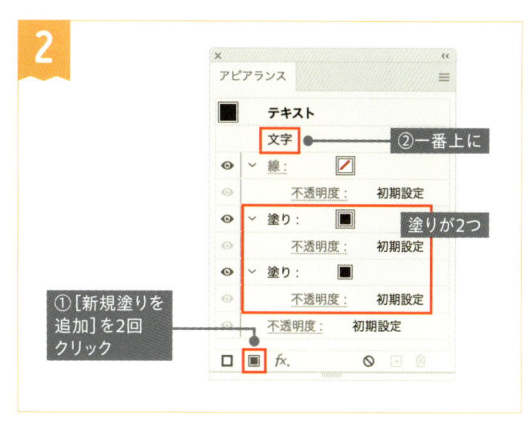

2

テキストオブジェクトを選択したまま、［アピアランス］パネル
で［新規塗りを追加］を2回クリックし、塗りの項目を2つに
します。［文字］の項目をドラッグして一番上へ移動します。

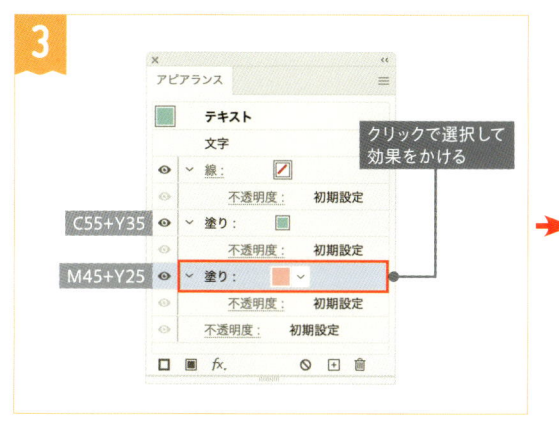

3

それぞれの塗りに好きなカラーを設定しましょう。下の塗り
の項目をクリックで選択し、［変形］効果を適用します。

［効果］メニュー＞［パスの変形］＞［変形］

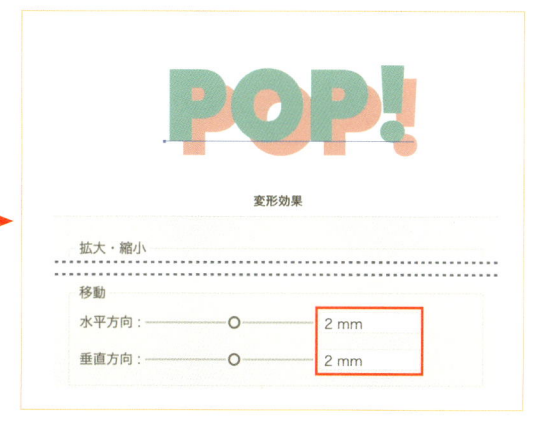

下の塗りがずれて見えるよう、［移動］の［水平方向］と［垂
直方向］に数値を入力しましょう。大きく動かすほどポップ
な印象に仕上がります。［OK］のクリックで終了します。

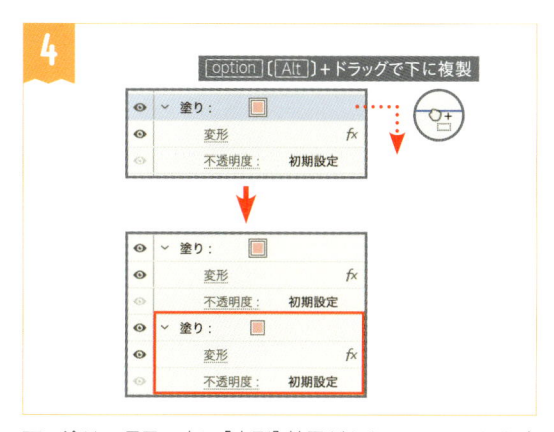

4

下の塗りの項目の中に［変形］効果がかかっていることを確
認します。効果も含めた状態で、塗りの項目を option
〔Alt〕＋ドラッグで下へ複製しましょう。

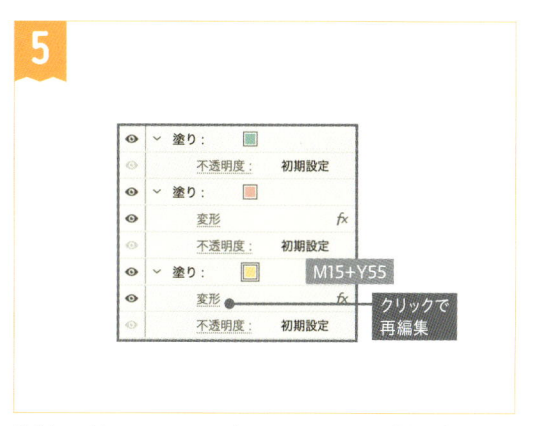

5

複製した塗りのカラーを変更します。さらに［変形］効果の
項目をクリックし、設定を再編集しましょう。

[移動]の[水平方向]と[垂直方向]の末尾に「*2」を入力し、それぞれ2倍の値にしましょう。[プレビュー]をオンにして、3つの塗りが均等にズレているのを確認したら、[OK]のクリックで終了します。

テキストオブジェクトを選択したまま、command（Ctrl）+ G などでグループにします。オブジェクトが1つだけでもグループが作成され、[アピアランス]パネルの表示も[グループ]になります。

[オブジェクト]メニュー>[グループ]

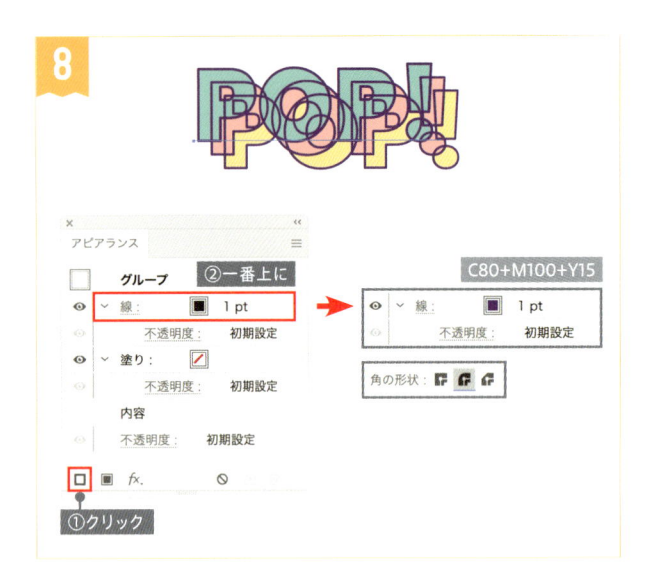

[アピアランス]パネルの表示が[グループ]になっている状態で、[新規線を追加]をクリックします。追加された線の項目は一番上へ配置しましょう。

線のカラーには好きな色を設定し、[線]パネルで[線幅]と[角の形状：ラウンド]を設定します。線幅はあまり太くならないようにします。

> グループ側に線や塗り、効果などを設定すると、アピアランスが入れ子のような状態になります。文字属性とオブジェクト側のアピアランスの関係性と同じように考えましょう。

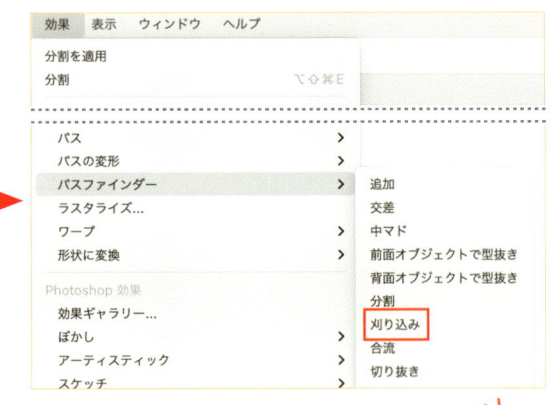

線の項目をクリックで選択し、[効果]メニュー>[パスファインダー]>[刈り込み]を実行します。

> ここでは[メリり込み]を使いますが、[合流]効果でも同じ結果になります。

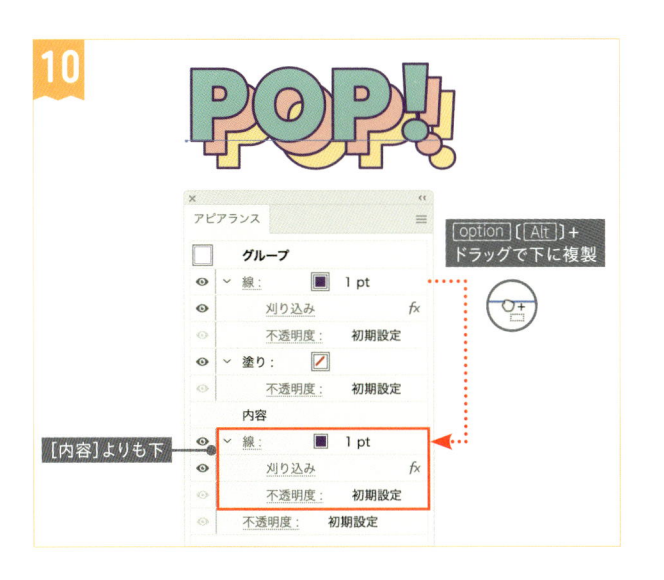

線の項目の中に［刈り込み］効果がかかっていれば、重なり合った線が図のようにすっきりした状態になります。

全体にさらにフチをつけるため、塗りの項目を option（ Alt ）＋ドラッグして、［内容］の項目より下へ複製しましょう。

下へ複製した線は［線］パネルで線幅を変更しましょう。文字とのバランスをとりながら、太めに設定するとインパクトが出せます。

さらに［刈り込み］効果の項目をクリックし、［処理：追加］に変更します。

すでに完成しているように見えますが、きれいに仕上げるため［追加］効果に変更します。

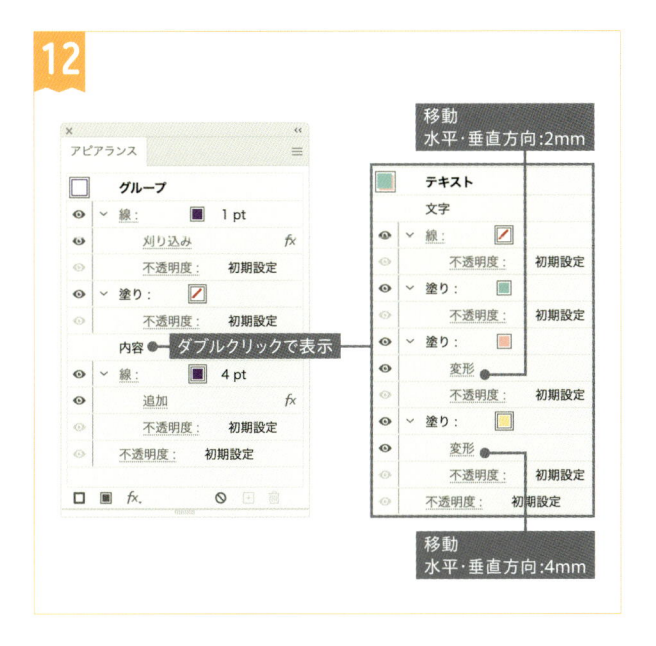

図のような見た目になっていれば完成です。
グループ内のオブジェクトのアピアランスを確認・編集したいときは、［内容］の項目をダブルクリックして表示を切り替えましょう。

文字をカラフルにする、シンプルな複製のみにするなどのアレンジができます。重ねてずらすだけの処理ですが、どの項目にどのタイミングで複製がかかっているか、項目同士の関係性を意識して作成しましょう。

文字列をカラフルに

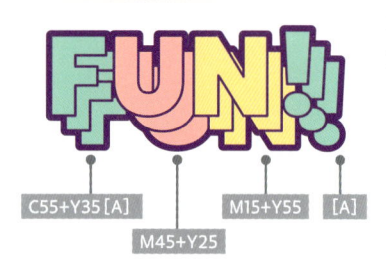

C55+Y35[A]　　M45+Y25　　M15+Y55　　[A]

文字属性のアピアランスが既に階層化していることを活かせば、グループ化せずに作成できます。文字ごとに色を変えるとさらに楽しい文字になります。

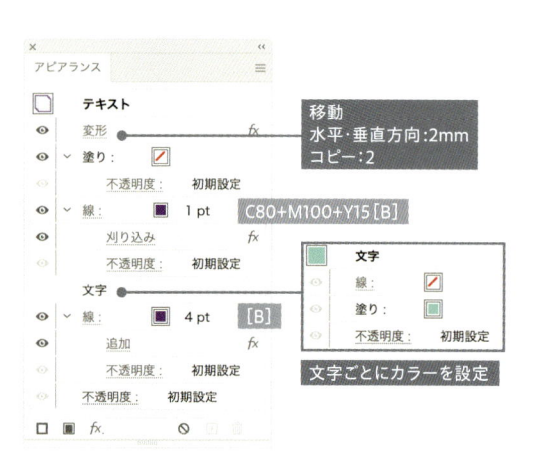

移動
水平・垂直方向：2mm
コピー：2

C80+M100+Y15[B]

文字ごとにカラーを設定

文字属性には効果がかけられないため、オブジェクト側のアピアランスで[変形]効果をかけます。文字列全体が複製されるよう、[変形]効果は一番上に配置しましょう。

シンプルな複製のみに

フチ文字のアピアランスを[変形]効果で背面コピーするだけでも華やかな見た目になります。

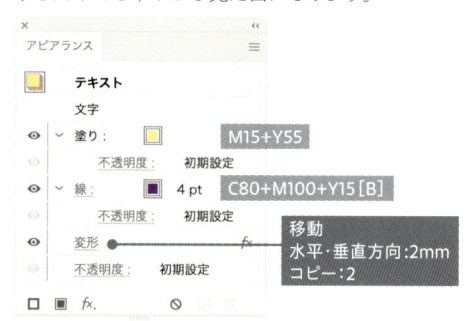

移動
水平・垂直方向：2mm
コピー：2

[変形]効果は一番最後に配置しましょう。フチも含めた状態で、全体が複製されます。

⚠ 避けたい作り方

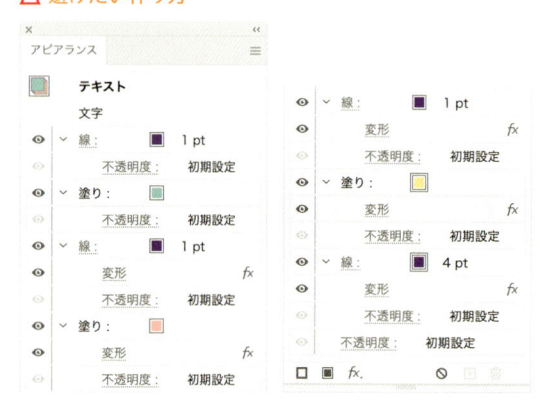

作例と同じ見た目のテキストですが、項目数が多く、調整や修正が大変です。

グループや文字属性のアピアランスを使って階層化すると構造は複雑になりますが、管理する項目は大幅に削減できます。

Chapter 4

質感をつける

01

ポップなツヤ文字

線でツヤ感を演出したポップな文字です。破線のしくみを活かせばかんたんに作成できます。

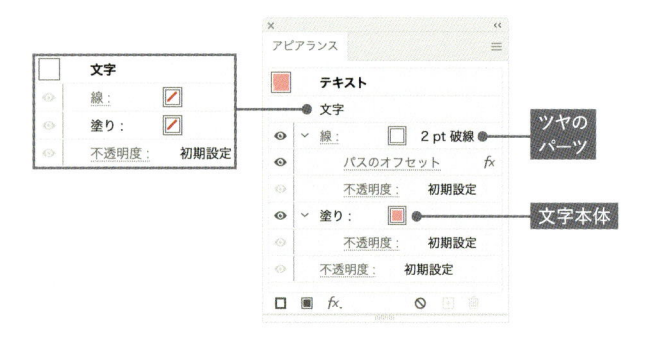

作例で使用しているフォント

フォントファミリ	ABJグー
フォントスタイル	Regular
フォントサイズ	60Q

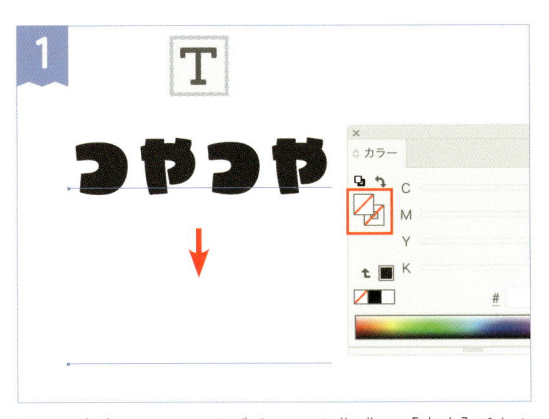

好きな内容でテキストオブジェクトを作成し、[文字] パネル
でフォントや文字の大きさなどを自由に設定しましょう。[カ
ラー] パネルで線と塗り、どちらのカラーも [なし] にします。

テキストオブジェクトを選択したまま、[アピアランス] パネル
で [新規線を追加] または [新規塗りを追加] のどちらかを
クリックしましょう。項目が追加されたら、[文字] の項目を
ドラッグして一番上へ移動します。

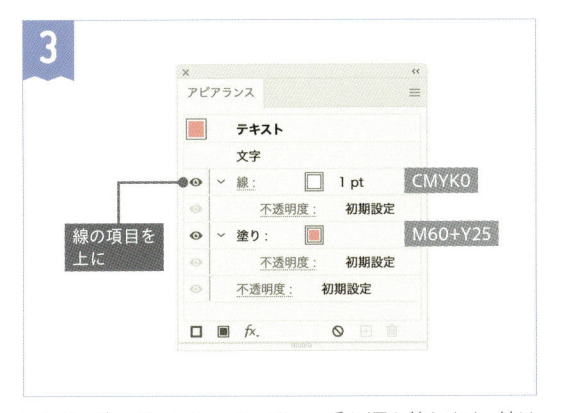

線が上、塗りが下になるよう項目の重ね順を整えます。線は
白、塗りのカラーは好きな色を設定しましょう。

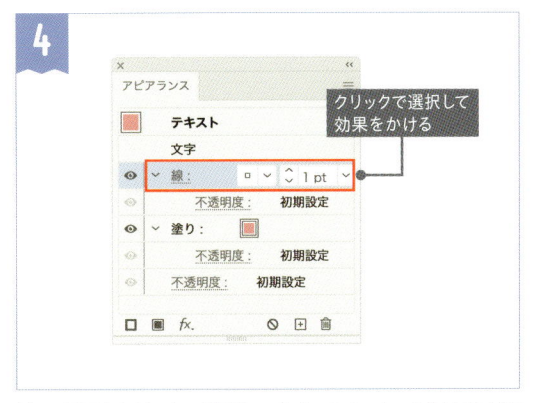

線の項目をクリックで選択し、[パスのオフセット] 効果を適
用します。

[効果]メニュー>[パス]>[パスのオフセット]

[オフセット] にマイナスの値を入力し、文字本体の内側に線
が入るようにしましょう。[OK] のクリックで終了します。

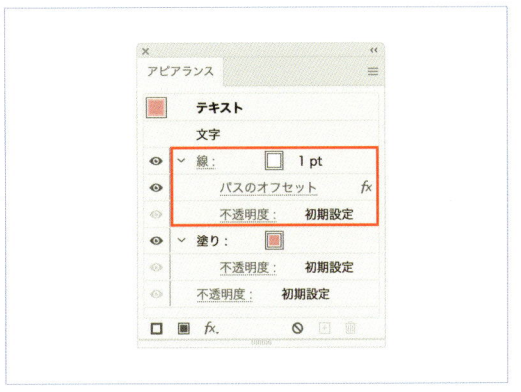

[アピアランス] パネルで線の項目の中に [パスのオフセット]
効果が入っているか確認しましょう。

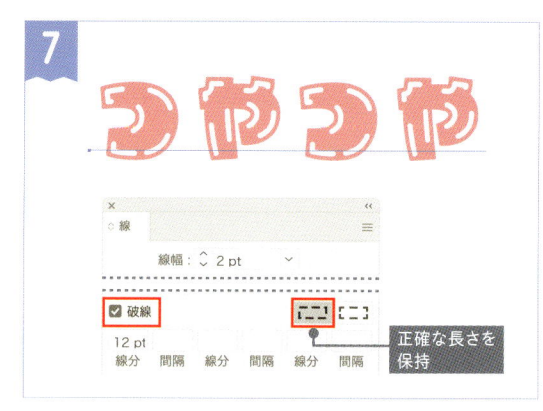

［線］パネルで［線端：丸型線端］と［角の形状：ラウンド結合］にします。ツヤのパーツの大きさをイメージしながら、［線幅］も設定しましょう。

さらに［破線］をオンにします。［線分と間隔の正確な長さを保持］にして、ピッチの正確さを優先しましょう。

一番左の［線分］と［間隔］を設定します。［線分］は必ず［0］、［間隔］は現在の線幅よりも大きな値にしましょう。

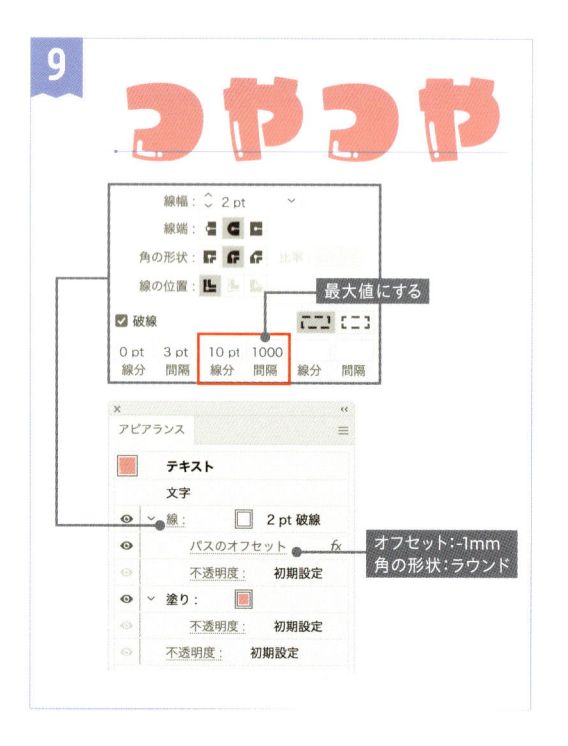

中央の［線分］と［間隔］も設定します。［間隔：1000pt］であれば［線分］は好きな数値でかまいません。図のようなバランスの破線になれば完成です。

→破線の最大値については P.49

細いフォントでも作成できますが、［パスのオフセット］効果や［線幅］の値をしっかり調整しましょう。
また、残念ながら破線の開始位置は指定できません。

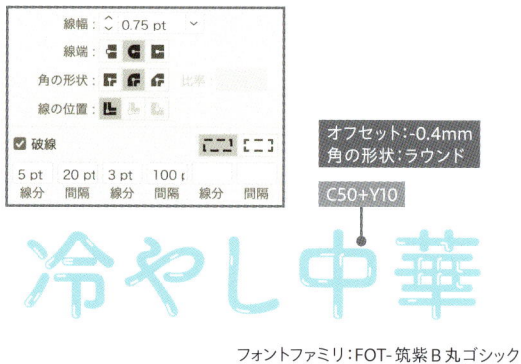

フォントファミリ：FOT-筑紫B丸ゴシック
フォントスタイル：B／フォントサイズ：60Q

GLOSSY
Dreams Sparkle

02
パキッとツヤ感の文字

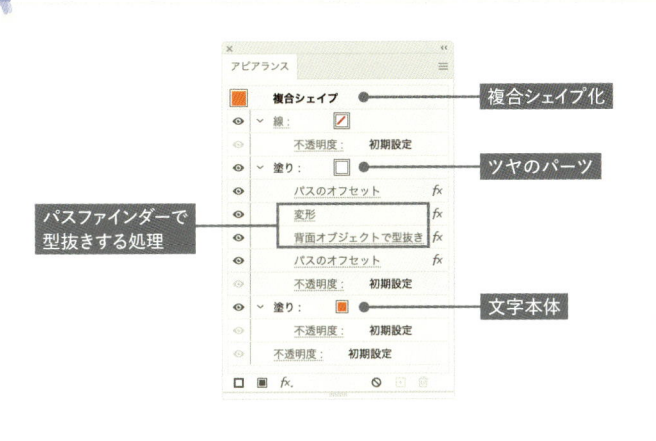

複合シェイプ化 → 複合シェイプ

線 → ツヤのパーツ → 塗り

パスファインダーで型抜きする処理 → パスのオフセット / 変形 / 背面オブジェクトで型抜き / パスのオフセット

文字本体 → 塗り

ハイライトの位置や大きさを自由に調整できるツヤのパーツがついた文字です。複合シェイプで作成しましょう。

作例で使用しているフォント	
フォントファミリ	Anchor
フォントスタイル	Black
フォントサイズ	80Q

1

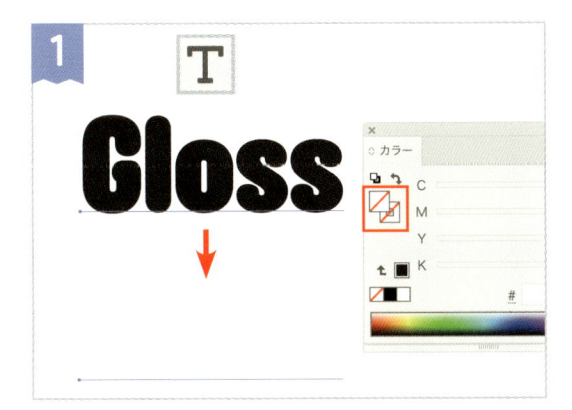

好きな内容でテキストオブジェクトを作成し、[文字] パネルでフォントや文字の大きさなどを自由に設定しましょう。[カラー] パネルで線と塗り、どちらのカラーも [なし] にします。

2

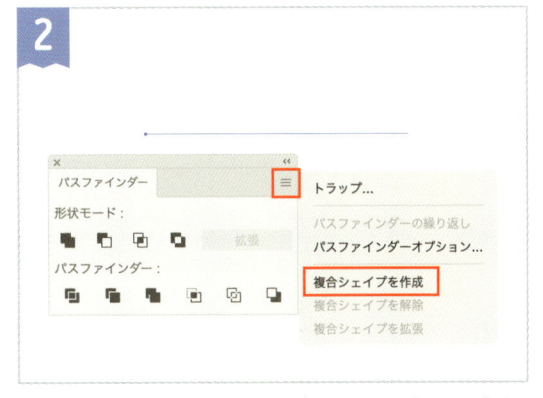

塗り・線をなしにしたテキストオブジェクトを選択して、[パスファインダー] パネルメニューから [複合シェイプを作成] を実行します。

→複合シェイプについては P.95

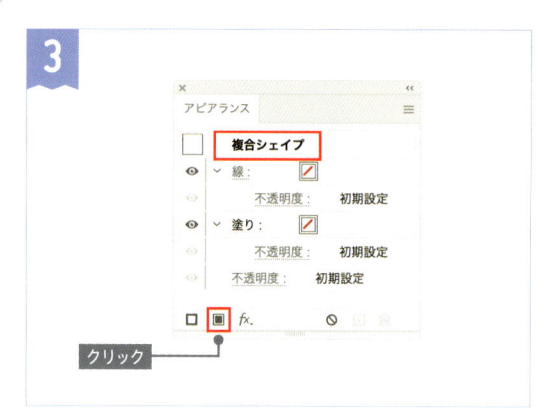

[アピアランス]パネルの表記が[複合シェイプ]になっているのを確認します。線と塗りが1つずつ作成されていますが、さらに[新規塗りを追加]をクリックして塗りの項目を2つにしましょう。

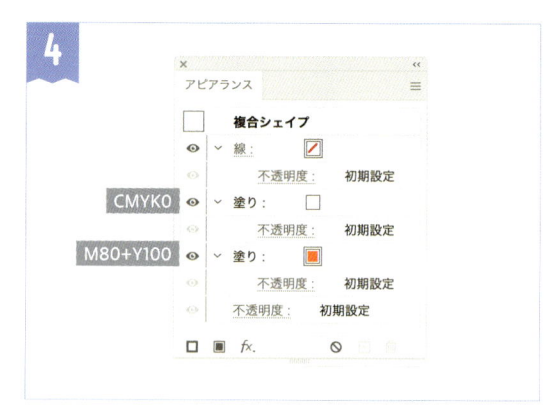

上の塗りがツヤの部分、下の塗りが文字本体です。
上の塗りには白いカラーを、下の塗りには好きなカラーを設定しましょう。

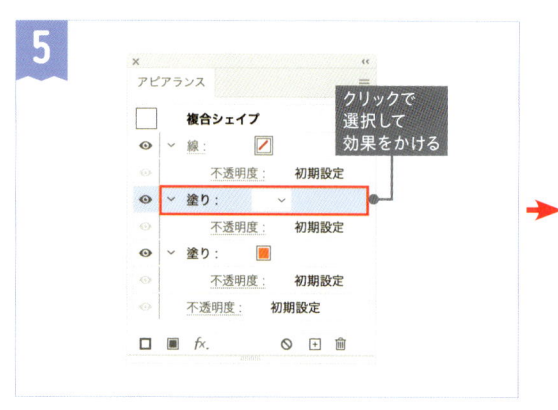

上の塗りを選択して、[パスのオフセット]効果を適用します。

[効果]メニュー>[パス]>[パスのオフセット]

[オフセット]にマイナスの値を入力し、文字本体よりも少しだけ内側に狭めます。[角の形状:ラウンド]も設定して[OK]のクリックで終了しましょう。

ツヤのパーツの位置はこの[移動]の設定値で決まります。

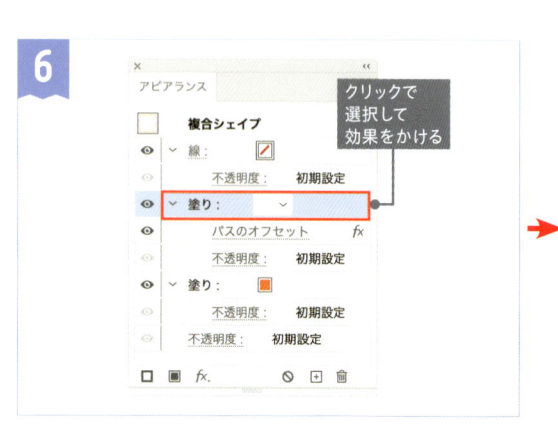

上の塗りに[パスのオフセット]効果がかかっていることを確認します。同じ塗りを選択し、さらに[変形]効果をかけます。

[効果]メニュー>[パスの変形]>[変形]

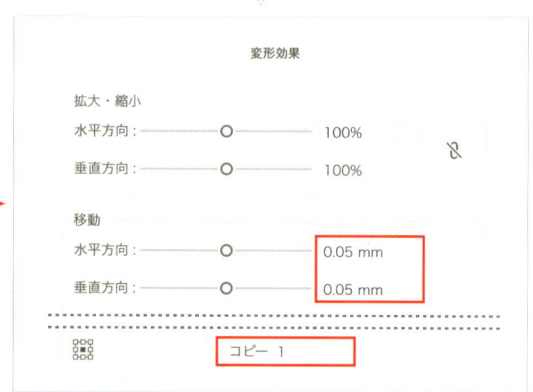

[移動]の[水平方向][垂直方向]に数値を入力し、[コピー:1]に設定します。[プレビュー]をオンにして、複製された塗りがほんの少しだけずれて重なる程度に動かしましょう。[OK]のクリックで終了します。

7

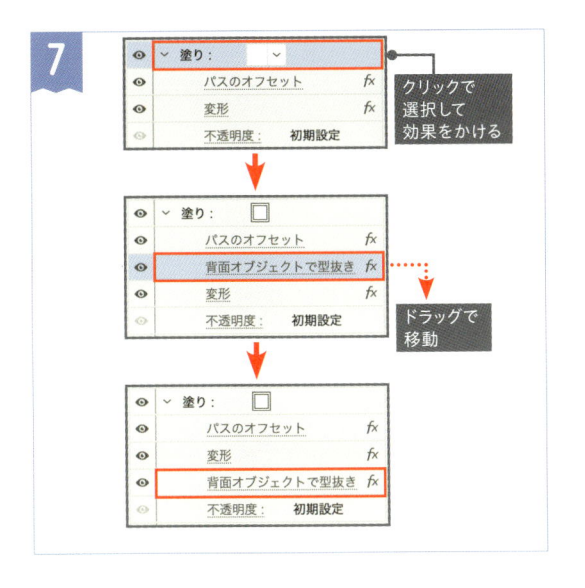

同じ塗りに［背面オブジェクトで型抜き］効果を適用します。［変形］効果の後にかかるように［アピアランス］パネルで項目の位置を調整しましょう。

［変形］効果で複製した塗りがパスファインダー処理されて、図のような細いパーツになります。

［効果］メニュー＞［パスファインダー］＞［背面オブジェクトで型抜き］

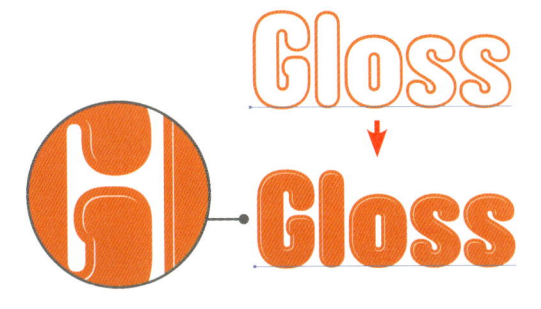

8

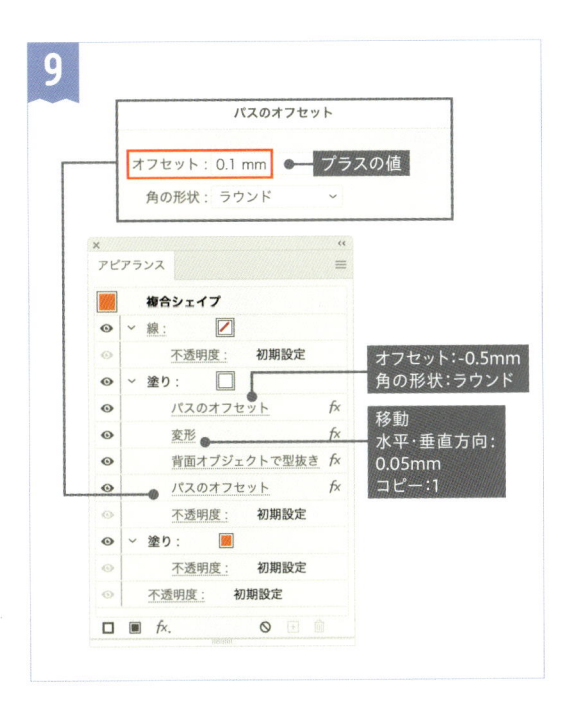

上の塗りに適用した［パスのオフセット］効果を option〔 Alt 〕＋ドラッグして、項目内の一番下へ複製しましょう。複製したらクリックで設定を再編集します。

9

［オフセット］をプラスの値に変更します。［プレビュー］をオンにして確認しながら塗りを広げ、ツヤのパーツの太さを調整しましょう。

［OK］のクリックで終了したら完成です。

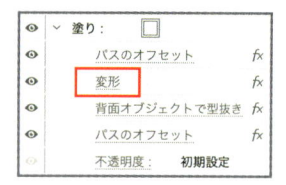
バリエーション

ツヤの位置は[変形]効果の[移動]の値で調整できます。その後の[背面オブジェクトで型抜き]の結果をイメージしながら設定しましょう。

右下
Gloss

水平方向:-0.05mm
垂直方向:-0.05mm

右上
Gloss

水平方向:-0.05mm
垂直方向:0.05mm

左下
Gloss

水平方向:0.05mm
垂直方向:-0.05mm

ツヤのパーツにパターンを適用するほか、白以外のカラーを組み合わせても印象が変わって楽しい文字になります。

Duotone

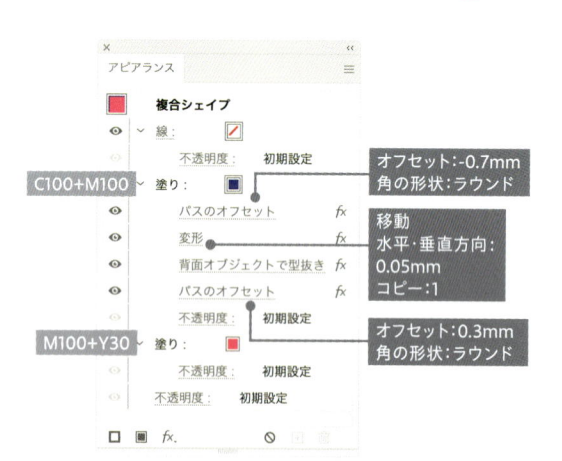

→パターンについてはP.62

長方形でストライプのパターンを作成して適用。ここではさらにパターンの大きさも調整しています。

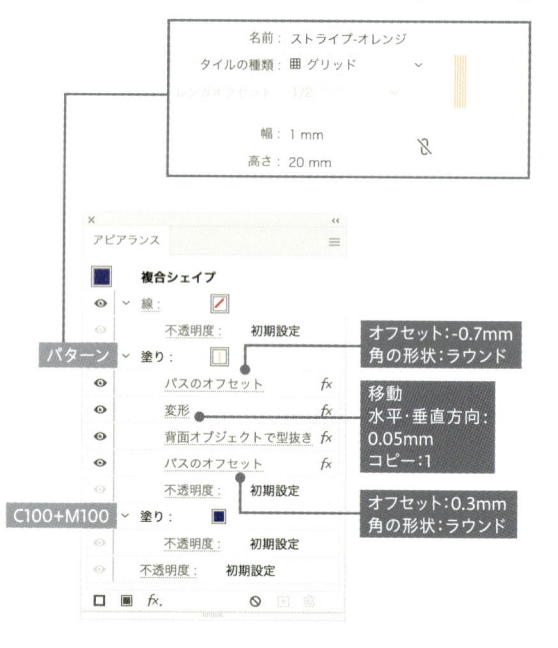

Stripe

パターンを組み合わせる場合は、ストライプなどシンプルなものがおすすめです。

Matte Looks

03
マットなツヤ文字

ぼかしたハイライトと陰影でマットなツヤ感を出した文字です。光源の位置をイメージしながら立体的に見せましょう。

Matte

作例で使用しているフォント	
フォントファミリ	FF Cocon
フォントスタイル	Bold
フォントサイズ	60Q

アピアランスパネル：
- 複合シェイプ → 複合シェイプ化
- 線：
  - 不透明度：初期設定
- 塗り： → ハイライト
  - パスのオフセット fx
  - 変形 fx ← パスファインダーで型抜きする処理
  - 背面オブジェクトで型抜き fx
  - ぼかし（ガウス）fx
  - 不透明度：初期設定
- 塗り： → 文字本体
  - 光彩（内側）fx ← 光彩をずらして立体的に
  - 変形 fx
  - 不透明度：初期設定
- 不透明度：初期設定

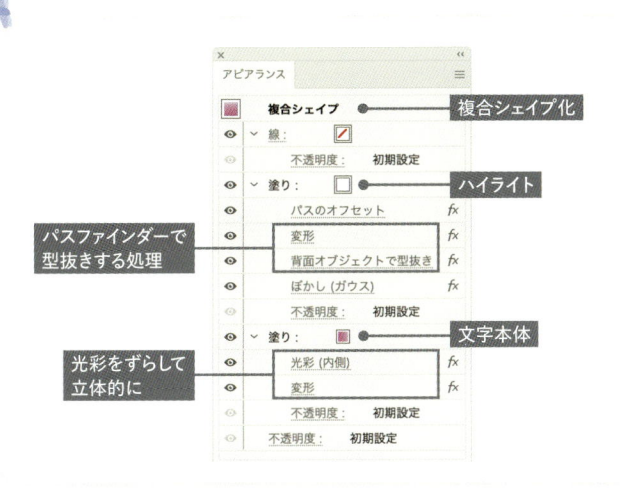

1

好きな内容でテキストオブジェクトを作成し、[文字] パネルでフォントや文字の大きさなどを自由に設定しましょう。[カラー] パネルで線と塗り、どちらのカラーも [なし] にします。

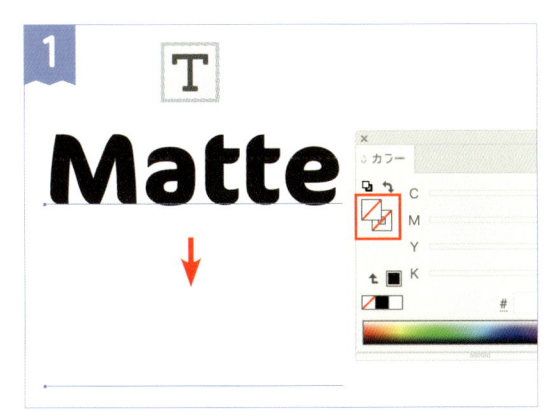

2

塗り・線をなしにしたテキストオブジェクトを選択して、[パスファインダ] パネルメニューから [複合シェイプを作成] を実行します。

→複合シェイプについては P.95

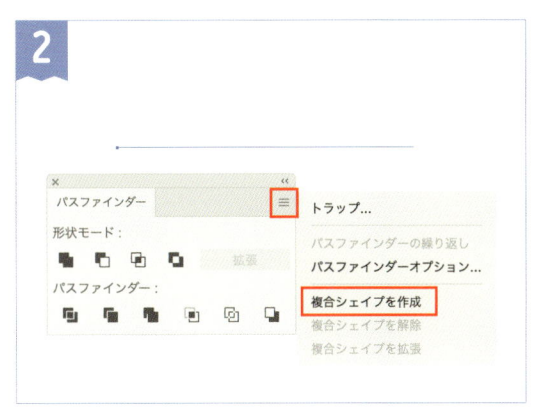

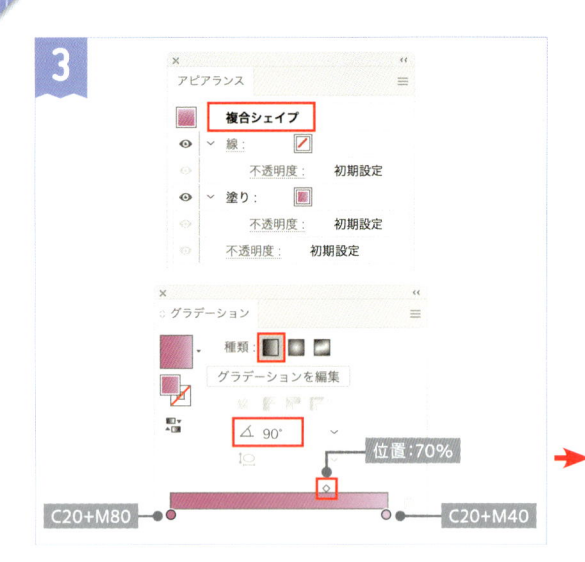

[アピアランス] パネルの表記が [複合シェイプ] になっているのを確認します。線と塗りが1つずつ作成されていますので、塗りの項目にグラデーションを設定しましょう。

[グラデーション] パネルで [種類：線形グラデーション]、[角度：90°] に設定し、好きなカラーでグラデーションを作成します。

→グラデーションについては P.118

ここでは上が明るくなるイメージでカラーを設定しています。

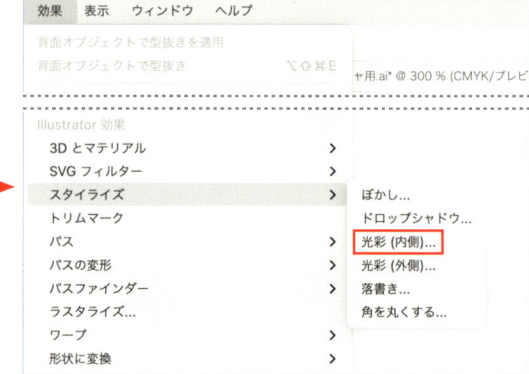

グラデーションの塗りが文字本体になります。

塗りの項目をクリックで選択して、[効果] メニュー> [スタイライズ] > [光彩 (内側)] 効果を適用しましょう。

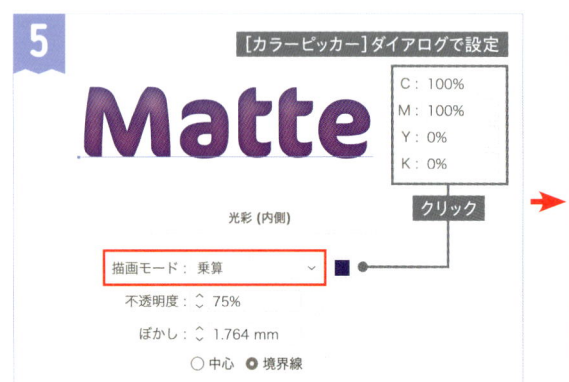

[描画モード：乗算] に変更し、カラーのサムネイルをクリックして [カラーピッカー] ダイアログを呼び出します。

黒やグレーなどでもかまいませんが、ここでは文字本体に合わせて青系のカラーを設定しました。

[境界線] が選ばれている状態で、[不透明度] と [ぼかし] に好みの数値を入力します。文字本体の内側にぼやけた陰影が少し見える程度に設定しましょう。

[OK] のクリックで終了します。

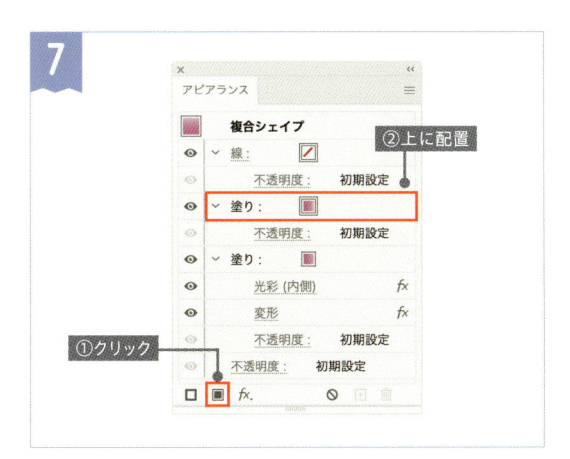

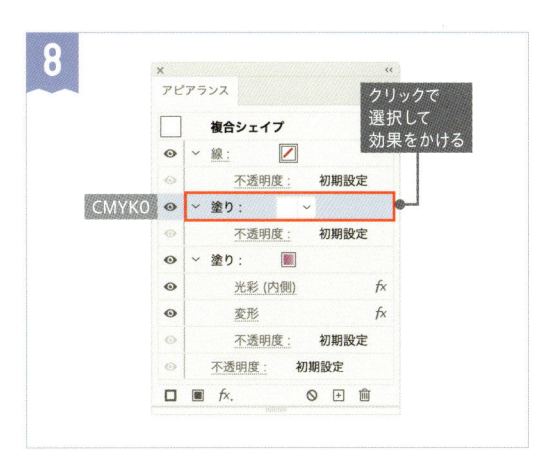

6

クリックで選択して効果をかける

変形効果

塗りの項目の中に［光彩（内側）］効果が適用されているのを確認します。同じ塗りの項目に対し、さらに［変形］効果をかけましょう。

［効果］メニュー＞［パスの変形］＞［変形］

［オプション］で［オブジェクトの変形］をオフに、［パターンの変形］をオンにします。
この状態で［移動］の［水平方向］と［垂直方向］に数値を入力すると、先ほどかけた［光彩（内側）］の位置を調整できます。［プレビュー］をオンにして、確認しながら設定しましょう。ここではどちらもマイナス値にしました。
［OK］のクリックでダイアログを閉じます。

光源　作例では左斜め上に光源があると想定して、反対側に陰影がつくように移動の値を決めています。

［光彩（内側）］効果では、内部で画像が生成されます。通常は［アピアランスを分割］などで分割しなければ変形できませんが、［変形］効果では［パターンの変形］だけをオンにすることで変形が有効になります。

7

②上に配置

①クリック

［新規塗りを追加］をクリックして、新たに塗りを増やします。効果をかけた塗りの項目よりも上になるよう順番を整えましょう。

8

クリックで選択して効果をかける

CMYK0

上の塗りのカラーを白に変更しましょう。この塗りでハイライトを表現します。上の塗りの項目をクリックで選択し、［パスのオフセット］効果を適用します。

［効果］メニュー＞［パス］＞［パスのオフセット］

9

パスのオフセット

オフセット： -0.5 mm
角の形状： ラウンド
角の比率： 4

☑ プレビュー　　キャンセル　　OK

[オフセット]にマイナスの値を入力して、文字本体よりも少し内側に狭めましょう。[角の形状：ラウンド]も設定して、[OK]のクリックで終了します。

> ツヤのパーツの作り方は「パキッとツヤ感の文字」（P.109）と同様です。

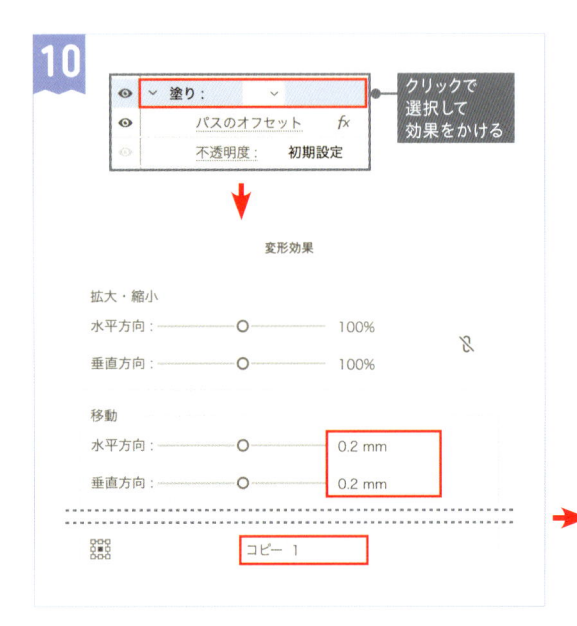

10

クリックで選択して効果をかける

変形効果

拡大・縮小
水平方向： 100%
垂直方向： 100%

移動
水平方向： 0.2 mm
垂直方向： 0.2 mm

コピー 1

同じ塗りを選択したまま、[変形]効果をかけます。

[効果]メニュー>[パスの変形]>[変形]

[移動]の[水平方向][垂直方向]に数値を入力し、[コピー：1]に設定します。少しずれて重なる位置へ塗りを複製しましょう。[OK]のクリックで終了します。

> [移動]の値は光源の位置をイメージしながら決めましょう。

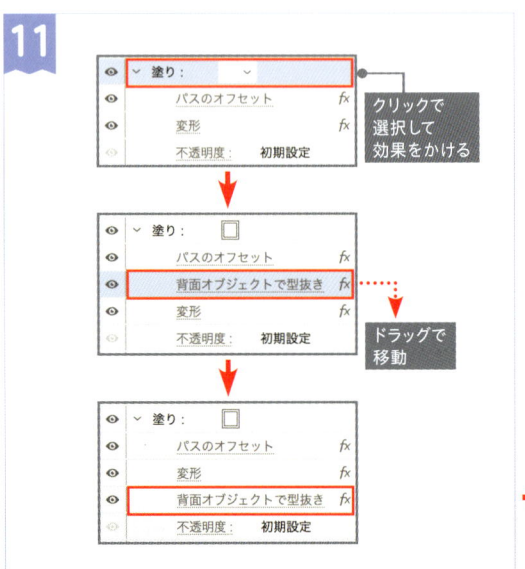

11

クリックで選択して効果をかける

ドラッグで移動

同じ塗りへさらに[背面オブジェクトで型抜き]効果を適用します。[変形]効果の後になるよう、ドラッグで項目の位置を調整しましょう。
[変形]効果で複製した塗りがパスファインダー処理されて、図のような細いパーツになります。

> [効果]メニュー>[パスファインダー]>[背面オブジェクトで型抜き]

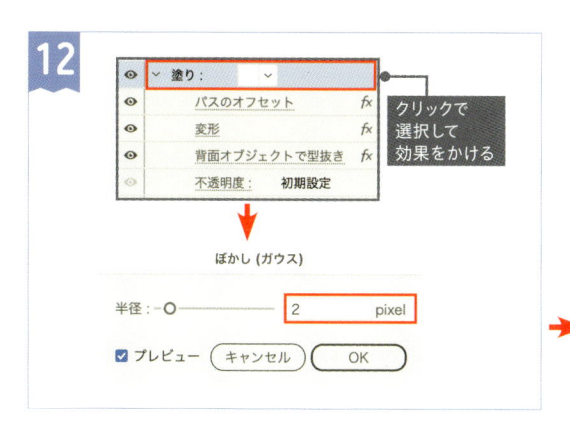

最後に、塗りの項目へ［ぼかし（ガウス）］効果を適用します。［プレビュー］をオンにして確認しながら、［半径］に数値を入力してツヤのパーツをぼかしましょう。［OK］のクリックで終了します。

［効果］メニュー>［ぼかし］>［ぼかし（ガウス）］

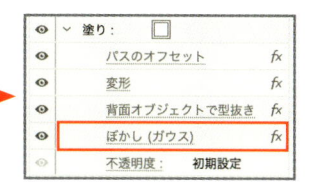

図のような順で効果がかかっていれば完成です。
立体感をコントロールしたいときは、ハイライトや陰影の位置を変えてみましょう。

作例の設定から、［光彩（内側）］効果をずらす方向を逆にした例。手前から光が当たったような表現になります。

［光彩（内側）］を極端にずらしてしまうときれいに仕上がりません。フォントサイズや文字の太さとバランスをとりながら数値を決めましょう。

［ぼかし（ガウス）］効果の設定でハイライトの強さを調整できますが、値を大きくしすぎるとほとんど見えなくなってしまいます。ハイライトを弱めたい場合は、塗りの［不透明度］を下げても良いでしょう。

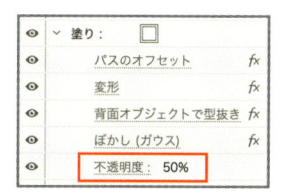

04

グラデーションの文字

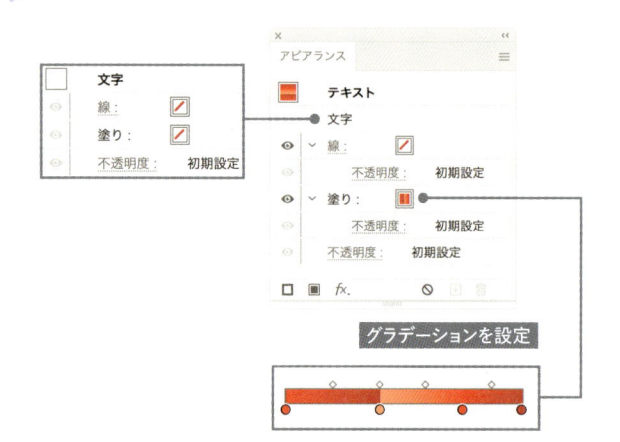

ベーシックなグラデーションのテキストです。オブジェクト側のアピアランスでグラデーションを設定し、文字をアウトライン化せずに作成しましょう。

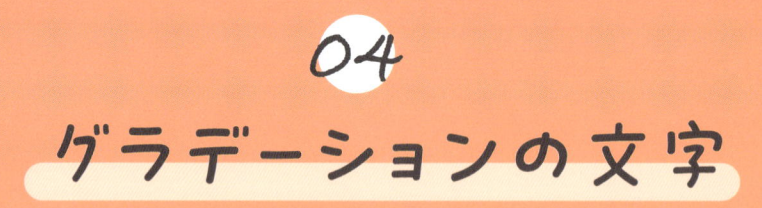

作例で使用しているフォント	
フォントファミリ	AB浪漫
フォントスタイル	Regular
フォントサイズ	60Q

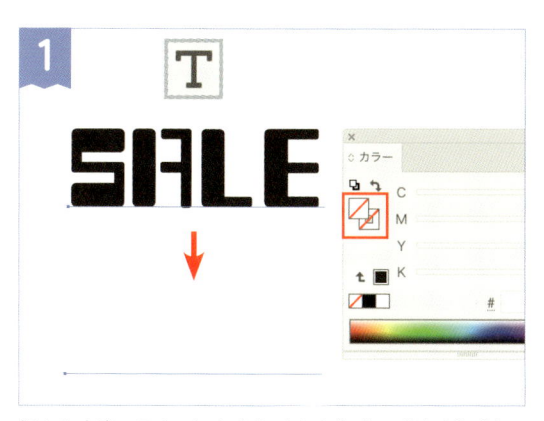

好きな内容でテキストオブジェクトを作成し、[文字] パネルでフォントや文字の大きさなどを自由に設定しましょう。[カラー] パネルで線と塗り、どちらのカラーも [なし] にします。

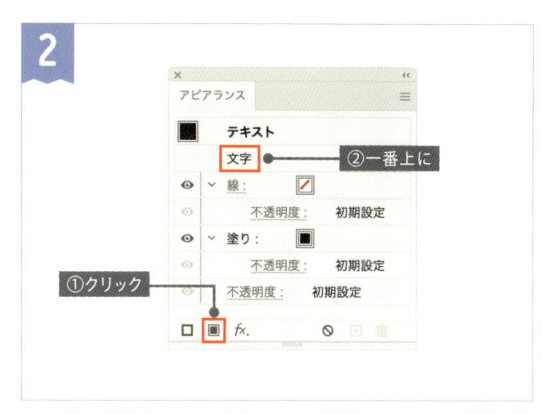

テキストオブジェクトを選択したまま、[アピアランス] パネルで [新規塗りを追加] をクリックしましょう。項目が追加されたら、[文字] の項目をドラッグして一番上へ移動します。

塗りがアクティブになっている状態で、[グラデーション] パネルの [種類：線形グラデーション] をクリックして適用します。[角度：90°] も設定しましょう。

[グラデーション] パネルは [ウインドウ] メニュー>[グラデーション] か、ツールバーの [グラデーションツール] のダブルクリックで表示できます。

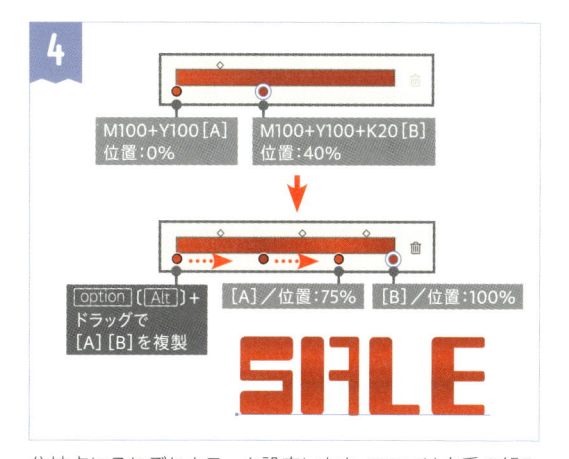

分岐点にそれぞれカラーを設定します。ここでは赤系の組み合わせにしました。さらに分岐点を option（Alt）＋ドラッグで複製して、図の位置へ配置します。

グラデーションの分岐点をダブルクリックすると、[カラー] パネルを呼び出せます。

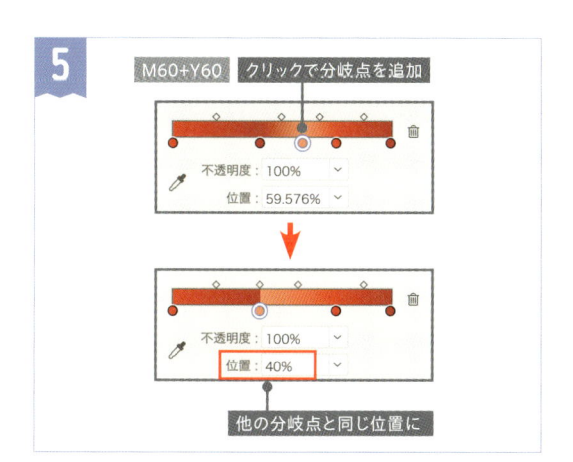

分岐点の間をクリックして、新たに分岐点を追加します。同系色の明るいカラーを設定しましょう。[位置] に他の分岐点と同じ数値を入力すると、分岐点が重なって2色ではっきり分かれた状態になります。

図のようなツヤのあるグラデーションにできたら完成です。

05
文字ごとにグラデーション

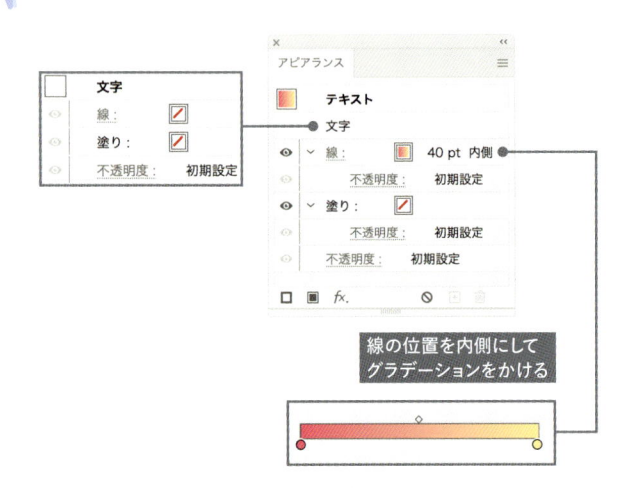

ひと文字ごとにグラデーションをかけた華やかな文字です。文字全体ではなく文字単位でグラデーションをかけるには、線の位置を変更するテクニックを活用します。

文字

線:		
塗り:		
不透明度:	初期設定	

アピアランス

	テキスト	
	文字	
〉 線:		40 pt 内側
	不透明度:	初期設定
〉 塗り:		
	不透明度:	初期設定
不透明度:	初期設定	

線の位置を内側にしてグラデーションをかける

作例で使用しているフォント

フォントファミリ	Poppins
フォントスタイル	Black
フォントサイズ	60Q

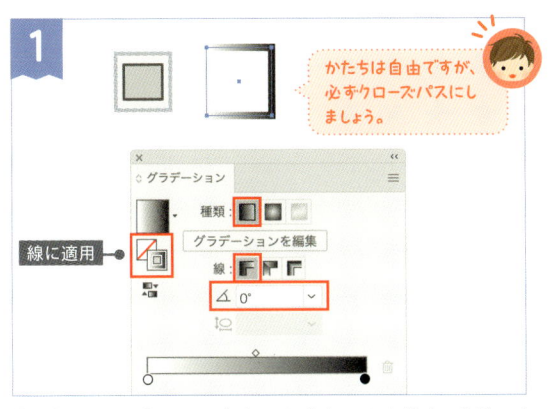

かたちは自由ですが、必ずクローズパスにしましょう。

[長方形ツール]などで自由にオブジェクトを描き、[グラデーション]パネルで線のカラーにグラデーションを適用します。[種類：線形グラデーション]と、[線：線にグラデーションを適用]、[角度：0°]も設定します。塗りのカラーはなしで進めます。

[ウインドウ]メニュー>[グラデーション]

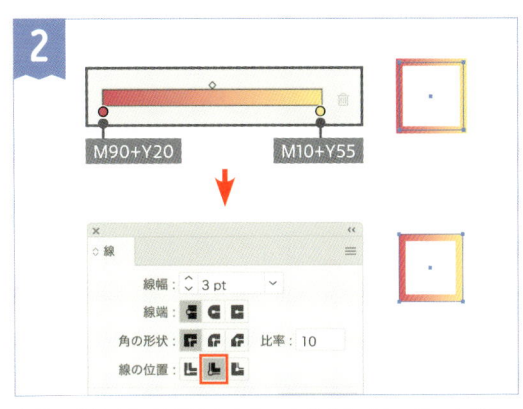

M90+Y20　　M10+Y55

カラー分岐点には好きなカラーを設定しましょう。オブジェクトを選択したまま、[線]パネルで[線の位置：線を内側に揃える]にします。

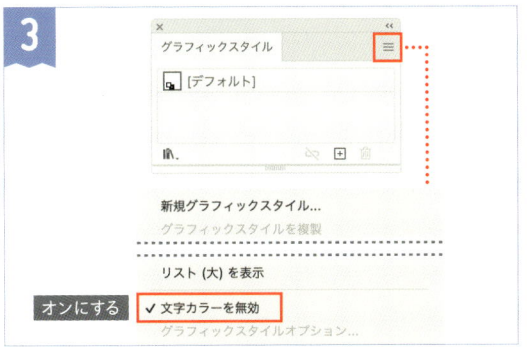

[グラフィックスタイル]パネルメニューで[文字カラーを無効]をオンにします。デフォルトではオンの設定です。

[ウインドウ]メニュー>[グラフィックスタイル]

[文字カラーを無効]をオンにすると、この時点で文字属性のアピアランスは自動的に破棄されます。

好きな内容でテキストオブジェクトを作成し、[文字]パネルでフォントや文字の大きさなどを自由に設定しましょう。

①選択

②ドラッグ＆ドロップ

はじめに用意したオブジェクトを選択し、[アピアランス]パネルのサムネイルをテキストオブジェクトへドラッグ＆ドロップしましょう。オブジェクトと同じアピアランスがテキストオブジェクトに適用されます。

→[文字カラーを無効]についてはP.231

[線]パネルで[線幅]を設定します。文字本体のすき間が埋まったら完成です。

フォントサイズの変更にも対応できるよう、[線幅]には大きめの数値を設定するのがおすすめです。

フチ文字と同様、グラデーションは汎用性の高い装飾テクニックのひとつです。
ここでは「グラデーションの文字（P.118参照）」と「文字ごとにグラデーション」のアレンジ例をまとめて紹介します。

「グラデーションの文字」では、なめらかな階調で軽やかさを演出したり、金属のような光沢で重厚さを出したりと、色の組み合わせによって幅広い表現が可能です。

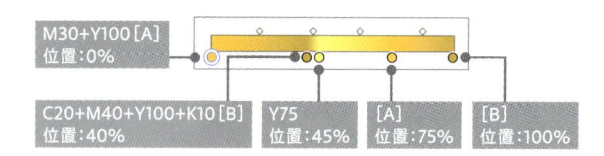

フォントファミリ：Bebas Neue
フォントスタイル：Regular
種類：線形グラデーション
角度：90°

| M30+Y100 [A] 位置：0% | | | | |
| C20+M40+Y100+K10 [B] 位置：40% | Y75 位置：45% | [A] 位置：75% | [B] 位置：100% |

フォントファミリ：
凸版文久見出しゴシック
フォントスタイル：EB
種類：線形グラデーション
角度：45°

| C55+Y15 位置：0% | C30+Y15 位置：50% | Y30 位置：100% |

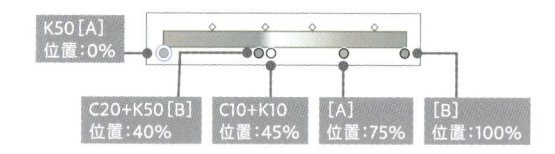

フォントファミリ：Bebas Neue
フォントスタイル：Regular
種類：線形グラデーション
角度：90°

| K50 [A] 位置：0% | | | | |
| C20+K50 [B] 位置：40% | C10+K10 位置：45% | [A] 位置：75% | [B] 位置：100% |

フォントファミリ：
砧 丸丸ゴシックALr
フォントスタイル：R
種類：線形グラデーション
角度：90°

| C55+Y15 位置：0% | M25 位置：50% | M10+Y20 位置：100% |

フチの部分は「文字ごとにグラデーション」、文字本体は「グラデーションの文字」の作成例です。
読みにくくならないよう、無彩色をはさむ、ドロップシャドウを足すなどの方法で工夫しましょう。

フォントファミリ：VDL ロゴJrブラック
フォントスタイル：BK
フォントサイズ：60Q

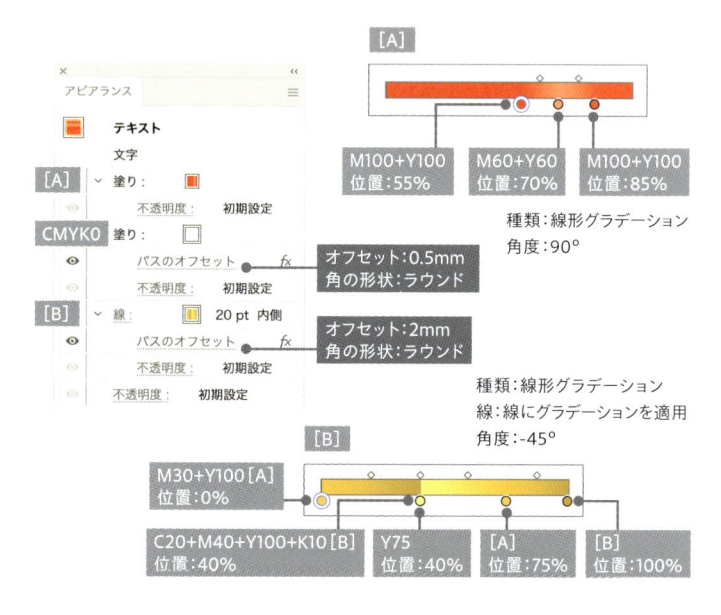

[A]

| M100+Y100 位置：55% | M60+Y60 位置：70% | M100+Y100 位置：85% |

種類：線形グラデーション
角度：90°

オフセット：0.5mm
角の形状：ラウンド

オフセット：2mm
角の形状：ラウンド

種類：線形グラデーション
線：線にグラデーションを適用
角度：-45°

[B]

| M30+Y100 [A] 位置：0% | | | |
| C20+M40+Y100+K10 [B] 位置：40% | Y75 位置：40% | [A] 位置：75% | [B] 位置：100% |

「文字ごとにグラデーション」で分岐点を同じ位置に重ね、はっきり色を分けた例です。ストライプ風の模様や、ハイライト風のパーツにすると楽しい文字になります。

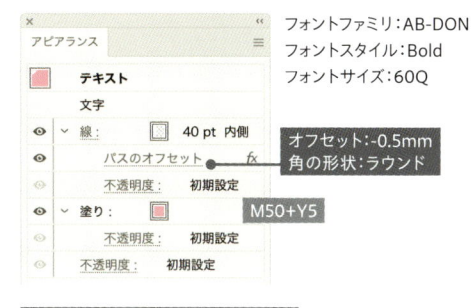

フォントファミリ：ABキリギリス
フォントスタイル：Regular

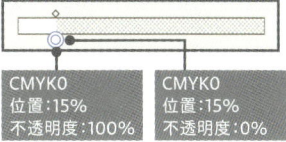

フォントファミリ：AB-DON
フォントスタイル：Bold
フォントサイズ：60Q

オフセット：-0.5mm
角の形状：ラウンド

M50+Y5

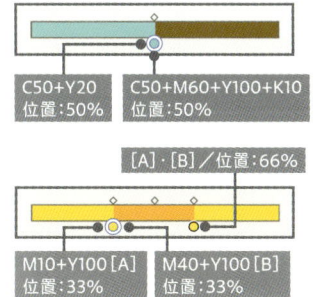

C50+Y20
位置：50%

C50+M60+Y100+K10
位置：50%

[A]・[B]／位置：66%

M10+Y100[A]
位置：33%

M40+Y100[B]
位置：33%

種類：線形グラデーション
線：線にグラデーションを適用
角度：-60°（チョコミント）、-45°（はちみつ）

CMYK0
位置：15%
不透明度：100%

CMYK0
位置：15%
不透明度：0%

種類：線形グラデーション
線：線にグラデーションを適用
角度：-45°

グラデーションの分岐点には不透明度も設定できます。

Column

テキストオブジェクトと[線の位置]

本来、[線の位置：線を内側に揃える]はテキストオブジェクトで利用できないオプションです。ただし、以下のいずれかの方法で、線の位置を変更したオブジェクトからアピアランスを流用すれば実現可能です。

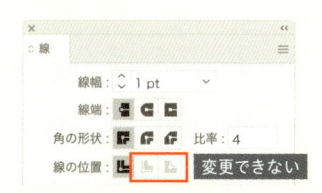

・[スポイトの抽出／適用]をオンにした[スポイトツール]を使う
・[グラフィックスタイル]パネルに登録して適用する
・[アピアランス]パネルのサムネイルをドラッグ＆ドロップ

→アピアランスの流用については P.228

テキストオブジェクトに線を設定しても、[線の位置]のうち2つはグレーアウトしています。通常の操作ではデフォルトの[線を中央に揃える]以外に変更できません。

[線の位置：線を内側に揃える]と[線：線にグラデーションを適用]を設定したテキストオブジェクトを[アピアランスを分割]で分割すると、線は塗りに変換され、通常のグラデーションと同様の状態になっているのがわかります。

分割結果を見る限りではトラブルの起きにくい構造ですが、通常では不可能な操作を活用していることに変わりはありません。試しに分割する、出力結果を確認するなどの方法で対策し、慎重に扱いましょう。

アピアランスを分割

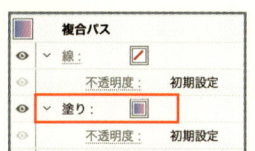

06
ハーフトーンの文字

アメコミ風などのポップな雰囲気に似合うハーフトーンの文字です。手順はシンプルですが、注意点が複数あるため、しくみを把握しながら作りましょう。解説はCMYKでの手順です（RGBの場合はP.128参照）。

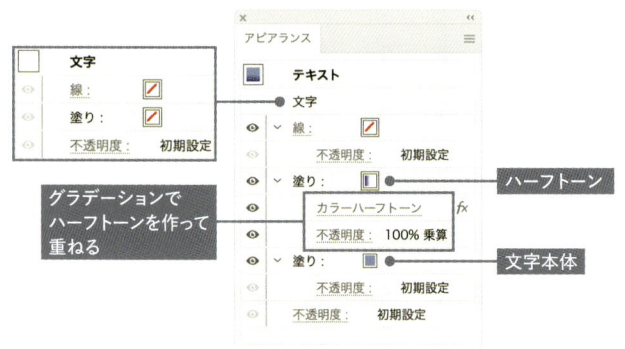

グラデーションで
ハーフトーンを作って
重ねる

ハーフトーン

文字本体

作例で使用しているフォント	
フォントファミリ	Ohno Blazeface
フォントスタイル	60 Point
フォントサイズ	60Q

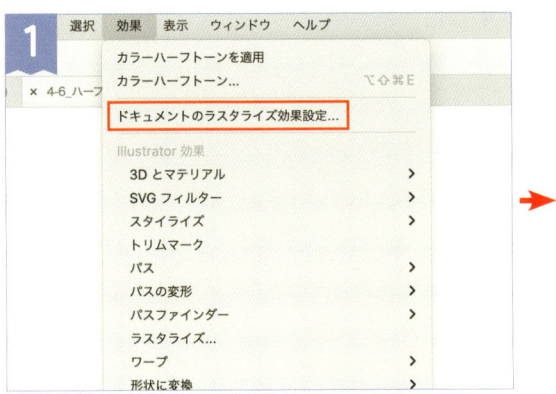

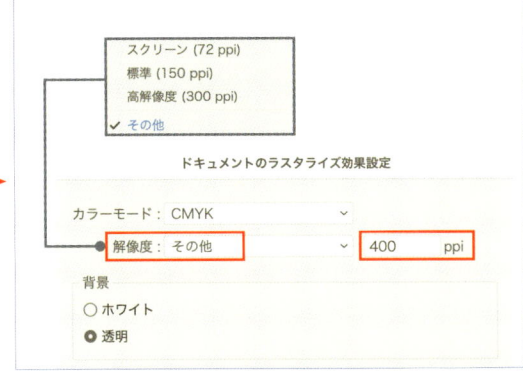

解像度に依存する効果を使うため、[効果]メニュー>[ドキュメントのラスタライズ効果設定]で事前に設定を確認しましょう。
表示されたダイアログで、[解像度：その他]を選んで[400ppi]程度に設定し、[OK]のクリックで閉じます。

[解像度]が低いと、効果をかけたときにジャギーが目立ちます。Webなどディスプレイ向けのドキュメントでも、気になる場合は解像度を上げておきましょう。

→ラスタライズ効果設定については P.233

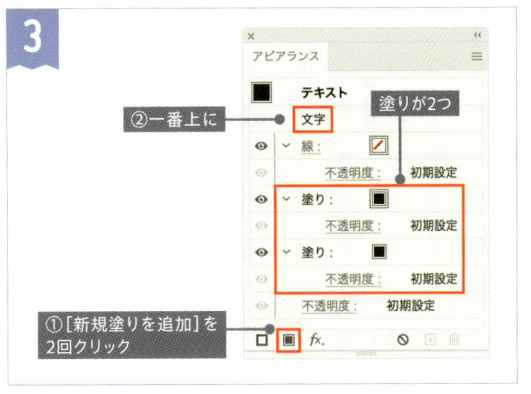

好きな内容でテキストオブジェクトを作成し、[文字]パネルでフォントや文字の大きさなどを自由に設定しましょう。[カラー]パネルで線と塗り、どちらのカラーも[なし]にします。

テキストオブジェクトを選択したまま、[アピアランス]パネルで[新規塗りを追加]を2回クリックしましょう。
塗りの項目が2つになったら、[文字]の項目をドラッグして一番上へ移動します。

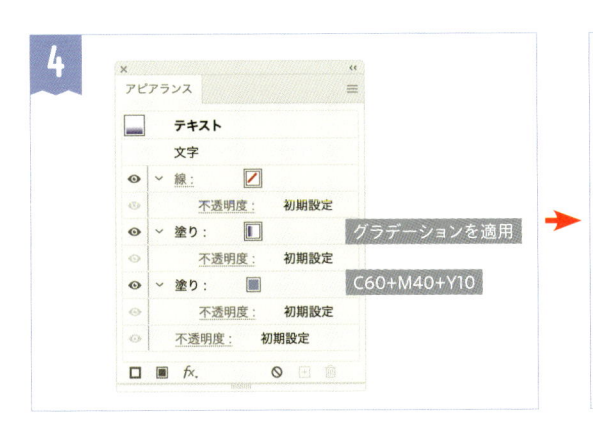

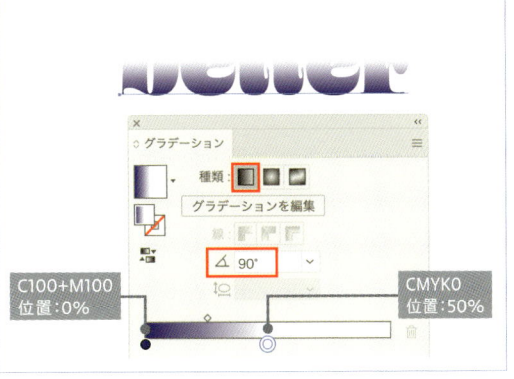

下の塗りが文字本体、上の塗りがハーフトーンになります。
下の塗りには好きなカラーを設定しましょう。上の塗りには[グラデーション]パネルでグラデーションを適用します。

上の塗りに適用するのは文字本体よりも濃いカラーと白を組み合わせた2色のグラデーションです。[種類：線形グラデーション]で[角度：90°]も設定しましょう。

→この作例でのグラデーション設定のコツは P.127

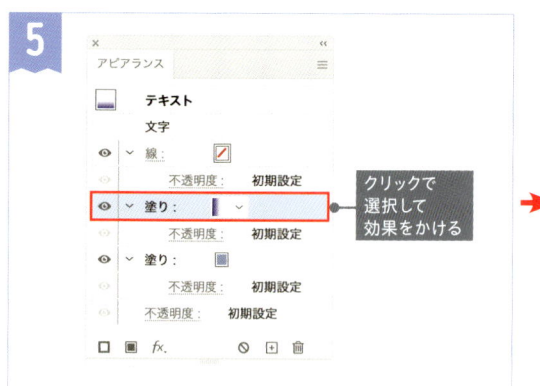

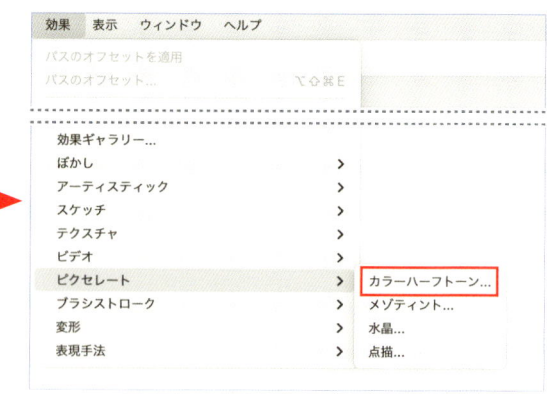

[アピアランス] パネルでグラデーションの塗りをクリックして選択し、[効果] メニュー > [ピクセレート] > [カラーハーフトーン] 効果を適用します。

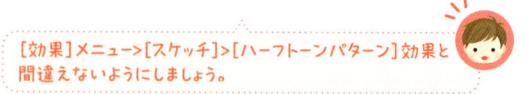

[効果] メニュー > [スケッチ] > [ハーフトーンパターン] 効果と間違えないようにしましょう。

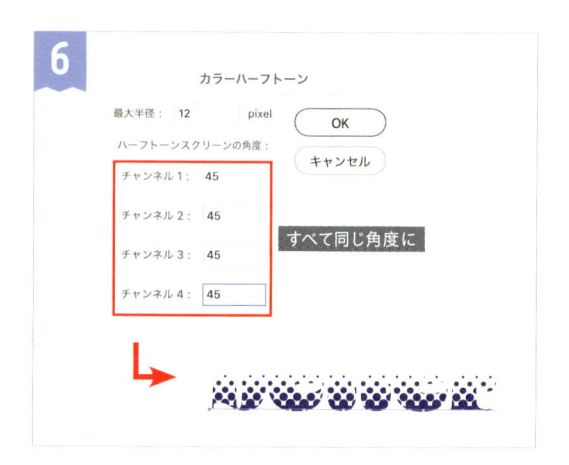

[チャンネル1] から [チャンネル4] まですべて同じ角度を入力します。ここでは45°にしました。

[最大半径] には好きな数値を設定しましょう。数値に合わせてハーフトーンのドットが大きくなります。

[OK] をクリックすると、グラデーションがハーフトーンに変換されます。

[カラーハーフトーン] 効果にはプレビュー機能がありません。バランスが気になる場合は後から再設定しましょう。

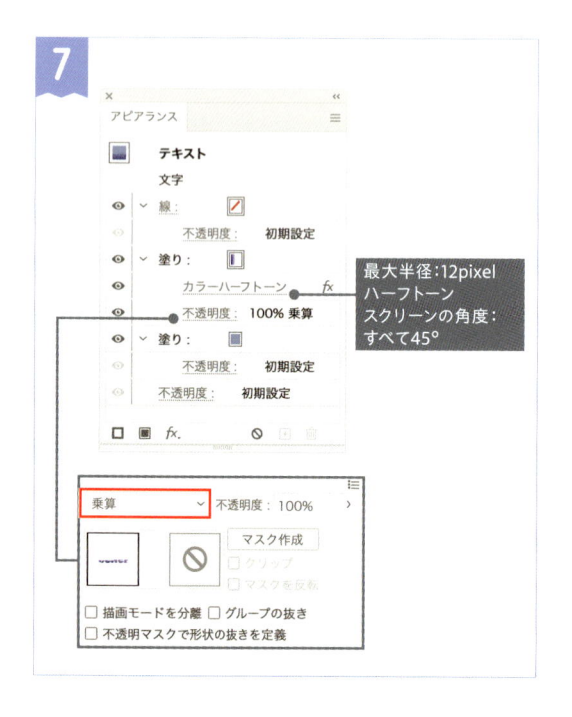

グラデーションの塗りの項目の [不透明度] をクリックし、[描画モード：乗算] に変更したら完成です。

バリエーション

手軽に雰囲気を変えたいときは、グラデーションの設定を編集してみましょう。「文字ごとにグラデーション」との組み合わせもおすすめです。

→文字ごとにグラデーション　P.120

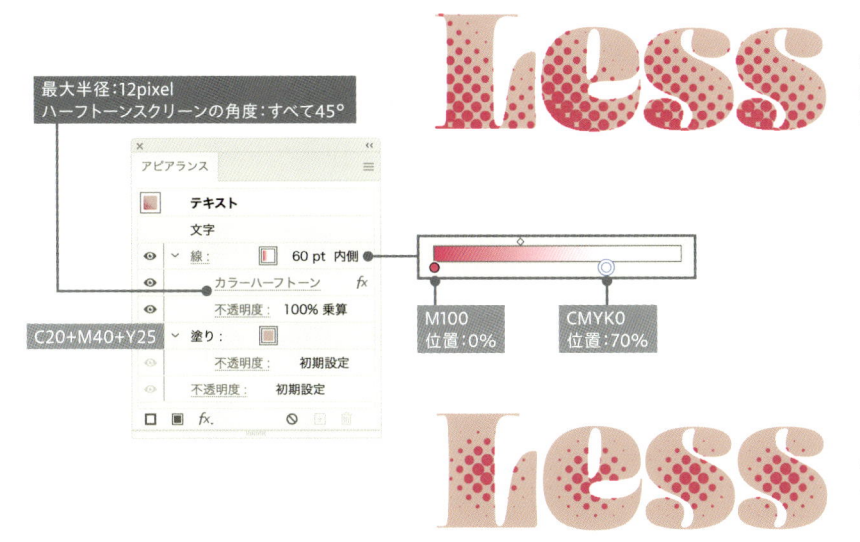

最大半径：12pixel
ハーフトーンスクリーンの角度：すべて45°

C20+M40+Y25

M100
位置：0%

CMYK0
位置：70%

種類：線形グラデーション
線：線にグラデーションを適用
角度：45°

種類：円形グラデーション
線：線にグラデーションを適用
角度：0°／縦横比：100%

● グラデーションを設定するコツと注意点

［カラーハーフトーン］はCMYK各版を4つのチャンネルに割り振って網点を生成する効果です。網点の大きさは各版のパーセンテージに応じて変わります。ハーフトーン用のグラデーションを作成するときは、各版を同じパーセンテージで組み合わせるのがおすすめです。

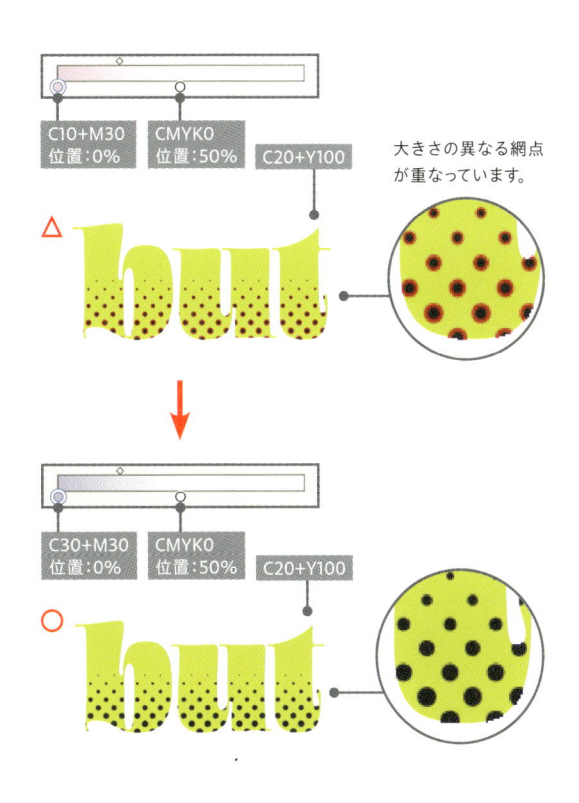

C10+M30
位置：0%

CMYK0
位置：50%

C20+Y100

大きさの異なる網点が重なっています。

△

C30+M30
位置：0%

CMYK0
位置：50%

C20+Y100

○

網点の大きさで色の濃淡を表現するという効果の性質上、白や明るいカラーのハーフトーンは生成できません。文字本体のカラーによってはハーフトーンが見えなくなることもあるため、色の組み合わせには注意しましょう。

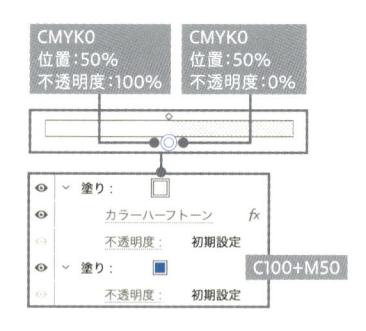

[描画モード：通常]で確認しても、白いカラーでは網点そのものが生成されません。

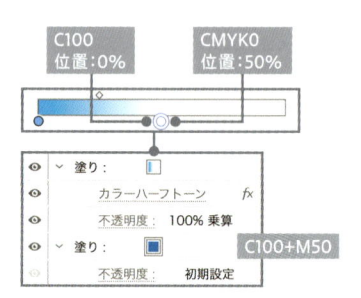

グラデーションのカラー値によっては［描画モード：乗算］で重ねた時に網点が見えなくなってしまいます。

Column

RGBドキュメントで作る「ハーフトーンの文字」

RGBのドキュメントの場合、CMYKと同じ手順で「ハーフトーンの文字」を作成するとグラデーションの調整が大変です。RGBでは［ソフトライト］を活用するのがおすすめです。

1

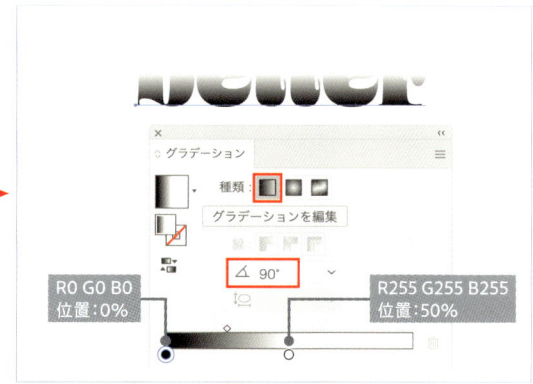

塗りを2つ重ねたテキストオブジェクトを作成します。文字属性のアピアランスはなしにしましょう。
下の塗りには文字本体のカラーを、上の塗りにグラデーションを設定します。

上の塗りに適用するのは黒と白を組み合わせた2色のグラデーションです。［種類：線形グラデーション］で［角度：90°］も設定しましょう。

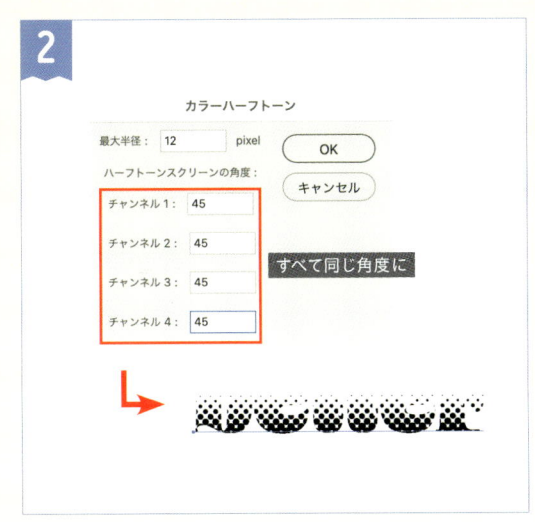

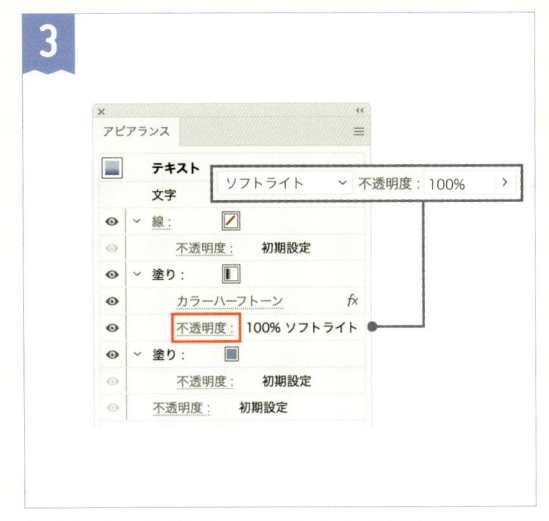

グラデーションの塗りに［カラーハーフトーン］効果を適用し、［チャンネル1］から［チャンネル4］まですべて同じ角度を入力します。ここでは45°にしました。［最大半径］には好きな数値を設定しましょう。数値に合わせてハーフトーンのドットが大きくなります。

［OK］をクリックすると、グラデーションがハーフトーンに変換されます。

RGBドキュメントの場合はチャンネル1〜3へRGBを割り振ります。ここでは念のため［チャンネル4］にも同じ角度を設定します。

［アピアランス］パネルでグラデーションの塗りの項目の［不透明度］をクリックし、［描画モード：ソフトライト］に変更したら完成です。

ハーフトーンの塗りを［ソフトライト］で重ねると、下の塗りのカラーに応じてハーフトーンのドットの色が変わります。白い部分は少し明るく、黒い部分は暗くカラーが合成されます。

R131 G186 B69

R186 G113 B179

文字本体の色だけを変更した例です。RGBではグラデーションのカラーをシビアに調整する必要がなく、カラーバリエーションを作りやすいしくみです。

Singin' in the Rain

雨にうたえば

07
墨だまりのある文字

文字の内角を丸めたやわらかい印象の文字です。[パスのオフセット]効果の重ねがけで作成します。フォントの太さ・大きさによって結果が変わりやすいため、注意しながら作成しましょう。

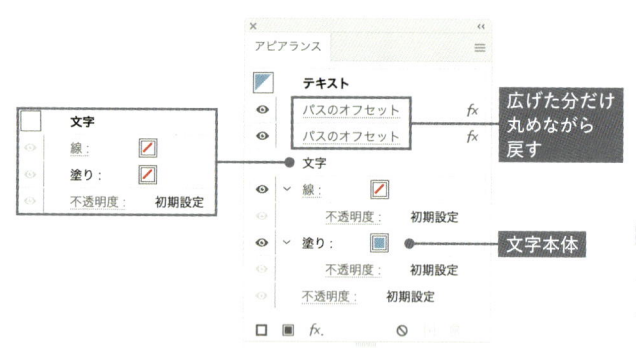

水溜まり

広げた分だけ丸めながら戻す

文字本体

作例で使用しているフォント	
フォントファミリ	FOT-筑紫明朝
フォントスタイル	L
フォントサイズ	60Q

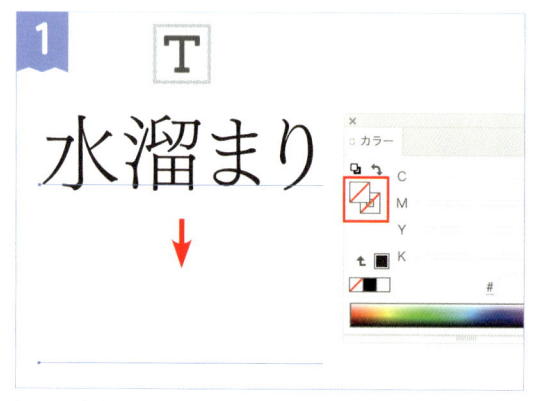

1

好きな内容でテキストオブジェクトを作成し、[文字]パネルでフォントや文字の大きさなどを自由に設定しましょう。[カラー]パネルで線と塗り、どちらのカラーも[なし]にします。

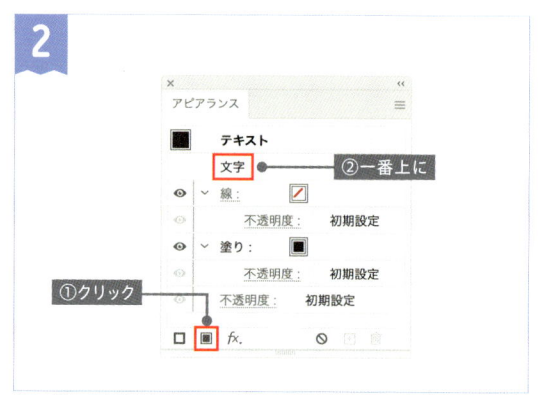

2

②一番上に
①クリック

テキストオブジェクトを選択したまま、[アピアランス]パネルで[新規塗りを追加]をクリックしましょう。項目が追加されたら、[文字]の項目をドラッグして一番上へ移動します。

3

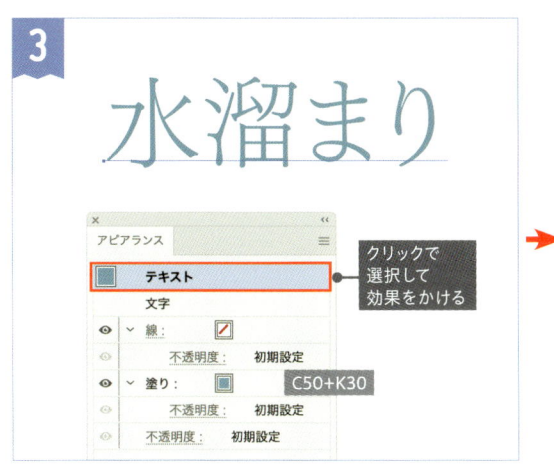

クリックで
選択して
効果をかける

パスのオフセット

オフセット：0.3 mm [プラス値]
角の形状：ラウンド ∨
角の比率：4

☑ プレビュー （キャンセル）（ OK ）

塗りのカラーには文字本体の色を設定しましょう。[テキスト]の項目をクリックで選択し、[パスのオフセット]効果を適用します。

[効果]メニュー>[パス]>[パスのオフセット]

[プレビュー]をオンにして[オフセット]にプラスの数値を入力します。文字が潰れない程度に少しだけ塗りを広げましょう。[角の形状：ラウンド]も設定して[OK]をクリックします。

4

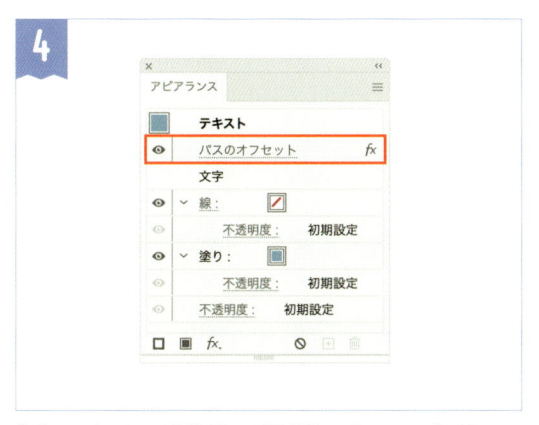

[パスのオフセット]効果の項目が[アピアランス]パネルで一番上になっていることを確認しましょう。

この位置に効果を配置すると、オブジェクト全体に
[パスのオフセット]が効いた状態になります。

5

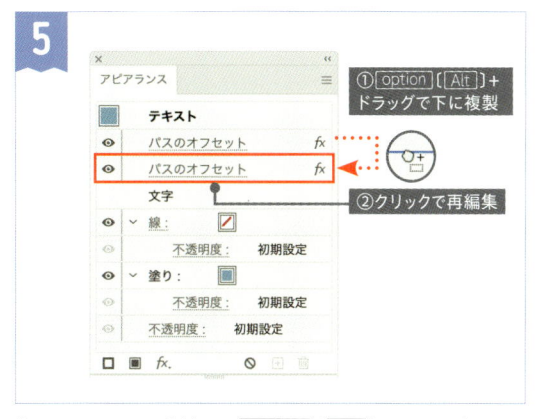

① option（ Alt ）+
ドラッグで下に複製

② クリックで再編集

[パスのオフセット]効果を option（ Alt ）+ドラッグで下へ複製します。複製した効果をクリックし、設定を再編集します。

6

パスのオフセット

オフセット：-0.3 mm [同じ値でマイナスに]
角の形状：ラウンド ∨
角の比率：4

☑ プレビュー （キャンセル）（ OK ）

[プレビュー]をオンにして、[オフセット]の数値にマイナスをつけましょう。広げた分だけ塗りを狭めて、元の大きさに戻します。
[角の形状：ラウンド]も設定して[OK]をクリックします。

7

水溜まり

オフセット:0.3mm 角の形状:ラウンド		
オフセット:-0.3mm 角の形状:ラウンド		

図のような状態に仕上がっていれば完成です。
きれいに仕上がっていないときは、[パスのオフセット]効果の値を見直しましょう。

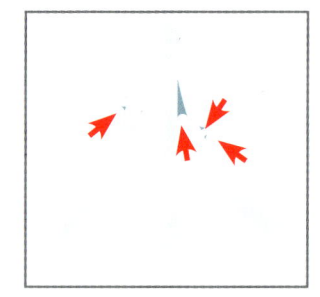

[パスのオフセット]効果の重ねがけにより、文字の内角の部分に水かきのようなオブジェクトが生成されています。

→[パスのオフセット]効果の重ねがけについてはP.68

アルファベットはかたちがシンプルなため、どんな太さのフォントでも潰れにくく、扱いやすい文字になります。

（上／Water）
フォントファミリ：Adventures Unlimited Script
フォントスタイル：Regular
フォントサイズ：110Q

（下／Puddle）
フォントファミリ：P22 Underground
フォントスタイル：Heavy
フォントサイズ：60Q

フォント以外はすべて作例と同じ設定

日本語の単語では、漢字など画数の多いものほど潰れやすくなります。
太めのフォントの場合は特に注意が必要です。[パスのオフセット]効果の値は文字が読める程度に設定しましょう。

フォントファミリ：VDL ロゴJrブラック
フォントスタイル：BK
フォントサイズ：60Q

作例と
同じ設定で
効果をかける

×

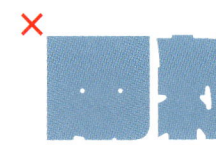

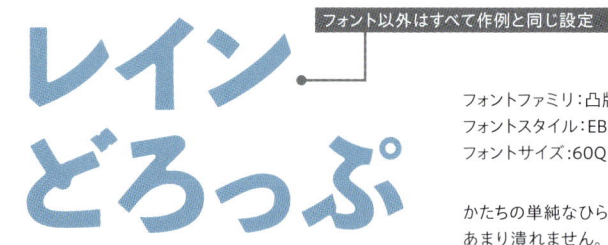

フォント以外はすべて作例と同じ設定

フォントファミリ：凸版文久見出しゴシック
フォントスタイル：EB
フォントサイズ：60Q

かたちの単純なひらがな・カタカナなら、太めのフォントでもあまり潰れません。

Color ink
handwriting Water

08
にじみ感のある文字

インクがにじんだように見える文字です。[ラフ]効果のしくみをイメージすると、にじみ感をコントロールしやすくなります。

Color

作例で使用しているフォント	
フォントファミリ	Pacifico
フォントスタイル	Regular
フォントサイズ	60Q

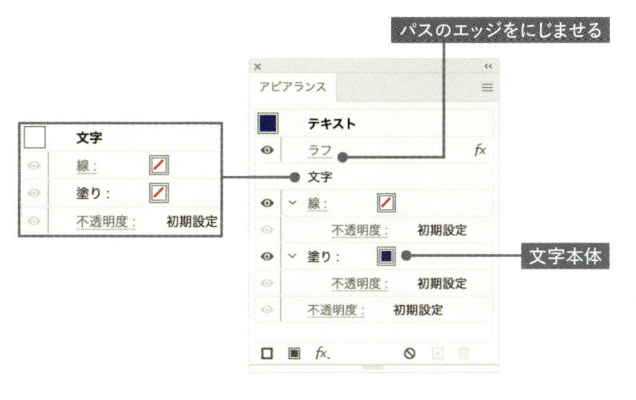

1

好きな内容でテキストオブジェクトを作成し、[文字] パネルでフォントや文字の大きさなどを自由に設定しましょう。[カラー] パネルで線と塗り、どちらのカラーも [なし] にします。

2

テキストオブジェクトを選択したまま、[アピアランス] パネルで [新規塗りを追加] をクリックしましょう。項目が追加されたら、[文字] の項目をドラッグして一番上へ移動します。

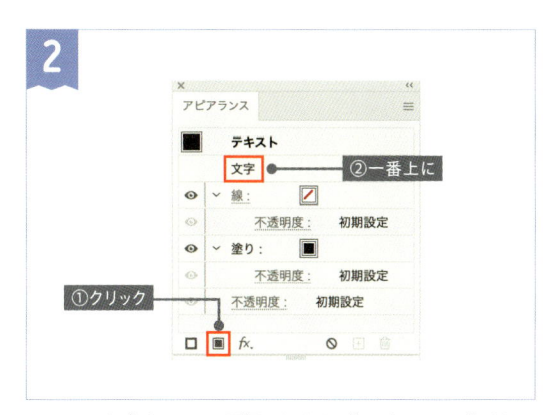

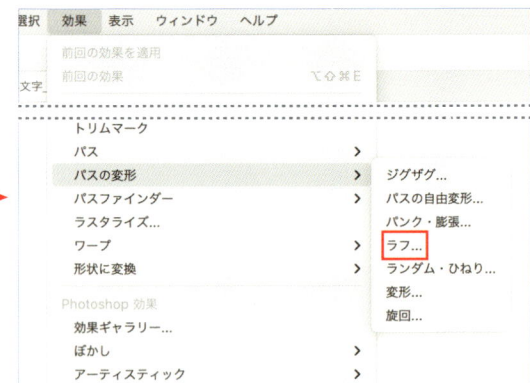

塗りには好きなカラーを適用しましょう。オブジェクト全体に効果がかかるよう、[テキスト]の項目をクリックで選択してから[効果]メニュー＞[パスの変形]＞[ラフ]を実行します。

[オプション]で[入力値]を選んでから、[サイズ]に数値を入力しましょう。[詳細]の数値を上げるほどジグザグが細かくなります。[ポイント]は[丸く]にします。いずれも[プレビュー]をオンにして確認しながら設定し、[OK]のクリックで終了します。

[アピアランス]パネルで一番上に[ラフ]効果がかかっていれば完成です。[ラフ]効果の値は文字の大きさ・太さに合わせて調整しましょう。

文字の大きさによってはにじみ感が強くなったり、弱くなったりします。[ラフ]効果を[入力値]で設定する場合は、フォントサイズに合わせてその都度調整を行いましょう。

→[入力値]で設定を行う理由は P.137

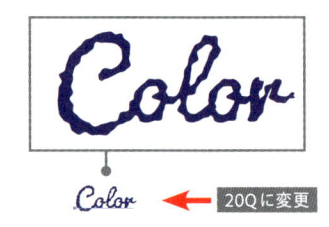

20Qに変更 ← Color
120Qに変更 → Color

作例のフォントサイズ：60Q

バリエーション

アナログ風に見せるその他の表現とも組み合わせてみましょう。[ラフ]効果で
単純ににじませるだけよりも、さらに手書き感を演出できます。

エッジをにじませた薄い色の塗りに[光彩(内側)]効果を足す
と、水彩のような表現になります。

→[光彩(内側)]効果の使い方については P.114

背景パーツ
C15+M5+Y10

オブジェクト全体の不透明度の項目で[描画
モード:乗算]に設定すると、背景色になじま
せることができます。

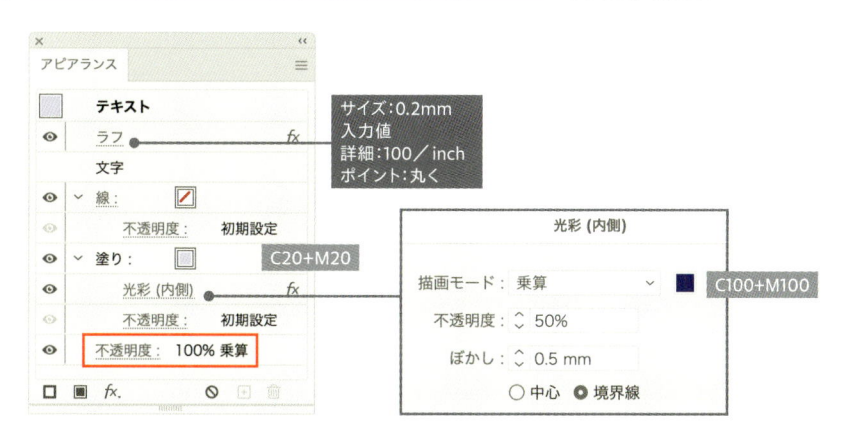

[ラフ]効果はイラストをにじませたい時にも有効です。イラスト素材全体を
グループ化して、グループに対して効果をかけましょう。

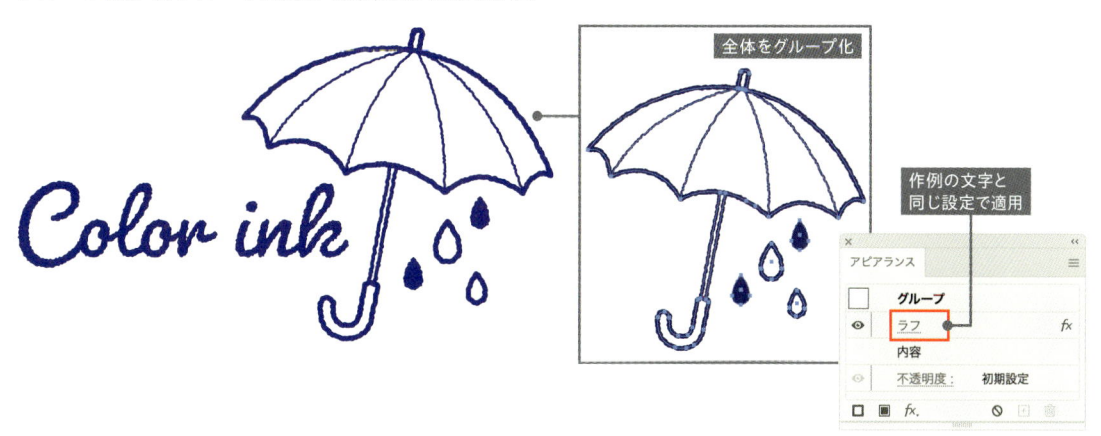

ラフな印象の破線や版ずれ風の加工とも組み合わせてみましょう。線に対して［ラフ］効果を適用するときは、線幅とバランスをとりながら 設定値を調整します。

→「破線のフチ文字」については P.46

→「版ずれ風の文字」については P.19

フォントファミリ：Source Sans
フォントスタイル：Bold
フォントサイズ：60Q

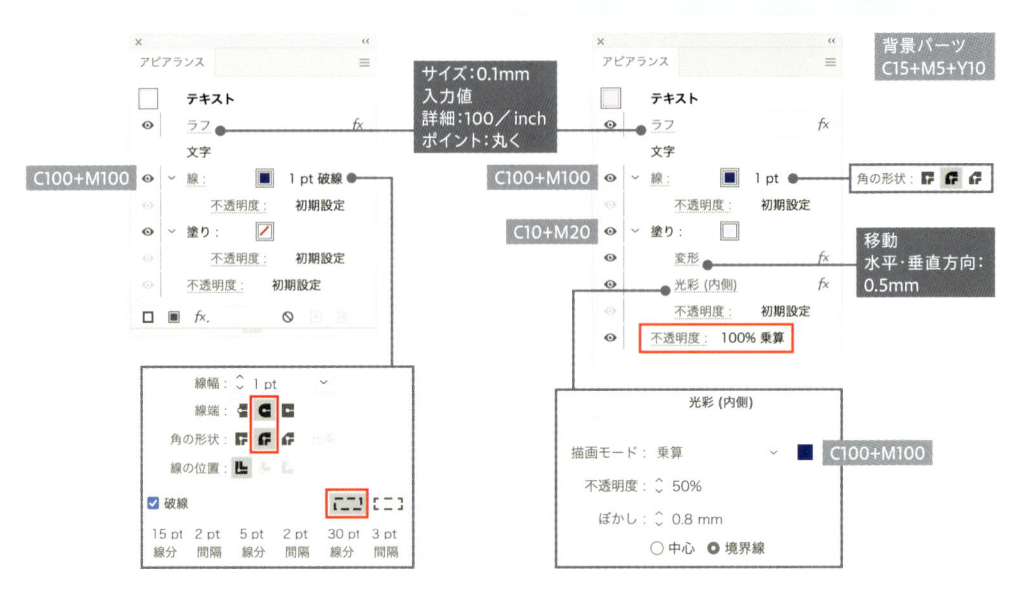

サイズ：0.1mm
入力値
詳細：100／inch
ポイント：丸く

背景パーツ
C15+M5+Y10

角の形状：

移動
水平・垂直方向：
0.5mm

光彩 (内側)

描画モード：乗算
不透明度：50%
ぼかし：0.8 mm
○ 中心　● 境界線
C100+M100

Column

（［ラフ］効果のしくみ）

　［ラフ］効果は定番のアナログ風加工のひとつです。マーカーや水彩のようなにじみ感を出したり、ゆるいラインに変換したり、硬質なベジェのタッチでは物足りないときに活用しましょう。

● ランダムなジグザグを作る

　［ラフ］はパスのエッジにランダムなジグザグを加える効果です。ジグザグの大きさや数、かたちは［ラフ］ダイアログで設定できます。

［ラフ］は［詳細］の値に応じてパスのアンカーポイント数を増やす効果です。設定値やその他の効果との組み合わせによってデータが重くなることがあります。多用しすぎないよう注意しましょう。

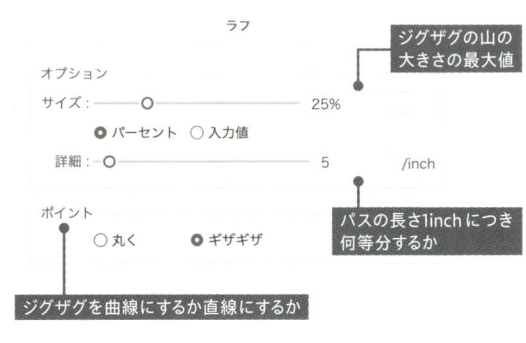

ジグザグの山の大きさの最大値

パスの長さ1inchにつき何等分するか

ジグザグを曲線にするか直線にするか

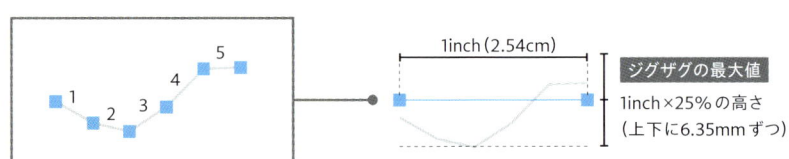

［アピアランスを分割］で確認すると、アンカーポイントで5等分されているのがわかります。

ジグザグの最大値
1inch×25%の高さ
（上下に6.35mmずつ）

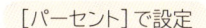
● ［パーセント］と［入力値］

　［ラフ］効果の［サイズ］では［パーセント］または［入力値］を選べます。これはジグザグの山の高さをオブジェクトの大きさに応じて変えるか、固定にするかのちがいです。

　文字の装飾で［ラフ］効果を使う場合、［パーセント］では文字の大きさによってジグザグのかかり方が変わってしまうため、［入力値］で固定するのがおすすめです。

［パーセント］で設定　　　　　　　［入力値］で設定

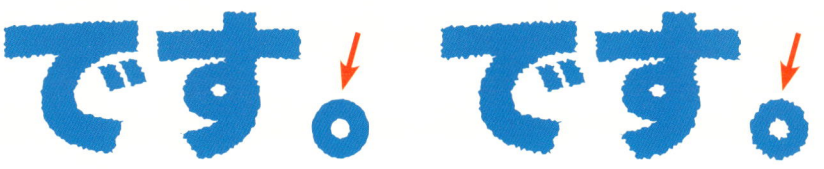

同じような見た目で［ラフ］効果がかかっていても、句読点など小さな文字では結果に差が出ます。

［パーセント］で設定　　　　　　　［入力値］で設定

イラスト素材の場合も考え方は同じです。同じような見た目になる設定値で［ラフ］効果を適用しても、オブジェクトの大きさによってジグザグの大きさが変わります。

［パーセント］で設定

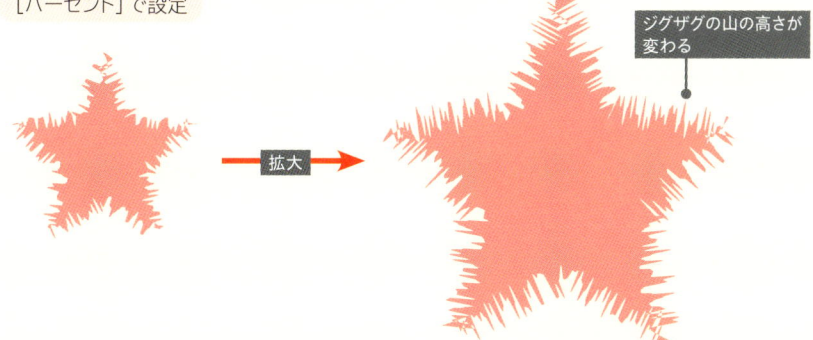

拡大

> ジグザグの山の高さが変わる

［入力値］で設定

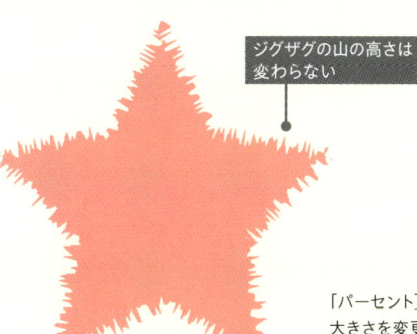

拡大

> ジグザグの山の高さは変わらない

※［線幅と効果を拡大・縮小］オフで拡大しています。

「パーセント］と［入力値］では、オブジェクトの大きさを変更したときにも［ラフ］効果のかかり方が違うのがわかります。

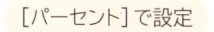
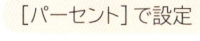
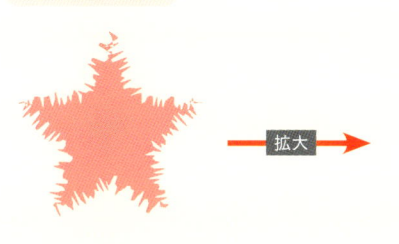

Fluffy Cloud

09
もこもこの文字

雲や綿などをイメージした、もこもこの質感が楽しい文字です。扱いやすくするには、細めのフォントで作成するのがおすすめです。

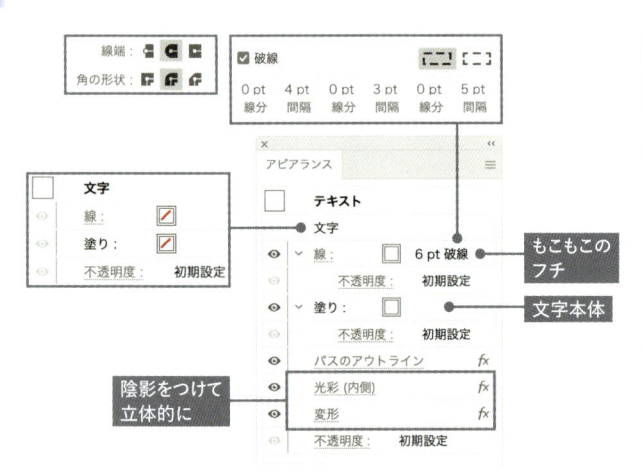

作例で使用しているフォント	
フォントファミリ	Acumin
フォントスタイル	Light
フォントサイズ	50Q

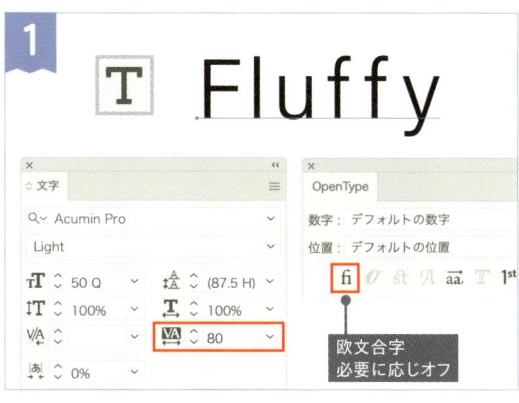

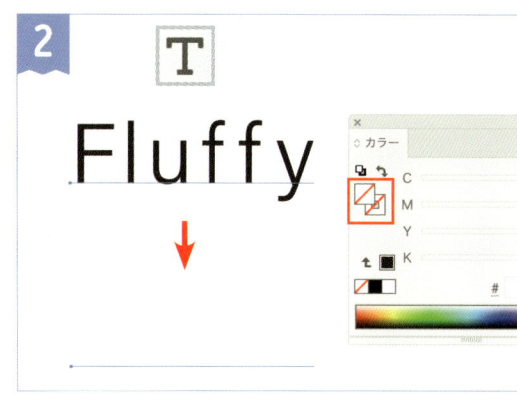

好きな内容でテキストオブジェクトを作成し、[文字]パネルでフォントや文字の大きさなどを自由に設定しましょう。線で文字を太らせるため、[カーニング]や[トラッキング]などで文字間にゆとりを持たせます。

ここでは[OpenType]パネルで[欧文合字]をオフにしています。

好きな内容でテキストオブジェクトを作成し、[文字]パネルでフォントや文字の大きさなどを自由に設定しましょう。[カラー]パネルで線と塗り、どちらのカラーも[なし]にします。

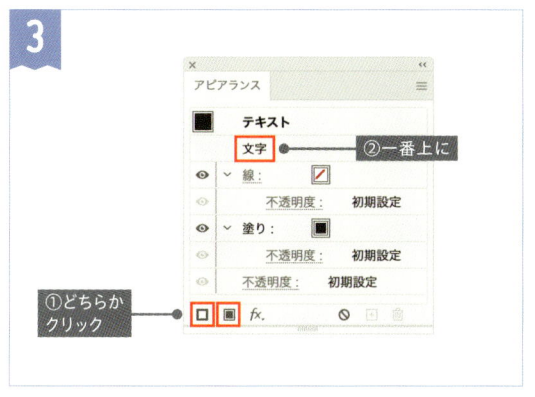

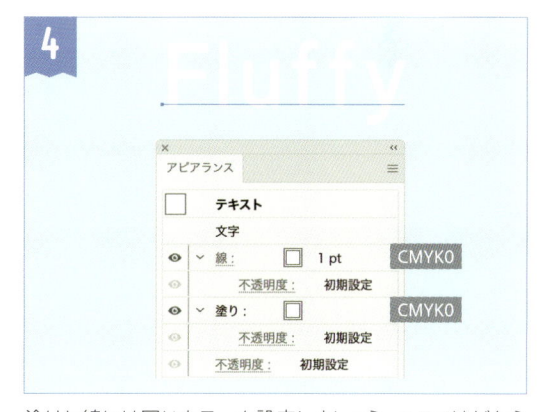

テキストオブジェクトを選択したまま、[アピアランス]パネルで[新規線を追加]または[新規塗りを追加]のどちらかをクリックしましょう。項目が追加されたら、[文字]の項目をドラッグして一番上へ移動します。

塗りと線には同じカラーを設定しましょう。ここではどちらも白に設定して進めます。

※白いカラーが確認できるよう、背景色を敷いています。

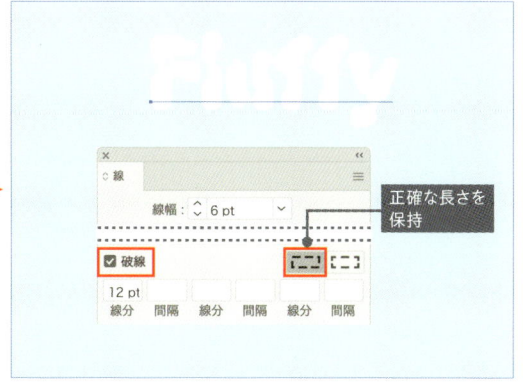

[線]パネルで文字が潰れない程度に[線幅]を入力します。[線端：丸型線端]と[角の形状：ラウンド結合]も設定しましょう。

さらに[破線]をオンにします。[線分と間隔の正確な長さを保持]にして、ピッチの正確さを優先しましょう。

6

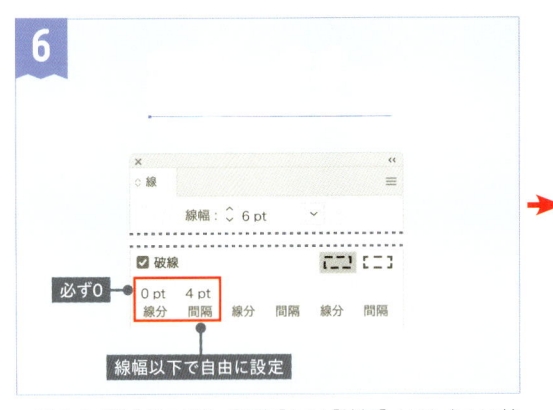

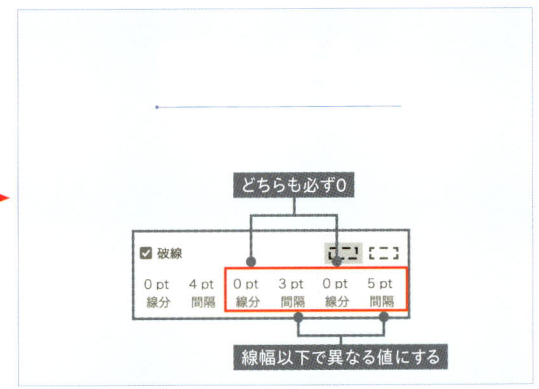

一番左の[線分]に[0]、[間隔]には[線幅]よりも小さい値を設定します。文字のまわりに丸いドットの破線がつきます。

のこりの2箇所にも[線分:0]を設定し、[間隔]には[線幅]よりも小さい値を自由に入力しましょう。3つの[間隔]を異なる数値にして、ドットの破線をラフな印象にします。

7

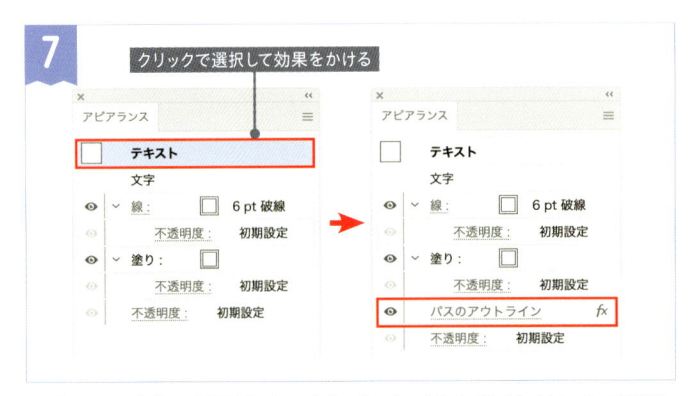

オブジェクト全体に効果がかかるよう、[テキスト]の項目をクリックで選択してから[パスのアウトライン]効果を適用します。[アピアランス]パネルで一番最後に効果がかかるようにしましょう。

[効果]メニュー>[パス]>[パスのアウトライン]

[パスのアウトライン]効果をかけていないと、きれいに仕上がらないことがあります。

線・塗りの項目よりも下の位置で効果をかけると、線や塗りを描画した結果に対して[パスのアウトライン]効果がかかります。

8

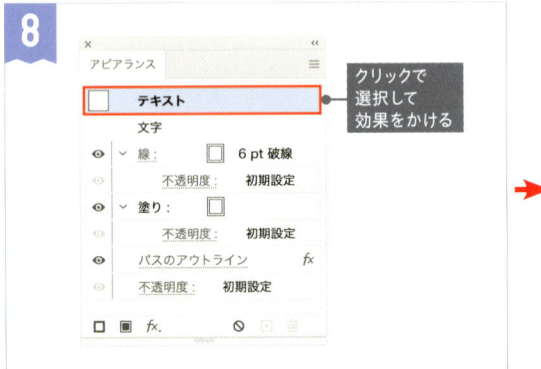

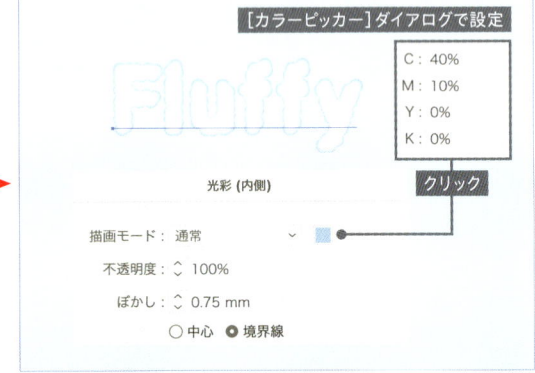

もう一度[テキスト]の項目をクリックで選択し、[光彩（内側）]効果を適用します。

[効果]メニュー>[スタイライズ]>[光彩（内側）]

[境界線]で[描画モード：通常]と[不透明度：100%]を設定し、[カラーピッカー]ダイアログで好きなカラーを設定しましょう。

[ぼかし]には好きな数値を入力して、ぼかしたカラーが文字の内側に少し見える程度に設定します。[OK]のクリックで終了します。

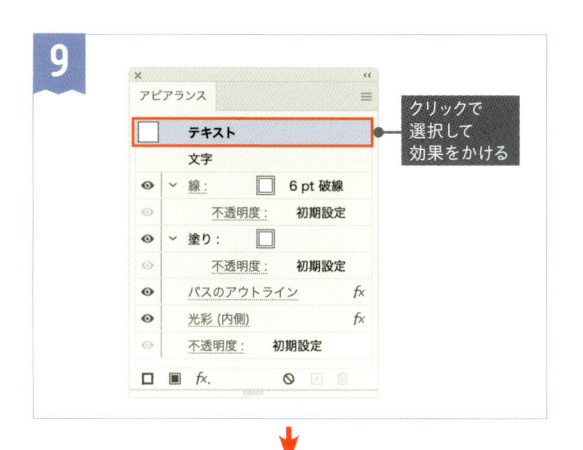

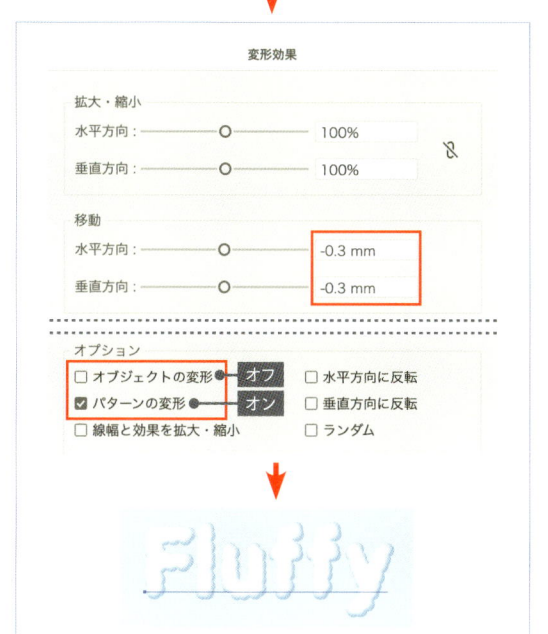

[アピアランス]パネルで[パスのアウトライン]、[光彩（内側）]の順で効果がかかっているのを確認しましょう。[テキスト]の項目をクリックで選択し、さらに[変形]効果を適用します。

[効果]メニュー>[パスの変形]>[変形]

→[光彩（内側）]の移動についてはP.115

[オプション]で[オブジェクトの変形]をオフに、[パターンの変形]をオンにします。[移動]の[水平方向]と[垂直方向]に数値を入力して、先ほどかけた[光彩（内側）]の位置を調整しましょう。

[OK]のクリックでダイアログを閉じたら完成です。

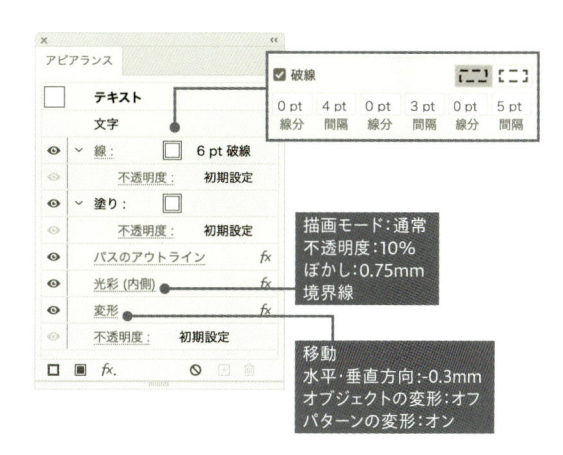

太いフォントで作成すると文字が潰れてしまうことがあります。マイナス値を設定した[パスのオフセット]効果を組み合わせ、線幅も調整しましょう。

フォントファミリ：ルイカ-09
フォントサイズ：80Q

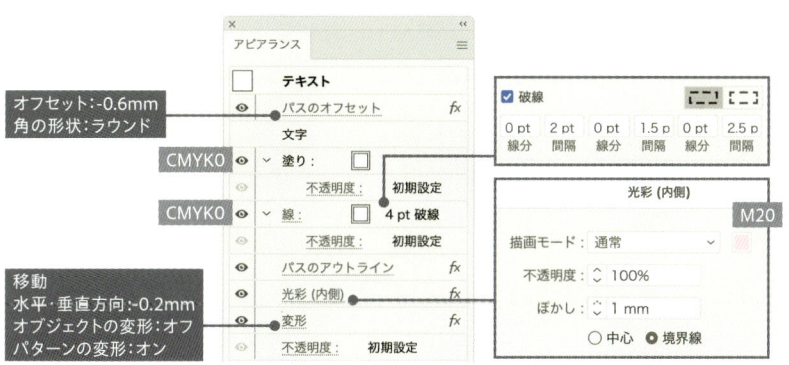

10
ブロック風の立体文字

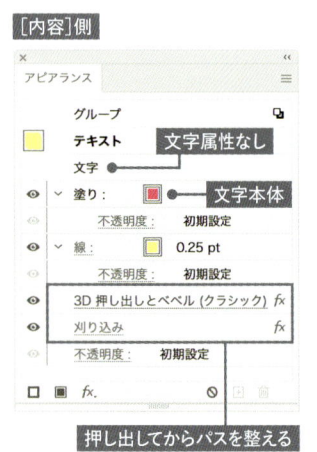

押し出してからパスを整える

[グループ]側

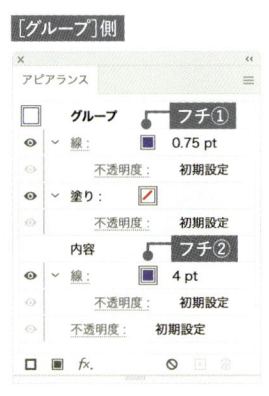

フチと奥行きでインパクトを出した文字です。細いフチの文字を[3D(クラシック)]効果で押し出して作成します。

作例で使用しているフォント	
フォントファミリ	LoRes 12
フォントスタイル	Bold
フォントサイズ	60Q

好きな内容でテキストオブジェクトを作成し、[文字] パネルでフォントや文字の大きさなどを自由に設定しましょう。[カラー] パネルで線と塗り、どちらのカラーも [なし] にします。

テキストオブジェクトを選択したまま、[アピアランス] パネルで [新規線を追加] または [新規塗りを追加] のどちらかをクリックしましょう。項目が追加されたら、[文字] の項目をドラッグして一番上へ移動します。

> ここでは [トラッキング：-40] も設定して、文字間を少し詰めています。

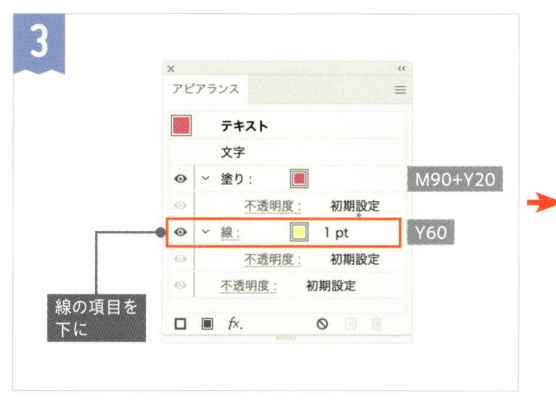

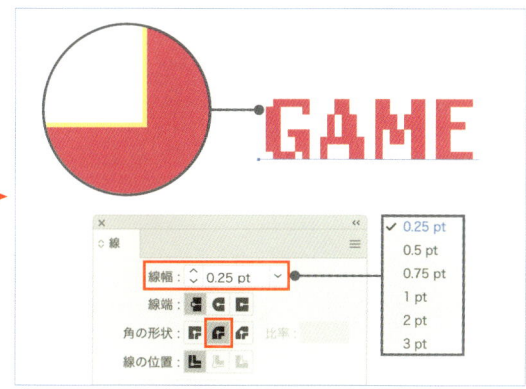

線と塗りの項目にそれぞれ好きなカラーを設定しましょう。塗りが文字本体、線が立体形状の側面の色になります。線の項目は下に配置します。

[線] パネルの [線幅] のリストでもっとも細い [0.25pt] を選び、[角の形状：ラウンド結合] にします。見えにくい状態ですが、文字全体に極細のフチをつけましょう。

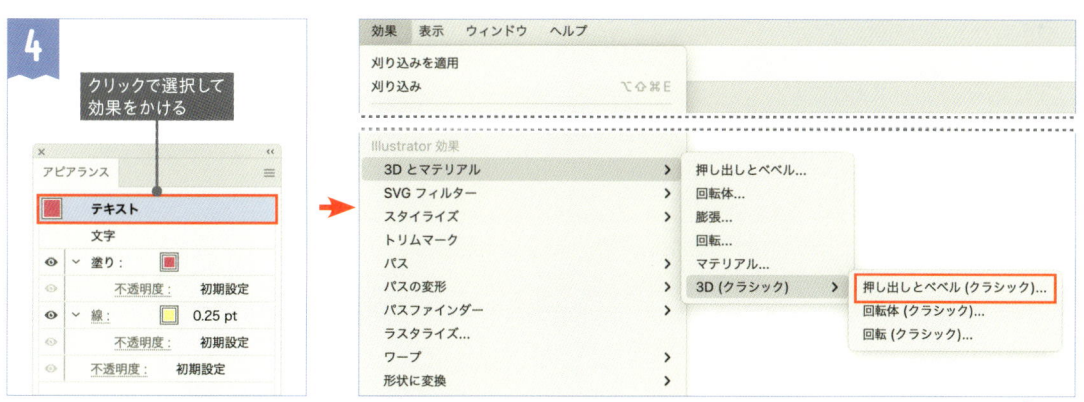

オブジェクト全体に効果がかかるよう、[テキスト] の項目をクリックで選択してから [効果] メニュー>[3Dとマテリアル] >[3D (クラシック)] >[押し出しとベベル (クラシック)] 効果を適用します。

> 上の階層の [押し出しとベベル] 効果と間違えないようにしましょう。

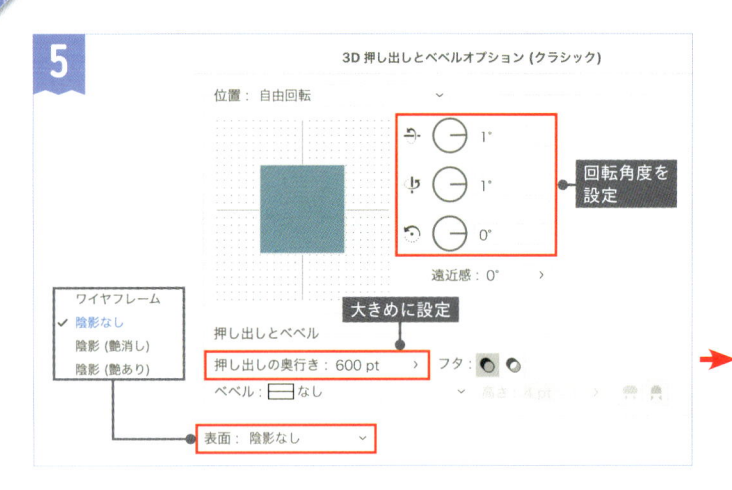

5

回転角度を[X:1°]、[Y:1°]、[Z:0°]にしてオブジェクトに少しだけ回転をかけましょう。[押し出しの奥行き]に大きな値を設定すると、オブジェクトがななめに押し出されて厚みをつけられます。

[表面:陰影なし]にして、[OK]のクリックで終了します。

きれいな3D形状にならないときは、線幅を少し太くする、文字間を変更するなどで調整してみましょう。

6

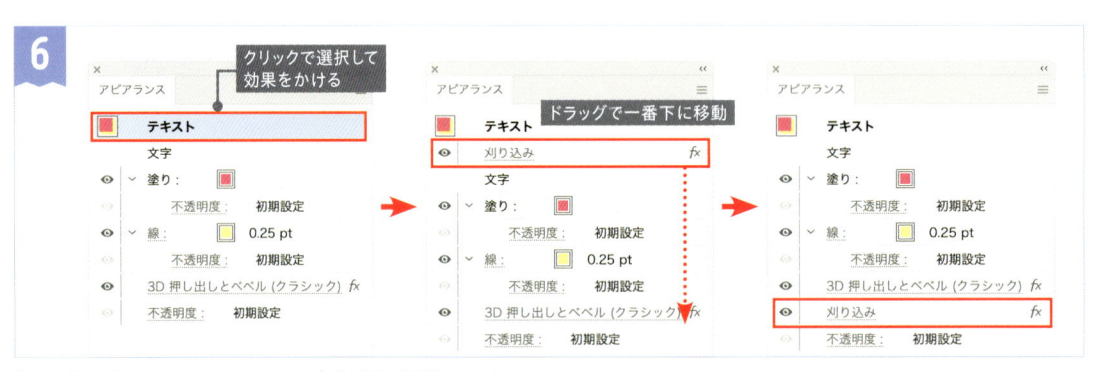

[3D 押し出しとベベル (クラシック)]効果が最後にかかっているのを確認し、[テキスト]の項目をクリックで選択してから[刈り込み]効果を適用します。3D効果の次に効果がかかるよう、項目の位置を調整しましょう。

[効果]メニュー>[パスファインダー]>[刈り込み]

[刈り込み]効果をかけても見た目は変わりませんが、パスファインダー処理によって内部のオブジェクトがすっきりした状態になります。

× [刈り込み]効果なし

○ [刈り込み]効果あり

7

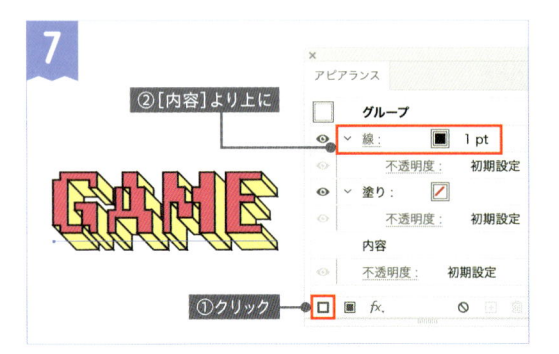

テキストオブジェクトを選択したまま、command（Ctrl）+Gなどでグループにします。[アピアランス]パネルの表示が[グループ]になったら、[新規線を追加]をクリックします。追加された線の項目は[内容]より上にしましょう。

[オブジェクト]メニュー>[グループ]

8

線の項目に好きなカラーを設定しましょう。[線]パネルで[角の形状:ラウンド結合]にして、細めの線幅を設定します。

9 [内容]の
ダブルクリックで表示

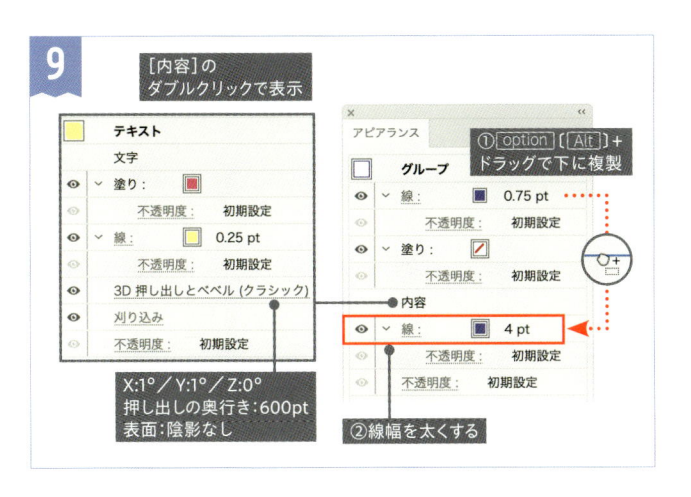

線の項目を option （ Alt ）＋ドラッグで [内容] よりも下へ複製します。[線幅] を太めに変更して完成です。

①option （ Alt ）＋
ドラッグで下に複製

②線幅を太くする

バリエーション

立体形状の奥行き部分の色を変えない場合は、オブジェクト側のアピアランスで線をなしにして作成しましょう。

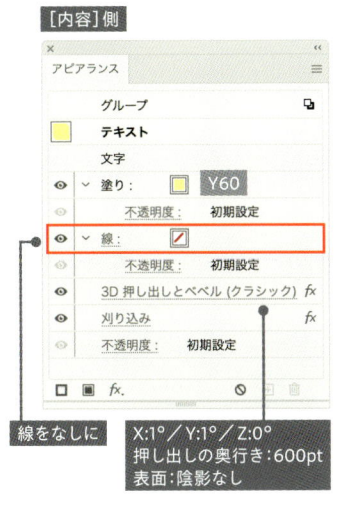

フォントファミリ：Gothiks Round
フォントスタイル：Black
フォントサイズ：80Q

[内容]側

[グループ]側

線をなしに　　X:1°／Y:1°／Z:0°
押し出しの奥行き：600pt
表面：陰影なし

M90+Y20

角の形状：

文字属性のアピアランスを活用して作る方法もあります。既にアピアランスが階層化しているため、グループ化も不要です。文字ごとに色を変えても楽しいアレンジになります。

Y60　　M90+Y20　　交互に繰り返し

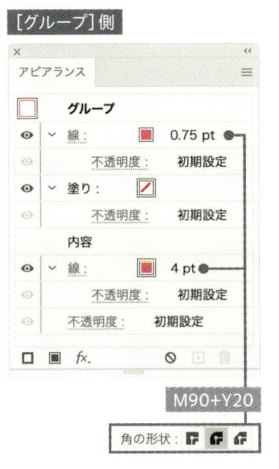

フォントファミリ：Gothiks Round　　X:1°／Y:1°／Z:0°
フォントスタイル：Black　　　　　　押し出しの奥行き：600pt
フォントサイズ：80Q　　　　　　　　表面：陰影なし

角の形状：　　　C80+M80

文字ごとに
カラーを設定

文字属性を活かす場合は効果の位置・順番が異なります。注意しながら作成しましょう。

11
ぷっくり文字

［3Dとマテリアル］の［膨張］効果で作る、ぷっくりツヤ感のある文字です。太く丸みのあるフォントを使うと
さらに効果的です。大きなサイズでは処理が重くなりやすいため、注意して作成しましょう。

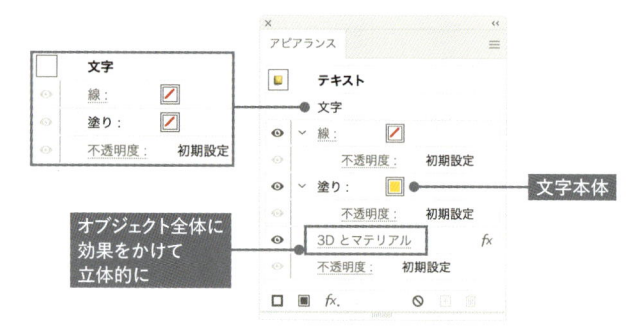

作例で使用しているフォント	
フォントファミリ	Wilko
フォントスタイル	Solid
フォントサイズ	80Q

1

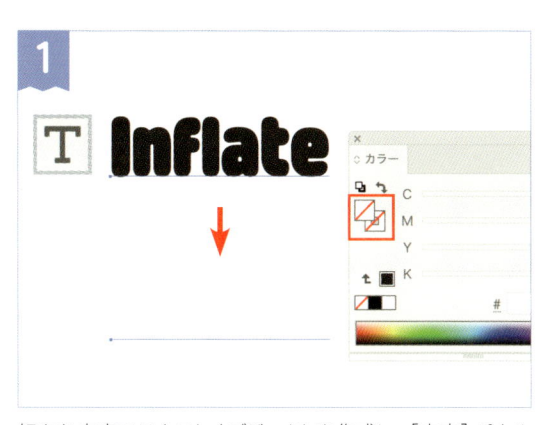

好きな内容でテキストオブジェクトを作成し、[文字] パネルでフォントや文字の大きさなどを自由に設定しましょう。[カラー] パネルで線と塗り、どちらのカラーも [なし] にします。

2

テキストオブジェクトを選択したまま、[アピアランス] パネルで [新規塗りを追加] をクリックしましょう。項目が追加されたら、[文字] の項目をドラッグして一番上へ移動します。

3

塗りの項目に好きなカラーを設定します。

フチをつけたい場合は、線にカラーを設定して塗りの項目よりも下に配置しましょう。

4

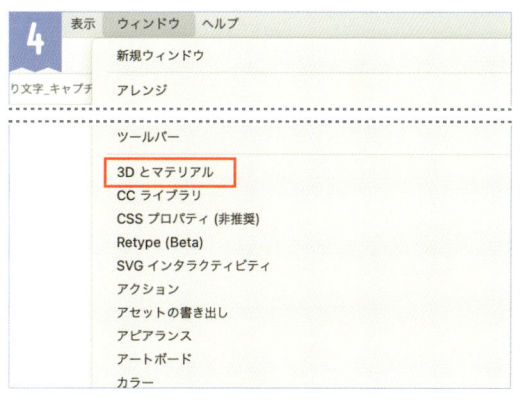

[ウインドウ] メニュー > [3Dとマテリアル] を実行し、[3Dとマテリアル] パネルを表示します。

5

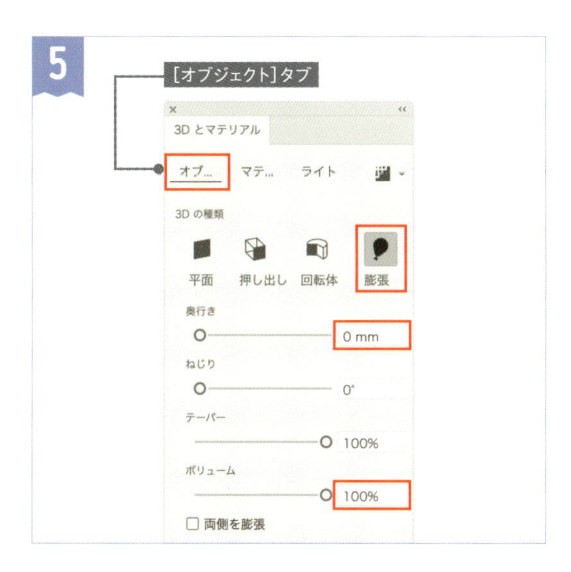

[3Dとマテリアル] パネルの [オブジェクト] タブを表示します。テキストオブジェクトを選択した状態で [膨張] アイコンをクリックしましょう。

ここでは [奥行き：0mm] で [ボリューム：100%] に設定して進めます。

[効果] メニュー > [3Dとマテリアル] > [膨張] で効果を適用してもかまいません。設定のため、同様にパネルが表示されます。

6

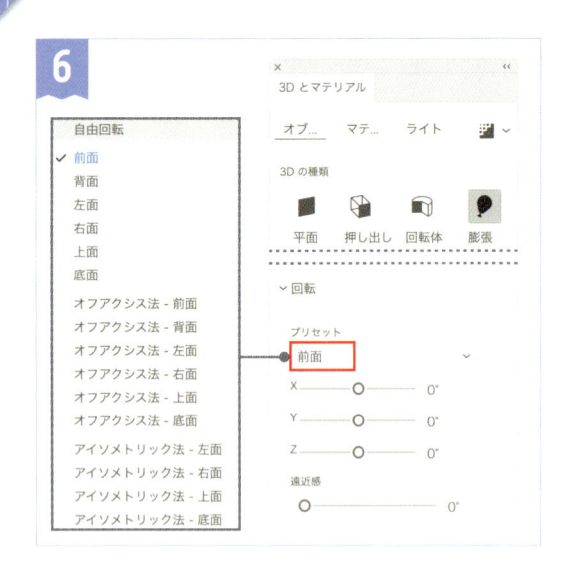

引き続き[オブジェクト]タブで[回転]の設定をします。ここでは[プリセット：前面]に設定しますが、好きな角度に設定して見え方を変えてもかまいません。

[選択ツール]で選択したときに表示されるウィジェットのドラッグでも角度を変えられます。

7

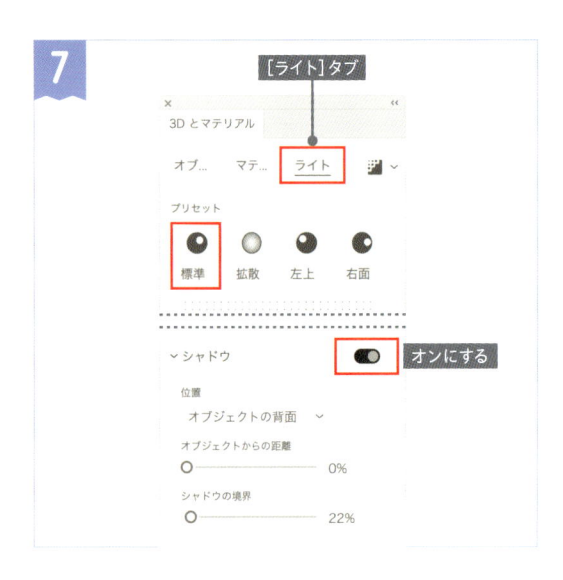

[ライト]タブに切り替えます。ここでは[プリセット：標準]を使用します。3D形状の下に影をつけるため、[シャドウ]をオンに切り替えましょう。[位置]などは適宜調整します。

8

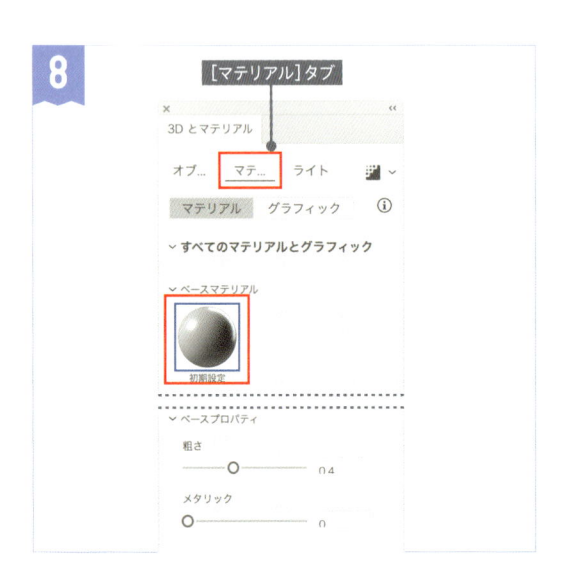

[マテリアル]タブに切り替えます。ここでは[初期設定]マテリアルを使用します。必要に応じ、[ベースプロパティ]も調整しましょう。

粗さ：0.4（デフォルト）　　粗さ：0.1

※どちらもレイトレーシングでレンダリング

[初期設定]マテリアルでは[ベースプロパティ]で[粗さ]と[メタリック]を設定できます。[粗さ]は下げるほど光沢が強くなります。

9

オブジェクトを選択したまま、[3Dとマテリアル] パネルの右上にあるボタンをクリックします。
[リアルタイムプレビュー] から [レイトレーシングでレンダリング] に切り替えたら完成です。

リアルタイム プレビュー

レイトレーシングで レンダリング

クリックで 切り替え

[3Dとマテリアル] 効果は一番最後になるよう配置しましょう。

バリエーション

[マテリアル] タブで設定できる [初期設定] マテリアルでは [ベースプロパティ] の [粗さ] と [メタリック] を調整すると、オブジェクトを金属のような質感にできます。[ライト] タブで光源の設定も変えながら作成しましょう。

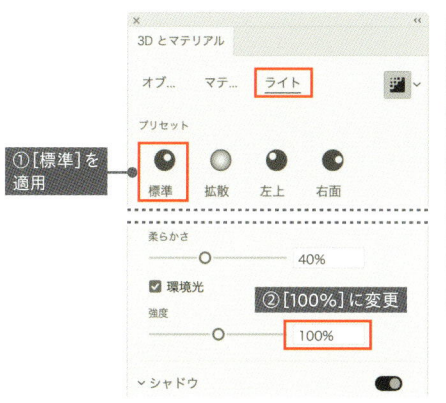

①[標準]を適用

②[100%] に変更

M50+Y20

粗さ:0.2
メタリック:0.7

粗さ:0.6
メタリック:1

[ライト] タブでの設定は [標準] プリセットから [環境光] の [強度] だけを変更しました。そのほかは作例と同様です。

[3Dとマテリアル] 効果の [膨張] は、膨らませる箇所をカラー値で判断しています。そのため、テキストオブジェクトでは文字間をつめすぎると隣の文字がくっついて読みにくくなってしまいます。

この場合は、カラー値を1％だけ変えて対策しましょう。文字属性のアピアランスを使い、文字ごとにカラーを設定します。

すべて M20+Y100

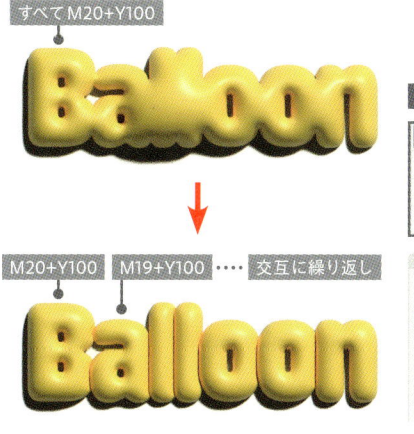

M20+Y100　M19+Y100 ・・・・・ 交互に繰り返し

文字ごとにカラーを設定

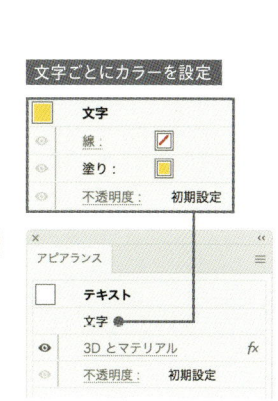

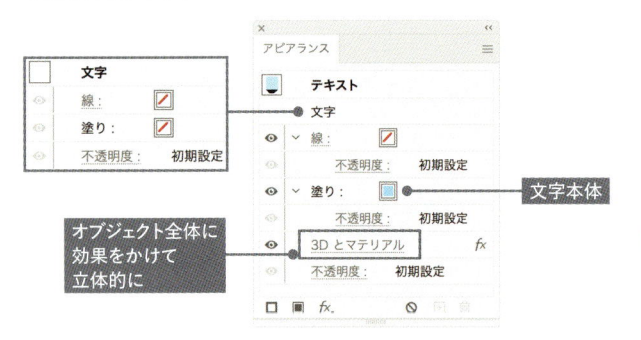

12

びよ〜んと飛び出す文字

コミカルな奥行き感のある立体文字です。［3Dとマテリアル］の［押し出し］と［テーパー］の組み合わせで作成します。文字のかたちをあまり崩さず、擬似的に飛び出したように演出できます。

作例で使用しているフォント	
フォントファミリ	Gothiks Round
フォントスタイル	Bold
フォントサイズ	60Q

文字	
線：	
塗り：	
不透明度：	初期設定

オブジェクト全体に
効果をかけて
立体的に

アピアランス

テキスト
文字
線：
　不透明度： 初期設定
塗り： ← 文字本体
　不透明度： 初期設定
3D とマテリアル　fx
不透明度： 初期設定

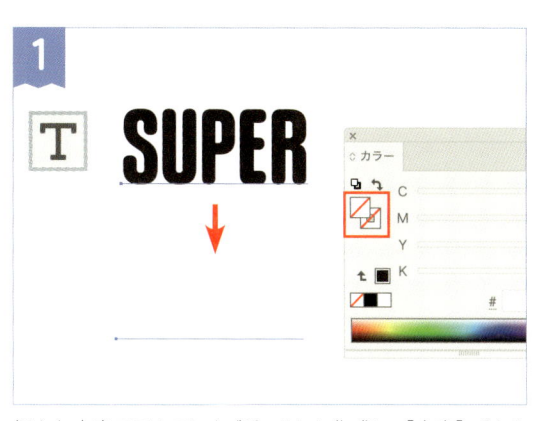

好きな内容でテキストオブジェクトを作成し、［文字］パネルでフォントや文字の大きさなどを自由に設定しましょう。［カラー］パネルで線と塗り、どちらのカラーも［なし］にします。

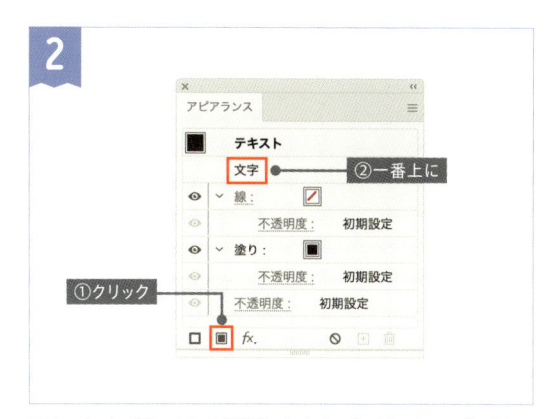

テキストオブジェクトを選択したまま、［アピアランス］パネルで［新規塗りを追加］をクリックしましょう。項目が追加されたら、［文字］の項目をドラッグして一番上へ移動します。

塗りの項目に好きなカラーを設定します。

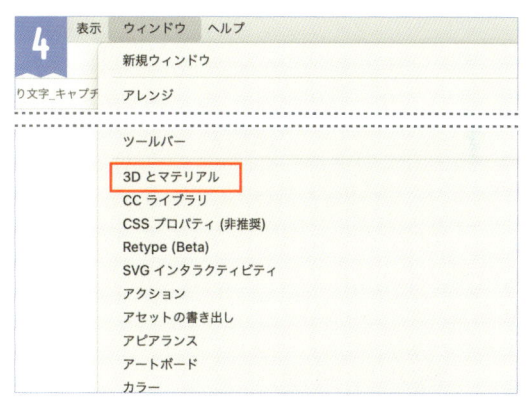

［ウインドウ］メニュー＞［3Dとマテリアル］を実行し、［3Dとマテリアル］パネルを表示します。

> ［効果］メニュー＞［3Dとマテリアル］＞［押し出し］で効果を適用してもかまいません。設定のため、同様にパネルが表示されます。

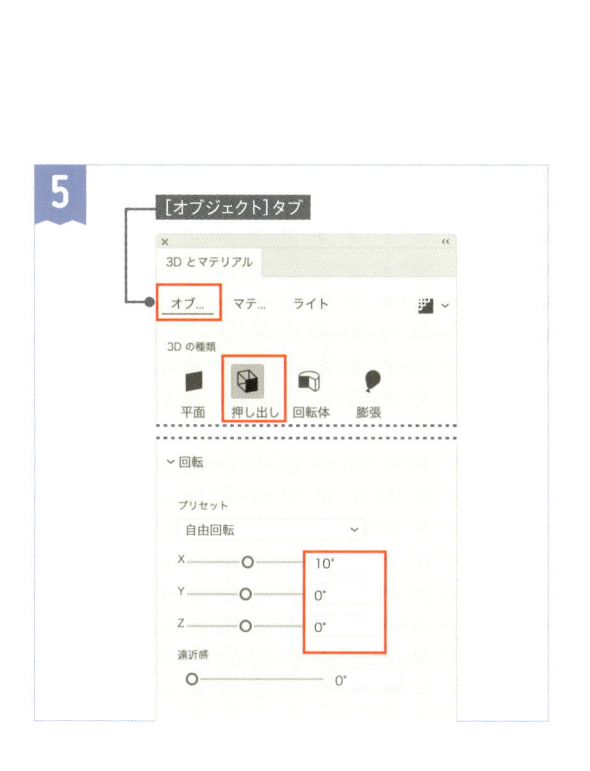

［3Dとマテリアル］パネルの［オブジェクト］タブを表示し、テキストオブジェクトを選択してから［押し出し］アイコンをクリックします。
［回転］で［X］にプラスの値を入力し、少しだけ傾けます。［Y］と［Z］はどちらも0°にしましょう。

X軸だけ傾ける

6

[奥行き]に大きめの数値を設定して押し出します。さらに[テーパー]の値を下げると押し出した部分がすぼまり、大きく飛び出したような見た目になります。

[テーパー]を下げる

7

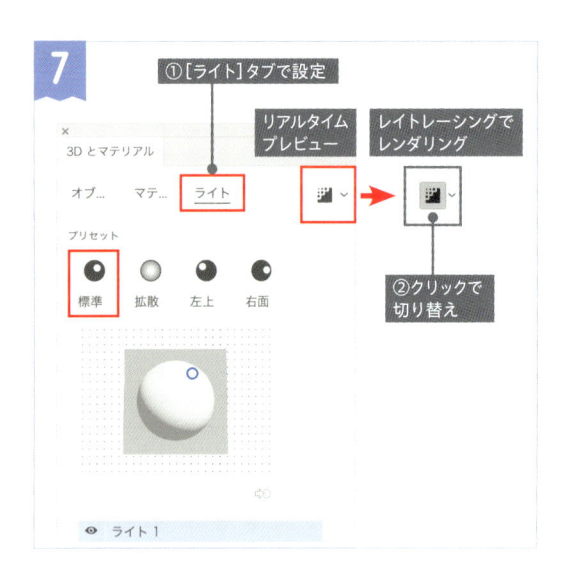

[ライト]タブに切り替えます。ここでは[プリセット：標準]を使用しますが、自由に設定してかまいません。

オブジェクトを選択したまま、[3Dとマテリアル]パネルの右上にあるボタンをクリックします。[リアルタイムプレビュー]から[レイトレーシングでレンダリング]に切り替えたら完成です。

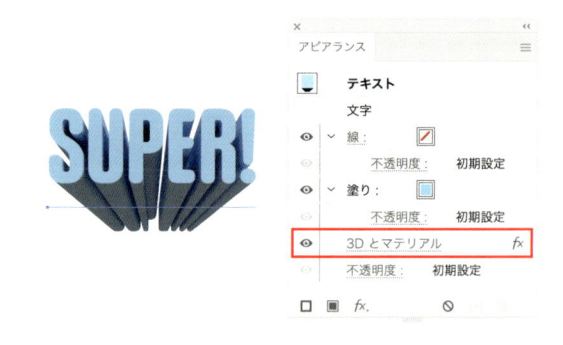

ここではデフォルトの[初期設定]マテリアルをそのまま使っていますが、質感を変える場合は[マテリアル]タブでさらに設定します。

[回転]には[遠近感]のオプションがあります。手軽に立体感を強調できますが、奥行きや角度の値によっては文字本体に強い歪みがかかります。対して[テーパー]は物理的にオブジェクトを先細りさせるため、文字本体のバランスをできるだけ保ちながら、擬似的に飛び出したように見せることが可能です。

遠近感の設定により文字本体の上側が狭まっている例

バリエーション

飛び出す文字にフチをつける場合は、すき間をつぶす効果を一緒に適用するのがおすすめです。

→すき間をつぶしたフチ文字　P.54

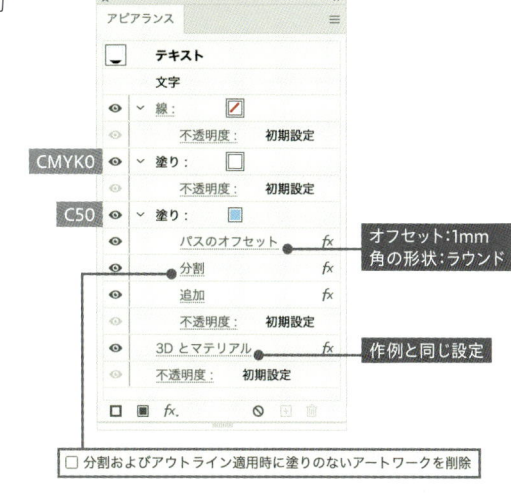

CMYK0

C50

オフセット:1mm
角の形状:ラウンド

作例と同じ設定

☐ 分割およびアウトライン適用時に塗りのないアートワークを削除

すき間も含めて3D化すると、大きさや位置によっては中途半端な印象になってしまいます。

[ワープ:円弧]効果を適用

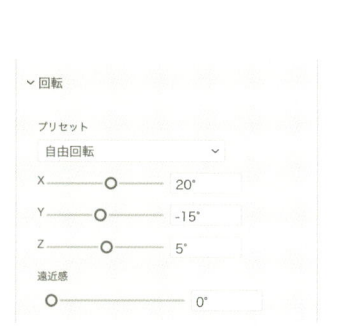

スタイル:円弧
水平方向
カーブ:20%

[3Dとマテリアル]効果を追加

M20

3D効果で立体化する前に[ワープ]効果で動きをつけると、さらにインパクトのある文字に仕上がります。[回転]で立体感を強調できる角度に変更したり、[ベベル]などのオプションを活用しても良いでしょう。

→[ワープ]効果についてはP.91

3D効果を使いこなそう

3D効果では、かんたんな数値設定で平面のオブジェクトから立体的な形状を作成できます。従来型の［3D（クラシック）］と、機能強化された［3Dとマテリアル］の2種類があり、それぞれ得意な処理が異なります。

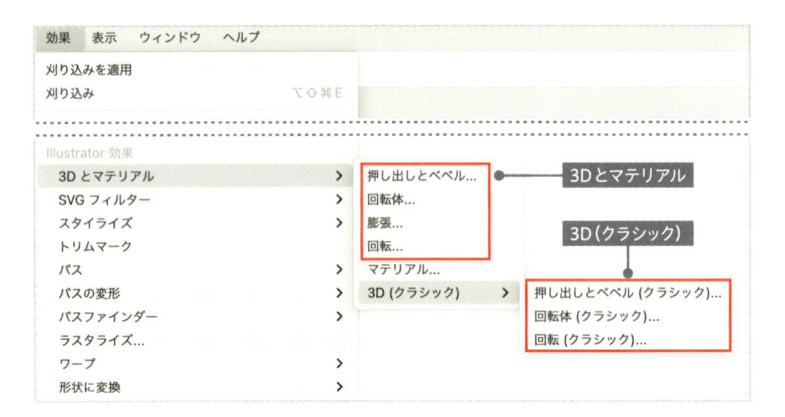

●［3D（クラシック）］効果

平面のオブジェクトから3種類の立体形状を作成する効果です。立体面に対してシンボルを貼る、表面やライトの設定を変えるなどのオプションがあります。

［押し出し・ベベル（クラシック）］ではベベルを設定できますが、文字のような複雑な形状ではパスが交差して破綻しやすいため、注意が必要です。

マッピングしたシンボルも含め、分割結果がベクターになるのが［3D（クラシック）］効果の特徴です。精度の高い質感表現には向きませんが、立体形状をパスとして編集したいときに便利です。

（例）テキストオブジェクトに［3D（クラシック）］効果を適用

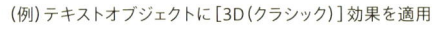

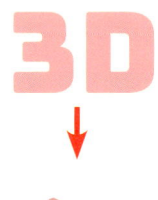

押し出し・ベベル（クラシック）

　回転体（クラシック）　　　回転（クラシック）

（例）長方形に［3D 回転体（クラシック）］効果を適用

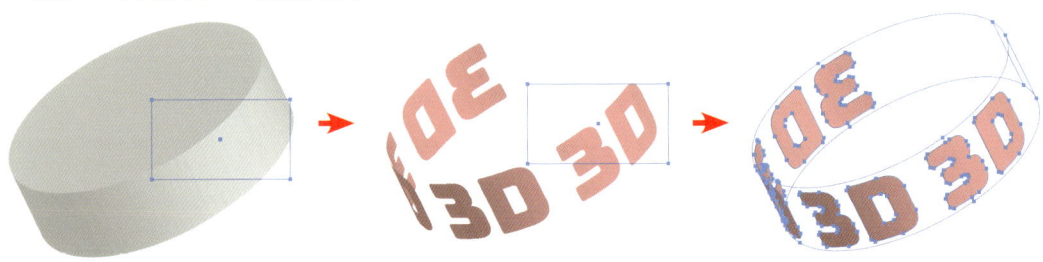

側面にシンボルをマッピング　　　　　［アピアランスを分割］を実行

●[3Dとマテリアル]効果

ベクターを立体化できる点は従来型の3D（クラシック）と同様ですが、マテリアルやライトの設定でリッチな質感表現が可能です。また、分割結果は基本的に画像である点も大きな特徴です。

（例）テキストオブジェクトに[3Dとマテリアル]効果を適用

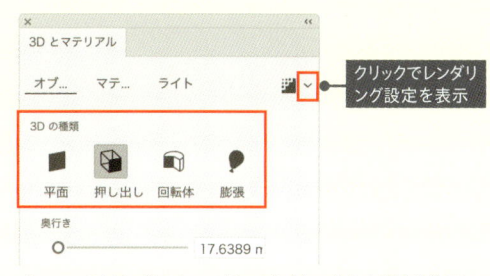

クリックでレンダリング設定を表示

メニューのほか、[3Dとマテリアル]パネルからも効果を適用できます。画質は[レンダリング設定]や[ドキュメントのラスタライズ効果設定]でコントロールします。

| 平面 | 押し出し | 回転体 | 膨張 |

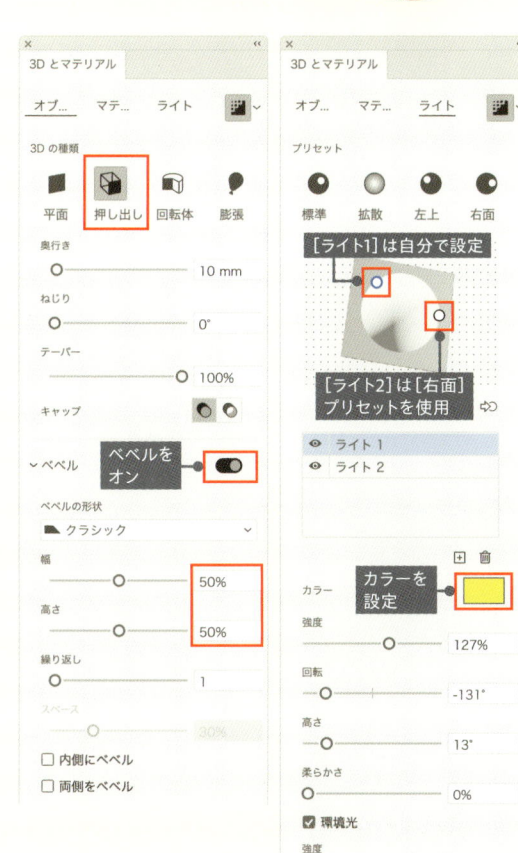

ベベルをオン

ベベルの形状 クラシック

幅 50%
高さ 50%

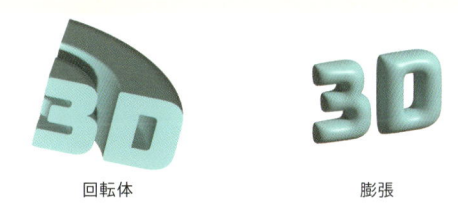

[ライト1]は自分で設定

[ライト2]は[右面]プリセットを使用

カラーを設定

[3Dとマテリアル]の[押し出し]効果でも[ベベル]が設定できます。幅や高さをパーセンテージで指定するため、複雑なかたちでもきれいにベベルがかかります。また、ライトは複数配置やカラーの変更が可能です。立体形状がよりよく見えるライティングを工夫してみましょう。

[マテリアル]タブではプリセットを使うほか、外部からマテリアル（.Sbsarファイル）を読み込めます。自分でマテリアルが作成できない場合も、コミュニティで無料のマテリアルをダウンロードして設定可能です。

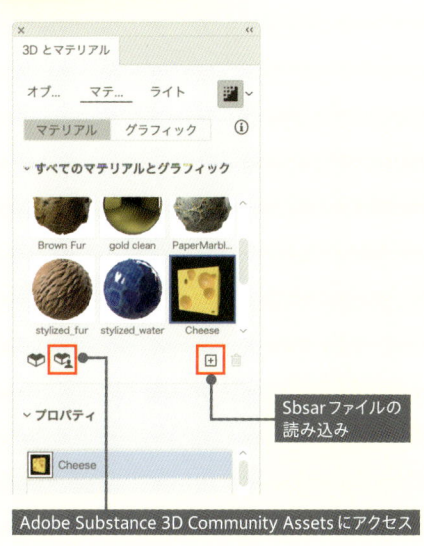

Sbsarファイルの読み込み

Adobe Substance 3D Community Assetsにアクセス

13
フラットな質感の立体文字

線で奥行き感を表現した文字です。3D効果などと比べると処理が軽く、グラデーションやパターンなどでアレンジできるのがメリットです。奥行き部分の位置は計算で正確に合わせる方法もあります。

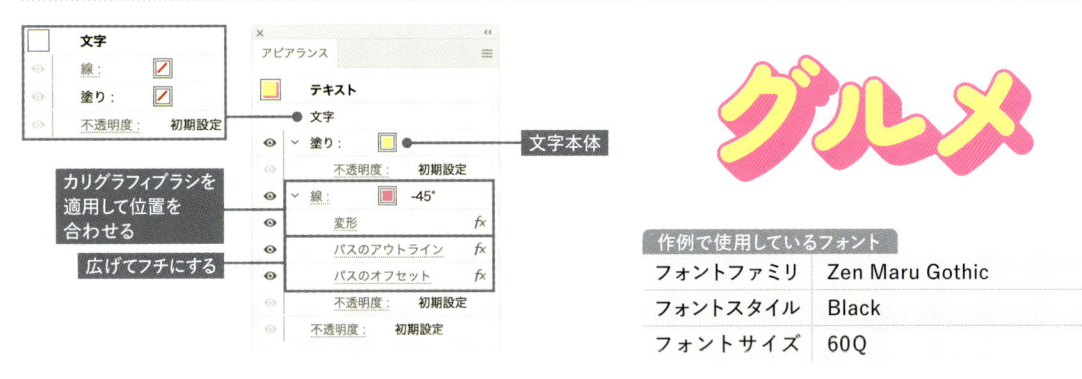

作例で使用しているフォント

フォントファミリ	Zen Maru Gothic
フォントスタイル	Black
フォントサイズ	60Q

1

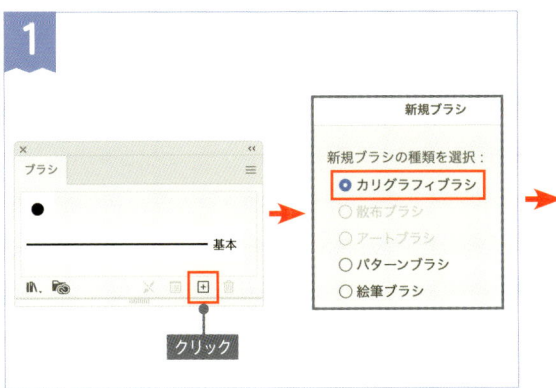

はじめにカリグラフィブラシを作成します。[ブラシ] パネルの [新規ブラシ] ボタンをクリックし、[カリグラフィブラシ] を選択して [OK] をクリックしましょう。

[ブラシ] パネルは [ウインドウ] メニュー>[ブラシ] で表示できます。

2

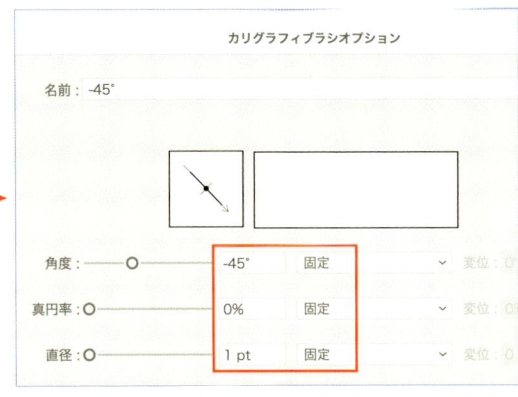

表示されたダイアログで [角度：45°]、[真円率：0%]、[直径：1pt] に設定します。すべて [固定] にしましょう。分かりやすい名前をつけて、[OK] をクリックするとブラシが登録されます。
→ブラシ機能については P.80

3

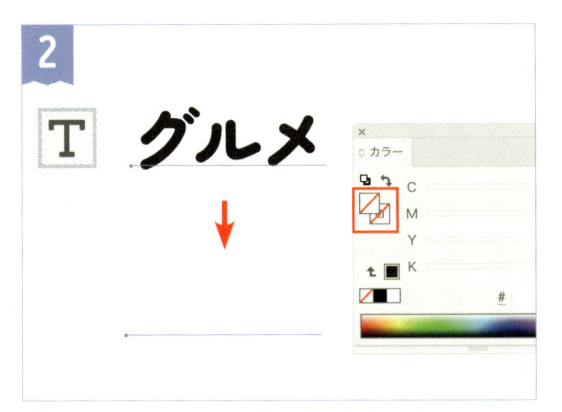

好きな内容でテキストオブジェクトを作成し、[文字] パネルでフォントや文字の大きさなどを自由に設定しましょう。[カラー] パネルで線と塗り、どちらのカラーも [なし] にします。

4

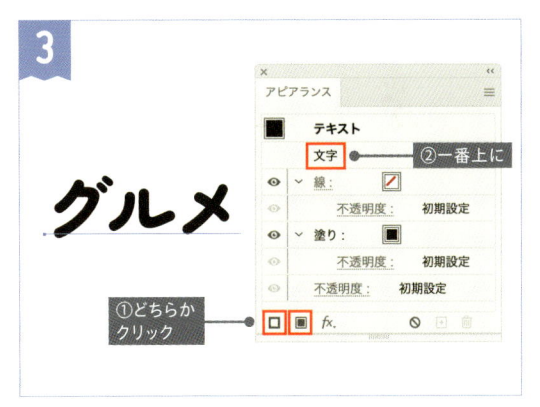

テキストオブジェクトを選択したまま、[アピアランス] パネルで [新規線を追加] または [新規塗りを追加] のどちらかをクリックしましょう。項目が追加されたら、[文字] の項目をドラッグして一番上へ移動します。

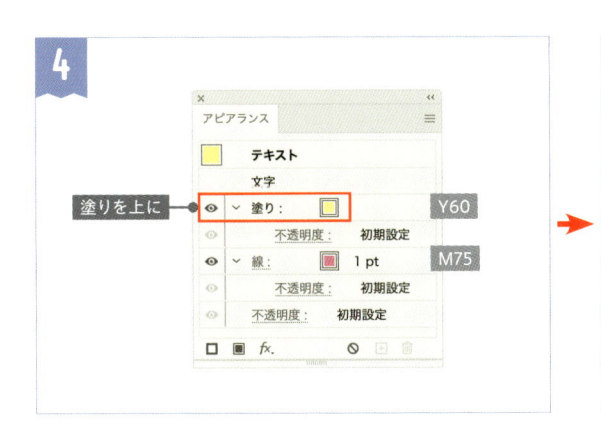

線と塗りにそれぞれ好きなカラーを適用します。塗りが上、線が下になるよう項目の順番を整えましょう。

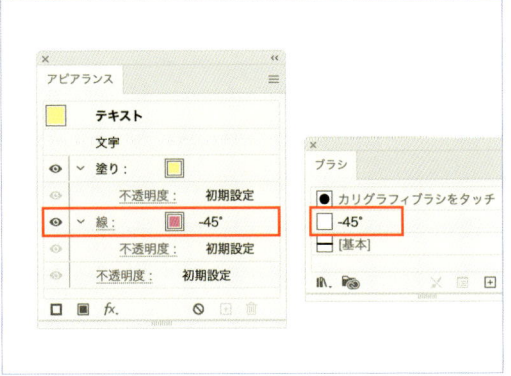

線の項目には作成したカリグラフィブラシを適用します。

[ブラシ] パネルのサムネイルが見難い場合は、パネルメニューから [リスト表示] に切り替えましょう。

5

[線] パネルなどで [線幅] を自由に設定します。ここで適用したブラシで文字の奥行き部分を表現するため、線幅は少し大きめに設定するのがおすすめです。

6

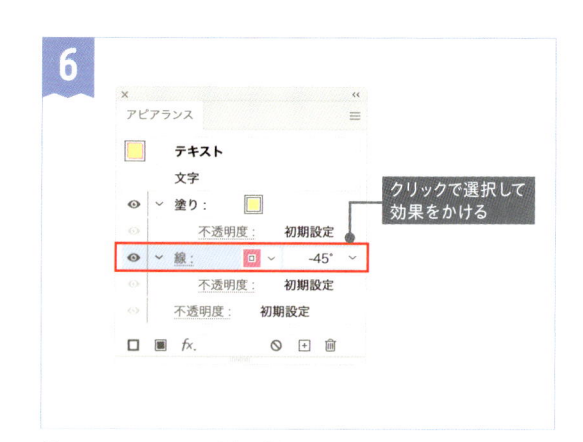

線の項目を選んで、[変形] 効果を適用します。

[効果] メニュー>[パスの変形]>[変形]

7

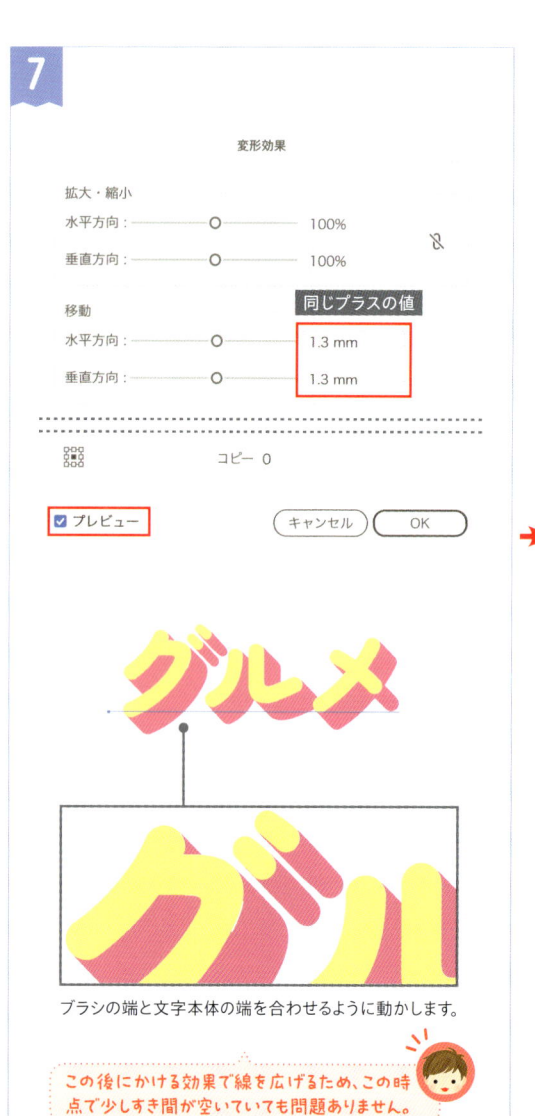

ブラシの端と文字本体の端を合わせるように動かします。

この後にかける効果で線を広げるため、この時点で少しすき間が空いていても問題ありません。

[移動] の [水平方向] と [垂直方向] に同じプラスの値を入力して、ブラシを適用した線をななめ45°の方向へ動かします。
[プレビュー] をオンにして、ブラシの端と文字本体が重なるように数値を設定しましょう。
[OK] のクリックで終了します。

ここでは見た目で位置を合わせていますが、正確に合わせる方法もあります。詳しい解説は P.161を参照しましょう。

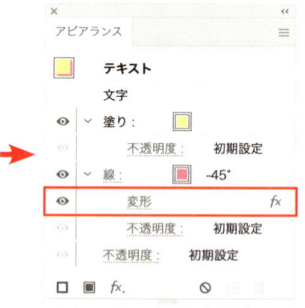

効果の適用後は、線の項目の中に [変形] 効果が入っているか確認しましょう。

線の項目を選んだまま、[パスのアウトライン] 効果をかけます。線の項目の中に効果が入るようにしましょう。

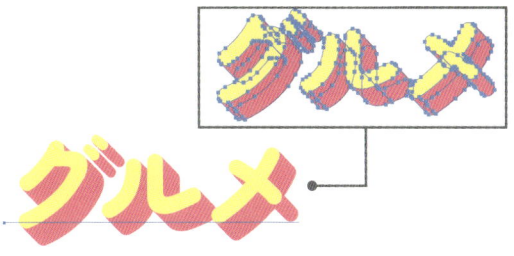

テキストオブジェクトの見た目は変わりませんが、内部では
ブラシがアウトライン化されて塗りに変換されています。

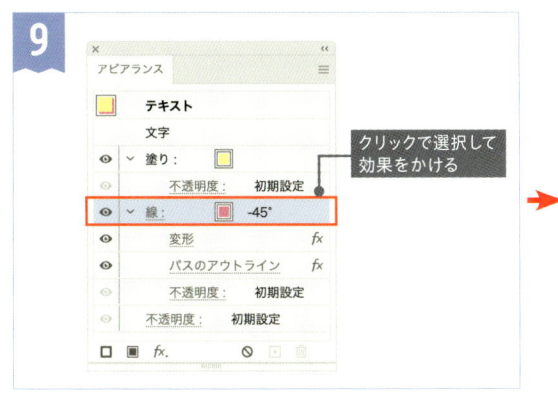

引き続き線の項目に効果を追加します。[パスのオフセット]
効果を適用しましょう。

[効果] メニュー > [パス] > [パスのオフセット]

[オフセット] にプラスの値を設定し、アウトライン化された塗
りを広げます。[角の形状:ラウンド] も設定して [OK] をク
リックします。

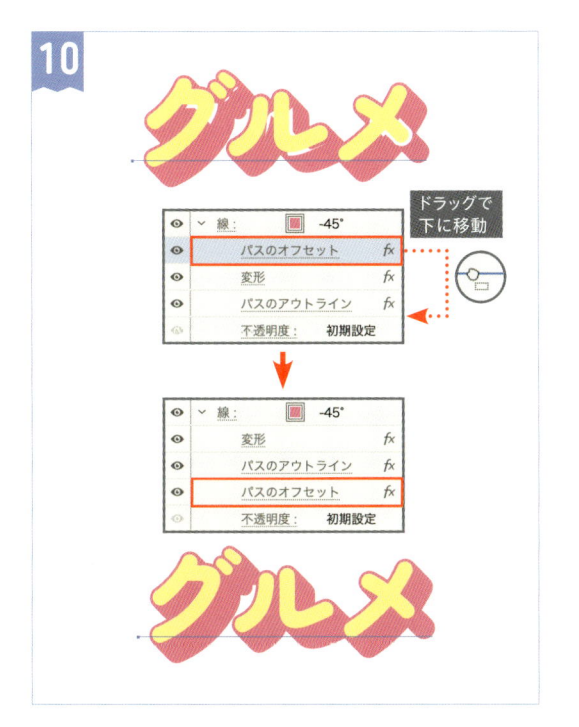

[パスのオフセット] 効果が線の項目の中で一番最後にかか
るよう、項目の位置をドラッグで調整して完成です。

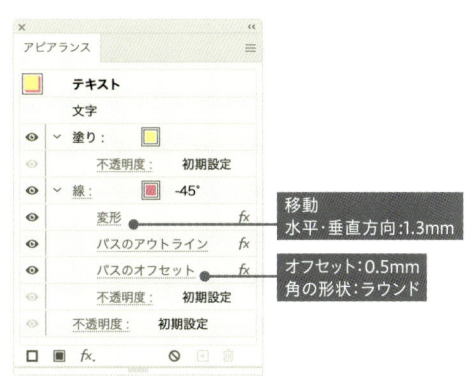

フチを重ねてさらに立体的にしても華やかです。カリグラフィブラシでは線に対して
パターンスウォッチやグラデーションが設定できる点も活かして、自由にアレンジを
楽しみましょう。

線の項目を複製し、[線幅]と[変形]効果の[移動]の
値を同じ比率で増やせば多重のフチを作成できます。

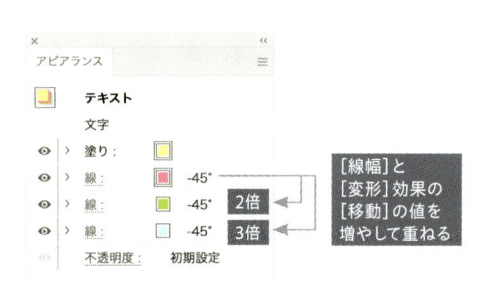

[線幅]と
[変形]効果の
[移動]の値を
増やして重ねる

2倍
3倍

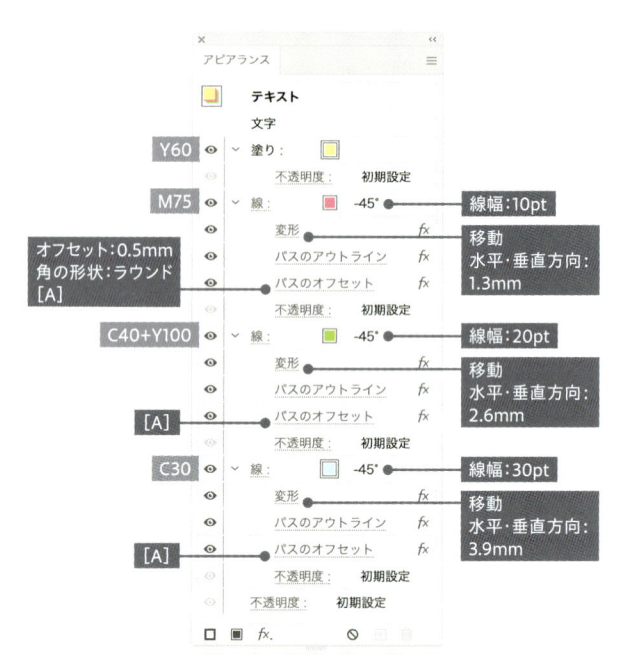

Y60
M75　線幅:10pt
オフセット:0.5mm
角の形状:ラウンド
[A]
移動
水平・垂直方向:
1.3mm
C40+Y100　線幅:20pt
移動
水平・垂直方向:
2.6mm
[A]
C30　線幅:30pt
移動
水平・垂直方向:
3.9mm
[A]

→パターンについてはP.62

ドットのパターンを作成して適用しています。
楕円形の幅・高さ:0.5mm
塗りのカラー:M20+Y100

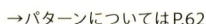

名前：ドット　黄
タイルの種類：レンガ（縦）
レンガオフセット：1/2
幅　0.75 mm
高さ　1.5 mm

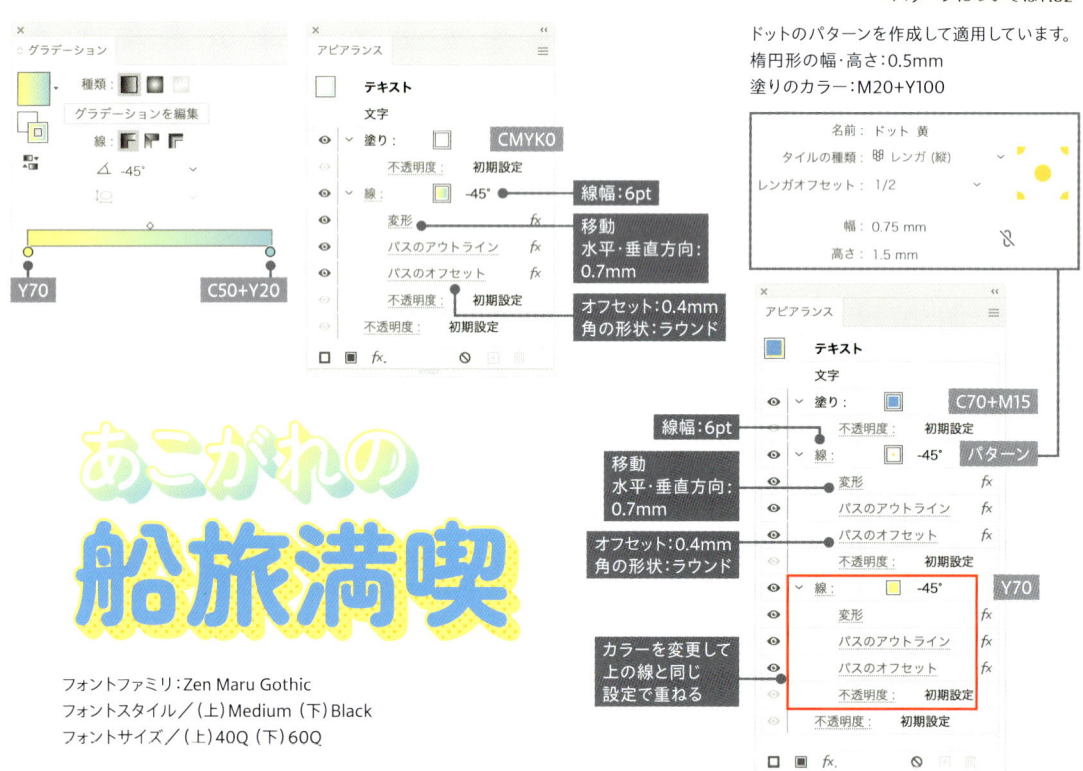

グラデーション
種類：
グラデーションを編集
線：
-45°
Y70　C50+Y20

アピアランス
テキスト
文字
塗り：CMYK0
不透明度：初期設定
線：-45°
変形
パスのアウトライン
パスのオフセット
不透明度：初期設定
不透明度：初期設定
線幅:6pt
移動
水平・垂直方向:
0.7mm
オフセット:0.4mm
角の形状:ラウンド

アピアランス
テキスト
文字
塗り：C70+M15
不透明度：初期設定
線：-45°　パターン
変形
パスのアウトライン
パスのオフセット
不透明度：初期設定
線：-45°　Y70
変形
パスのアウトライン
パスのオフセット
不透明度：初期設定
不透明度：初期設定
線幅:6pt
移動
水平・垂直方向:
0.7mm
オフセット:0.4mm
角の形状:ラウンド
カラーを変更して
上の線と同じ
設定で重ねる

フォントファミリ：Zen Maru Gothic
フォントスタイル／（上）Medium（下）Black
フォントサイズ／（上）40Q（下）60Q

奥行きを表現するカリグラフィブラシの位置合わせ

「フラットな質感の立体文字」では、カリグラフィブラシで奥行き感を表現しています。作例の手順ではブラシストロークと文字の位置を見た目で揃えましたが、カリグラフィブラシのしくみを理解していれば正確な位置合わせが可能です。

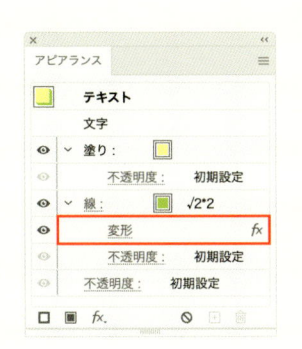

[変形]効果でブラシストロークの位置を正確に合わせれば、すき間なくきれいに仕上がります。

1

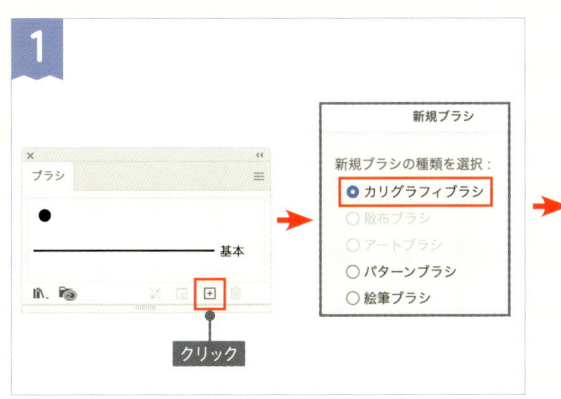

カリグラフィブラシを作成する手順は同様です。[ブラシ]パネルの[新規ブラシ]ボタンをクリックし、[カリグラフィブラシ]を選択して[OK]をクリックしましょう。

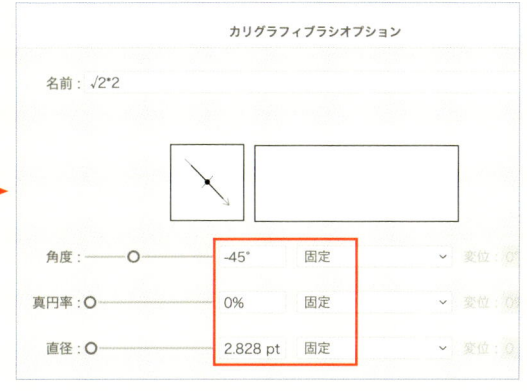

表示されたダイアログで[角度：45°]、[真円率：0%]、[直径：2.828pt]に設定します。すべて[固定]にしましょう。名前をつけたら[OK]をクリックしてブラシに登録します。

2

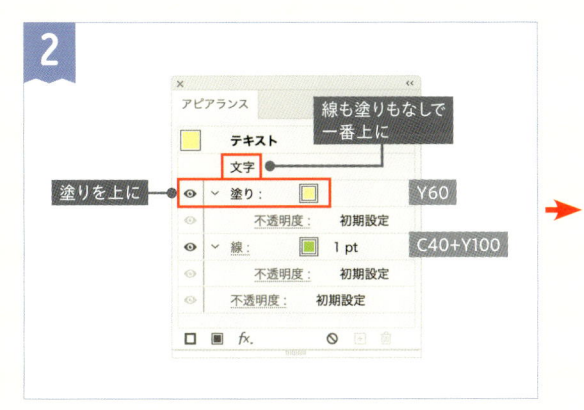

塗りと線を1つずつ重ねたテキストオブジェクトを作成します。文字属性のアピアランスはなしにしましょう。塗りが上、線を下にしてそれぞれ好きなカラーを設定します。

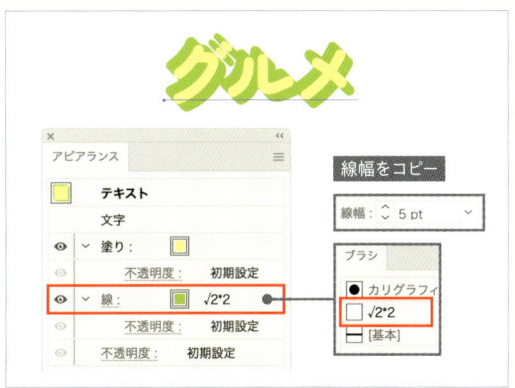

作成したカリグラフィブラシを線に設定し、自由に線幅を設定します。ここで[線幅]の値をコピーしておきましょう。

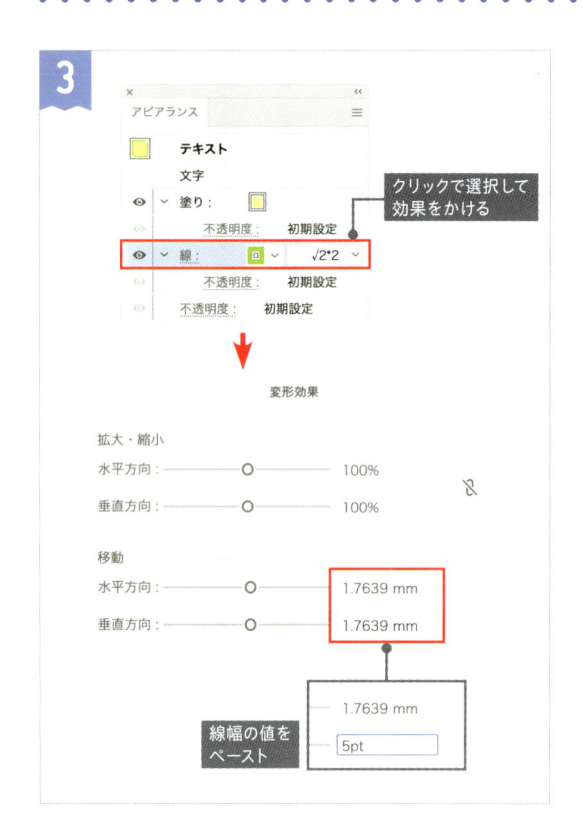

線の項目を選んで、[変形]効果を適用します。
[移動]の[水平方向]と[垂直方向]に先ほどコピーした[線幅]の値をそのままペーストしましょう。[OK]のクリックで終了し、線に対して[変形]効果がかかっていれば完成です。

[効果]メニュー>[パスの変形]>[変形]

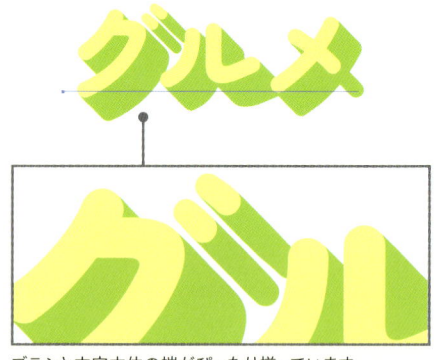

ブラシと文字本体の端がぴったり揃っています。
さらにフチをつけたい場合は、線の項目に[パスのアウトライン]と[パスのオフセット]効果を順に適用しましょう。

数値の入力エリアでは、異なる単位で入力してもドキュメントで指定している単位で自動的に換算されます。

● ブラシの位置を揃えるしくみ

　カリグラフィブラシはペン先の角度を固定してストロークを描画するブラシです。作例のような設定でカリグラフィブラシを作成したとき、描画されるブラシストロークは図のような関係性になっています。

この設定では、線幅が1ptのときに2.828ptの太さでブラシストロークが描画されます。

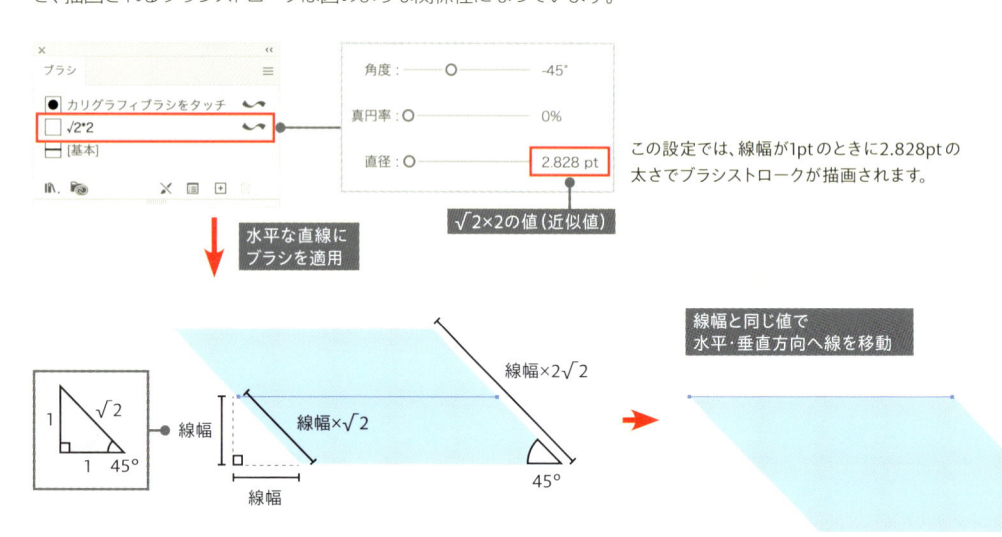

45°のブラシの場合は[直径]をあらかじめ「√2の2倍」にして、[変形]効果での移動の値に[線幅]を入力すれば、パスにぴったり合わせた位置へブラシストロークを移動できます。

[参考]
https://x.com/higuchidesign/status/1730788478554947674
https://x.com/mdma_necoya/status/1730528185039856044

Chapter 5

飾りをつける

01

エンボスラベル風の文字

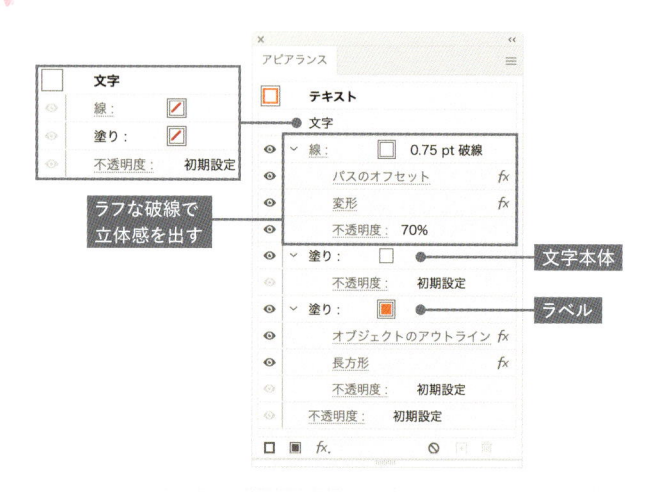

ラフな破線で
立体感を出す

文字本体

ラベル

レトロなエンボスラベル風の文字です。文字に追従するオビを付け、さらに破線でぼこぼことした立体感を演出しましょう。

作例で使用しているフォント

フォントファミリ	Automate
フォントスタイル	Light
フォントサイズ	60Q

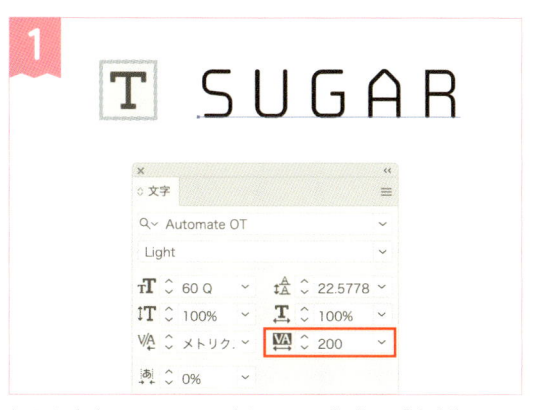

好きな内容でテキストオブジェクトを作成し、[文字] パネルでフォントや文字の大きさなどを自由に設定しましょう。ラベルらしくするため、[トラッキング] などで文字間を適度に広げます。

[カラー] パネルで線と塗り、どちらのカラーも [なし] にします。

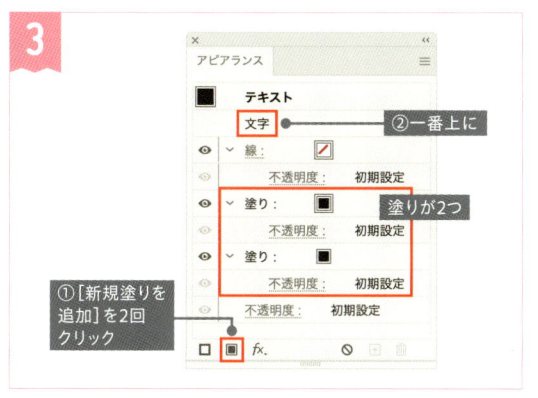

テキストオブジェクトを選択したまま、[アピアランス] パネルで [新規塗りを追加] を2回クリックしましょう。
塗りの項目が2つになったら、[文字] の項目をドラッグして一番上へ移動します。

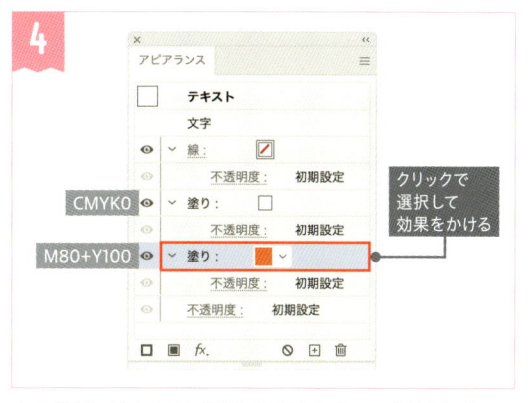

上の塗りには白、下の塗りには好きなカラーを適用しましょう。上は文字本体、下がラベルのパーツになります。
下の塗りの項目をクリックして選び、[オブジェクトのアウトライン] 効果を適用します。

[効果]メニュー>[パス]>[オブジェクトのアウトライン]

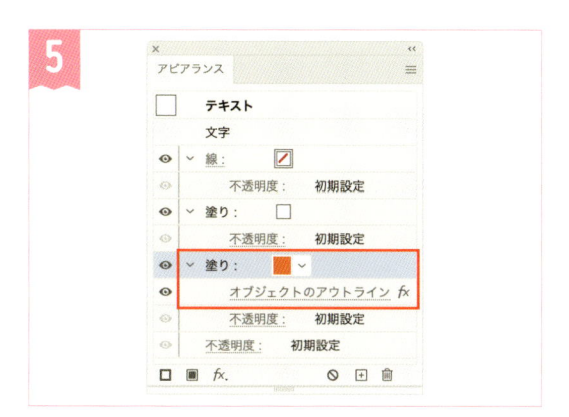

下の塗りに [オブジェクトのアウトライン] 効果がかかっているのを確認し、同じ塗りを選択したまま [長方形] 効果を適用しましょう。

[効果]メニュー>[形状に変換]>[長方形]

[サイズ：値を追加] に設定してから [幅に追加] と [高さに追加] に数値を入力します。文字よりひとまわり大きなオビが付くよう設定しましょう。[OK] のクリックで終了します。

→オビがつく文字　P.28

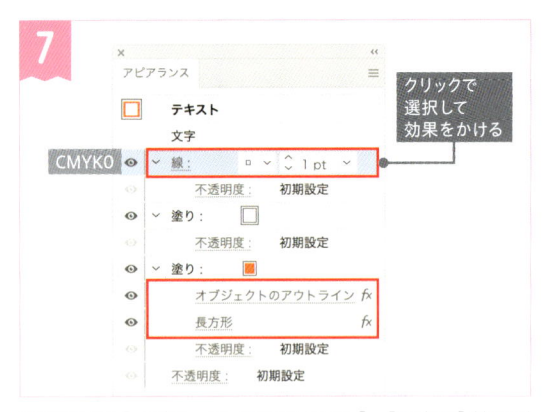

下の塗りに［オブジェクトのアウトライン］、［長方形］効果が順にかかっているのを確認します。

線の項目を塗りよりも上に配置して、線のカラーを白にしましょう。項目を選んだ状態で［パスのオフセット］効果を適用します。

［効果］メニュー>［パス］>［パスのオフセット］

［オフセット］にプラスの値を入力し、フチが文字本体よりも少しだけ広がるように設定します。［角の形状：ラウンド］にして、［OK］のクリックで終了します。

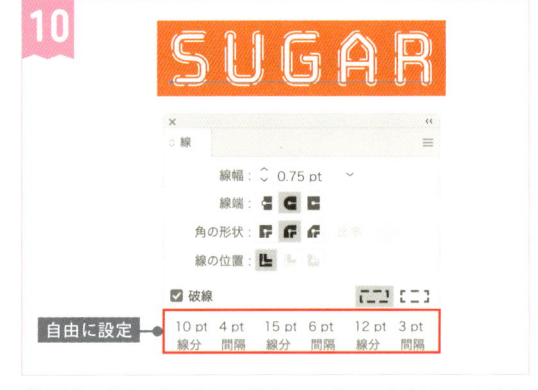

［線］パネルで［線幅］を設定して細めのフチにします。［線端：丸型線端］と［角の形状：ラウンド結合］も設定しましょう。さらに［破線］をオンにして、［線分と間隔の正確な長さを保持］でピッチの正確さを優先します。

［線分］と［間隔］に自由に数値を入力し、破線がラフな印象になるよう設定します。

→破線のフチ文字　P.46

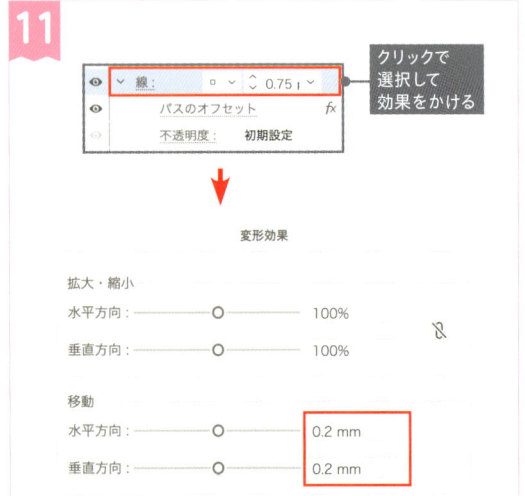

［アピアランス］パネルで線の項目を選び、［変形］効果を適用します。

［移動］の［水平方向］と［垂直方向］に数値を入力して線を少し動かします。ここではどちらもプラスの値にしました。［OK］のクリックでダイアログを閉じます。

［効果］メニュー>［パスの変形］>［変形］

線が少し移動して立体感がでます。

12

線の項目の［不透明度］をクリックしてパネルを表示し、［不透明度：70%］に設定したら完成です。

通常　　　　　不透明度：70%

マスク作成
□ クリップ
□ マスクを反転

□ 描画モードを分離　□ グループの抜き
□ 不透明マスクで形状の抜きを定義

アピアランス

□ テキスト
　文字

👁 ∨ 線：　　□ 0.75 pt 破線
👁 　パスのオフセット　　　　fx　──── オフセット：0.6mm
　　　　　　　　　　　　　　　　　　　角の形状：ラウンド
👁 　変形　　　　　　　　　　fx
👁 　不透明度：　70%　　　　　　　　　移動
　　　　　　　　　　　　　　　　　　　水平・垂直方向：
👁 ∨ 塗り：　　□　　　　　　　　　　　0.2mm
👁 　不透明度：　　初期設定
👁 ∨ 塗り：　　■
👁 　オブジェクトのアウトライン　fx
👁 　長方形　　　　　　　　　　　　　　値を追加
👁 　不透明度：　　初期設定　　　　　　幅に追加：4mm
👁 　不透明度：　　初期設定　　　　　　高さに追加：3mm

どんなフォントでも作成できますが、エンボスラベルらしく仕上げたい場合は角に丸みがあるフォントであまり太すぎないものを選ぶのが良いでしょう。レトロな印象のフォントを使うのもおすすめです。

どちらもフォント以外の設定はすべて作例と同じです。

フォントファミリ：New Rubrik
フォントスタイル：Light

フォントファミリ：Bulletin Typewriter MN
フォントスタイル：Regular

角度をつけたい場合は［変形］効果で対応します。［変形］効果の項目はオブジェクト全体に効果がかかる一番最後の行へ配置しましょう。

→回転時の注意点についてはP.40

C100+Y20
回転
角度：10°

回転
角度：-5°
C30+M70+Y100+K20

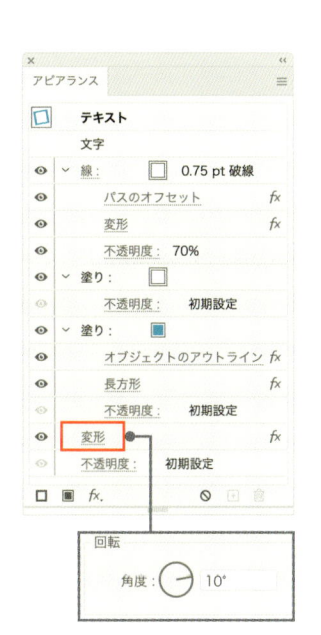

アピアランス

□ テキスト
　文字

👁 ∨ 線：　　□ 0.75 pt 破線
👁 　パスのオフセット　　　　fx
👁 　変形　　　　　　　　　　fx
👁 　不透明度：　70%
👁 ∨ 塗り：　　□
👁 　不透明度：　　初期設定
👁 ∨ 塗り：　　■
👁 　オブジェクトのアウトライン　fx
👁 　長方形　　　　　　　　　　fx
👁 　不透明度：　　初期設定
👁 　変形　　　　　　　　　　　fx
👁 　不透明度：　　初期設定

回転
角度　🕙 10°

LIKE AND SHARE!

02 リボンの文字

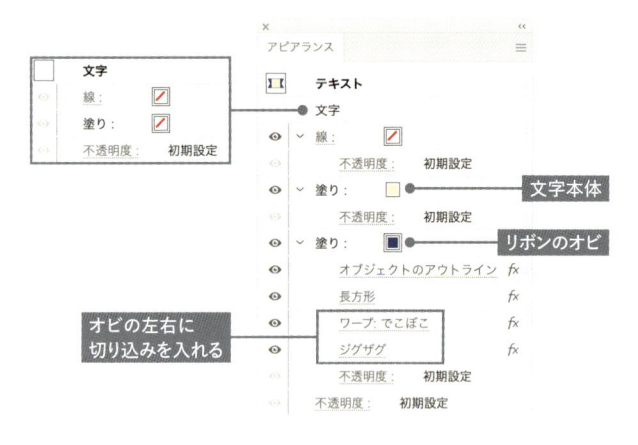

オビの左右に切り込みを入れる

リボン風のオビの文字です。左右に切り込みが入ったリボンが文字に合わせて伸びます。効果の動きをイメージして作成しましょう。

作例で使用しているフォント	
フォントファミリ	Girassol
フォントスタイル	Regular
フォントサイズ	60Q

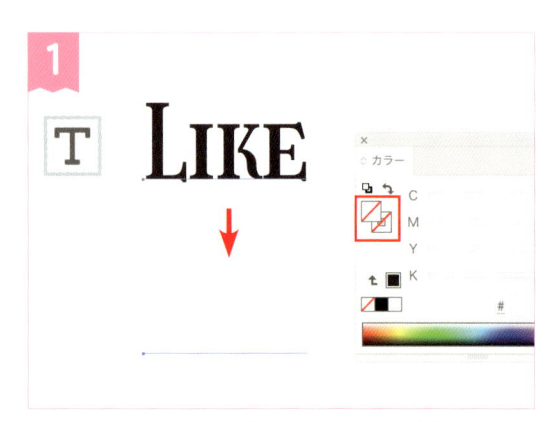

好きな内容でテキストオブジェクトを作成し、[文字] パネルでフォントや文字の大きさなどを自由に設定しましょう。[カラー] パネルで線と塗り、どちらのカラーも [なし] にします。

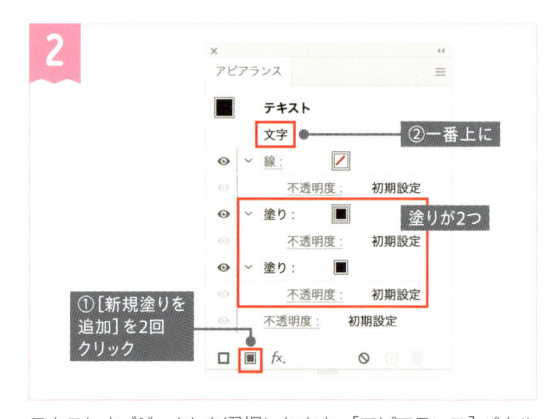

テキストオブジェクトを選択したまま、[アピアランス] パネルで [新規塗りを追加] を2回クリックしましょう。
塗りの項目が2つになったら、[文字] の項目をドラッグして一番上へ移動します。

3

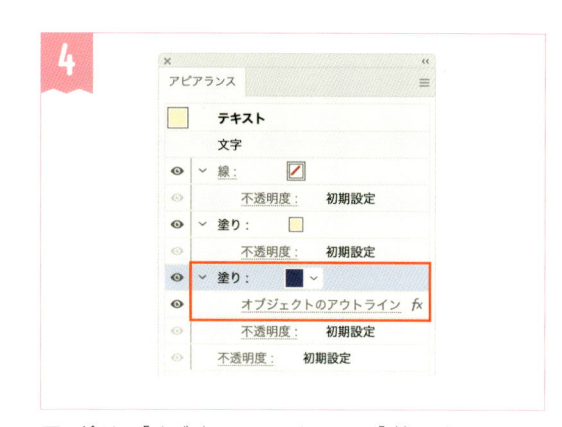

M10+Y30

C100+M80+Y15+K20

クリックで選択して効果をかける

上の塗りが文字本体、下の塗りがリボンのオビになります。それぞれ好きなカラーを適用しましょう。下の塗りの項目をクリックで選び、[オブジェクトのアウトライン]効果を適用します。

[効果]メニュー>[パス]>[オブジェクトのアウトライン]

4

下の塗りに[オブジェクトのアウトライン]効果がかかっているのを確認し、同じ塗りを選択したまま[長方形]効果を適用しましょう。

[効果]メニュー>[形状に変換]>[長方形]

5

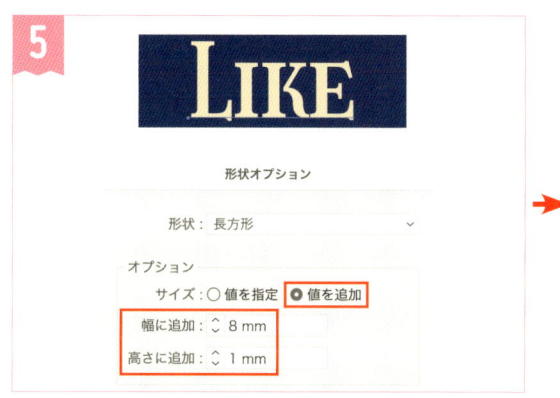

[サイズ：値を追加]に設定してから[幅に追加]と[高さに追加]に数値を入力します。後でリボンの切り込みを入れるため、左右のスペースにはゆとりを持たせましょう。[OK]のクリックで終了します。

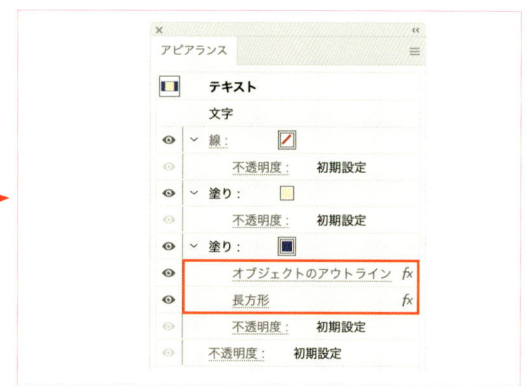

[オブジェクトのアウトライン]、[長方形]効果が順にかかって、下の塗りが文字に追従するオビになります。

→オビがつく文字　P.28

6

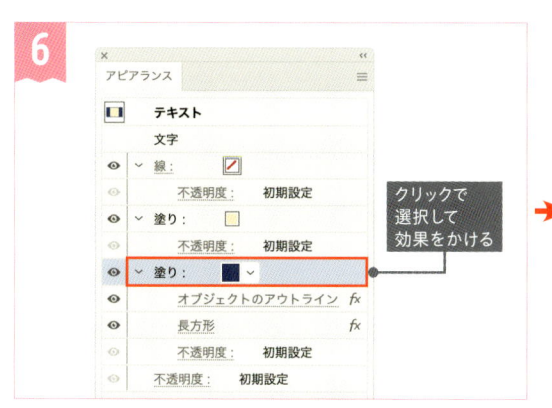

クリックで選択して効果をかける

下の塗りを選択したまま、効果を追加しましょう。[効果]メニュー>「ワープ」>[でこぼこ]を適用します。

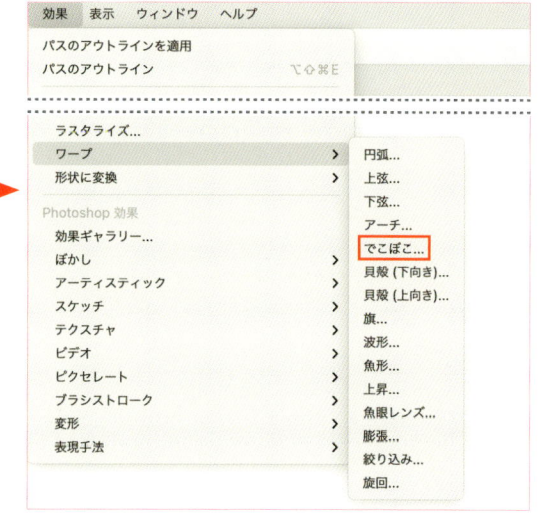

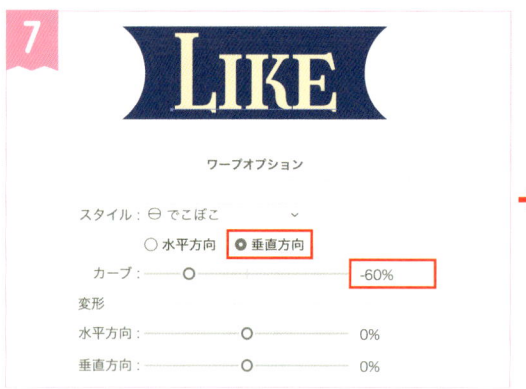

7

ワープオプション

スタイル： ⊖ でこぼこ ∨

○ 水平方向 ● 垂直方向

カーブ： ━━●━━ -60%

変形

水平方向： ━━━●━━ 0%

垂直方向： ━━━●━━ 0%

[垂直方向]で[カーブ]にマイナスの値を設定すると、オビの左右が丸く凹みます。好きなバランスで設定し、[OK]のクリックで終了します。

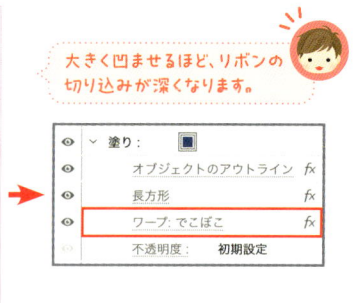

大きく凹ませるほど、リボンの切り込みが深くなります。

● ∨ 塗り： ■
● オブジェクトのアウトライン fx
● 長方形 fx
● ワープ： でこぼこ fx
不透明度： 初期設定

×

凹ませたときに文字本体がはみだしてしまう場合は、[長方形]効果の[幅に追加]の値を増やしましょう。

8

クリックで選択して効果をかける

下の塗りへさらに効果をかけます。塗りの項目が選択された状態で、[効果]メニュー>[パスの変形]>[ジグザグ]を適用します。

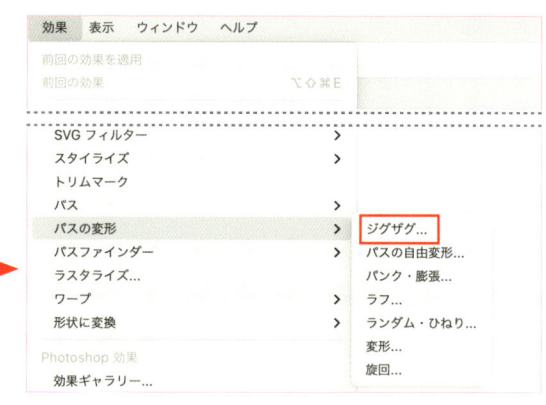

9

[大きさ：0]と[折り返し：1]を設定し、[直線的に]にすると、丸く凹んだカーブの部分が直線に変換されて切り込みのような形になります。この場合は[パーセント]と[入力値]どちらでも結果は同じです。

[OK]のクリックで終了します。

10

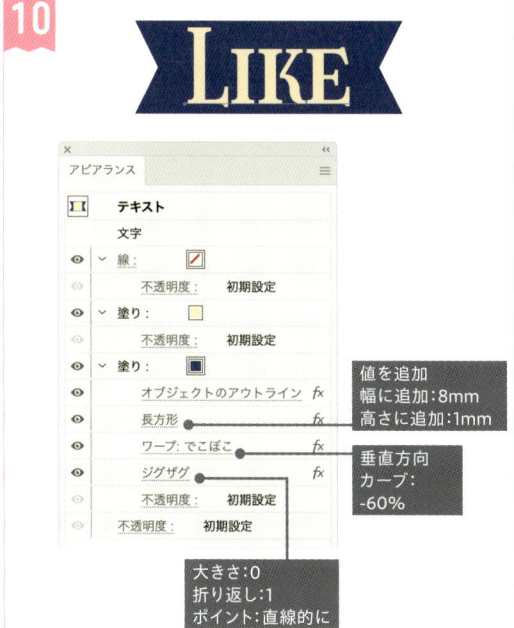

値を追加
幅に追加：8mm
高さに追加：1mm

垂直方向
カーブ：
-60%

大きさ：0
折り返し：1
ポイント：直線的に

図のような順番で効果がかかっていれば完成です。
リボンのかたちになっていない時は、効果の順番を確認しましょう。

完成した文字に［ワープ］効果で動きをつけるのもおすすめです。効果はオブジェクト全体にかかる位置へ配置しましょう。

→［ワープ］効果については P.91

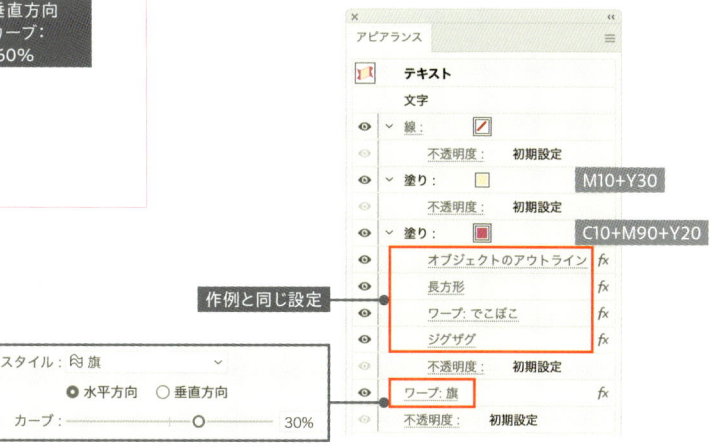

作例と同じ設定

Column

［ジグザグ］効果で曲線を直線に変換する

　［ジグザグ］効果では、ジグザグ形状を作る際に［滑らかに］と［直線的に］のどちらかを選べます。
　［大きさ］、［折り返し］をどちらも［0］にして［直線的に］を設定すると、曲線を直線に変換できます。

　「リボンの文字」で使用している［でこぼこ］効果では、作成されたカーブ上にアンカーポイントがないため、この組み合わせで［ジグザグ］効果をかけると元の長方形に戻ってしまいます。
　こういった形状では［折り返し：1］に設定しましょう。パスの中間にアンカーポイントが増え、さらに直線へ変換され、リボンの切り込みのような形状になります。

大きさ：0
折り返し：0
ポイント：直線的に

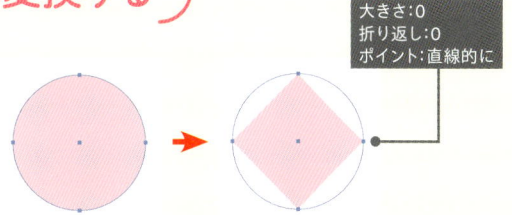

正円のオブジェクトに［ジグザグ］効果を適用

［でこぼこ］効果を適用した長方形に［ジグザグ］効果を適用

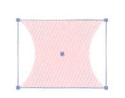

大きさ：0
折り返し：0
ポイント：直線的に

大きさ：0
折り返し：1
ポイント：直線的に

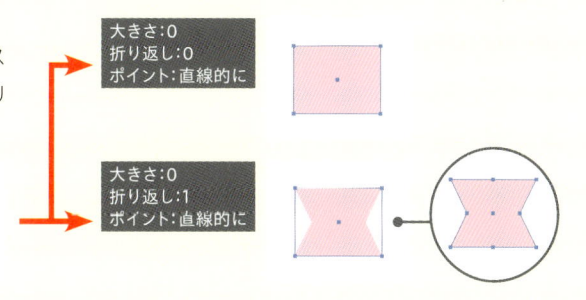

できあがった「リボンの文字」へさらに効果を追加すると、ギザギザのテープにアレンジできます。

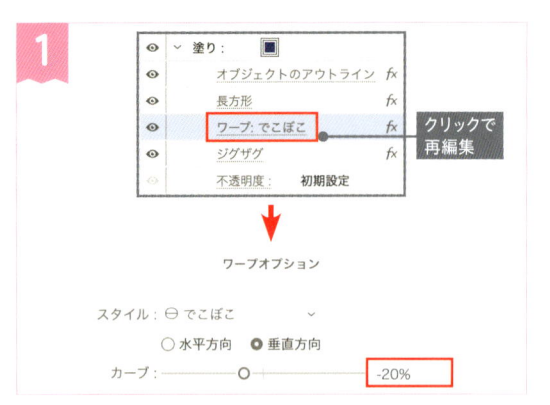

[アピアランス] パネルで [ワープ：でこぼこ] の項目をクリックし、設定を再編集します。切り込み部分が浅くなるよう変更しましょう。[OK] のクリックでダイアログを閉じます。

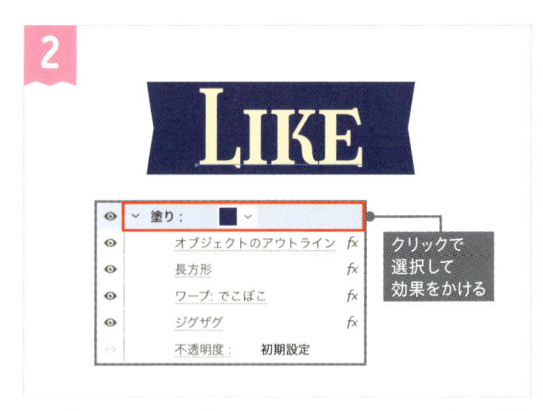

下の塗りに効果を追加します。項目をクリックで選択し、[変形] 効果をかけます。

[効果] メニュー＞ [パスの変形] ＞ [変形]

[垂直方向：25%] に設定して、オビの高さを低くします。変形の基準点は上側・中央にして、[OK] のクリックで終了します。

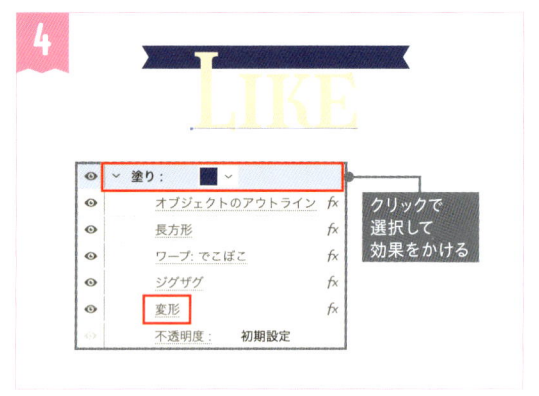

下の塗りの項目内で [変形] 効果が最後に配置されていることを確認しましょう。塗りの項目をクリックで選択し、メニューからもう一度 [変形] 効果を適用します。

[効果] メニュー＞ [パスの変形] ＞ [変形]

アラートダイアログが表示されたら [新規効果を適用] をクリックして続けます。

[拡大・縮小] は変更せず、[オプション] で [垂直方向に反転] をオンにします。さらに変形の基準点を下側・中央にして、[コピー：1] にしましょう。オビがリフレクトコピーされたら [OK] のクリックでダイアログを閉じます。

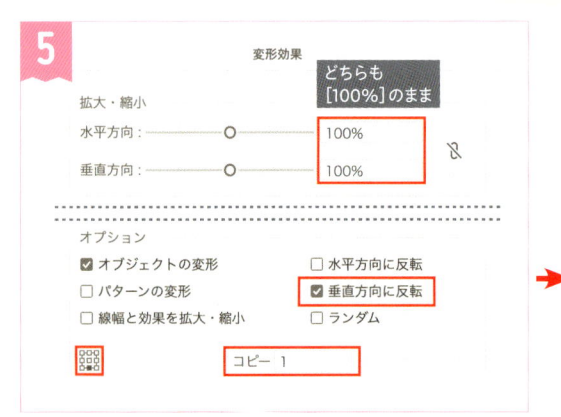

6

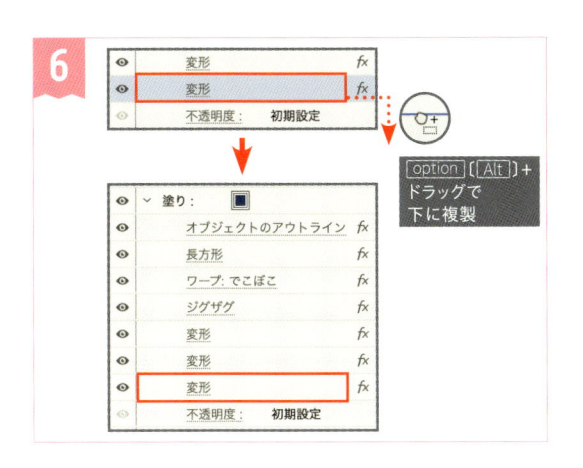

[option]〔[Alt]〕+ドラッグで下に複製

最後の［変形］効果を[option]〔[Alt]〕+ドラッグして一番下へ複製します。リフレクトコピーが繰り返されて、元のオビの高さに戻ります。

高さを25%に→リフレクトコピー→リフレクトコピーの順で［変形］効果がかかっています。

7

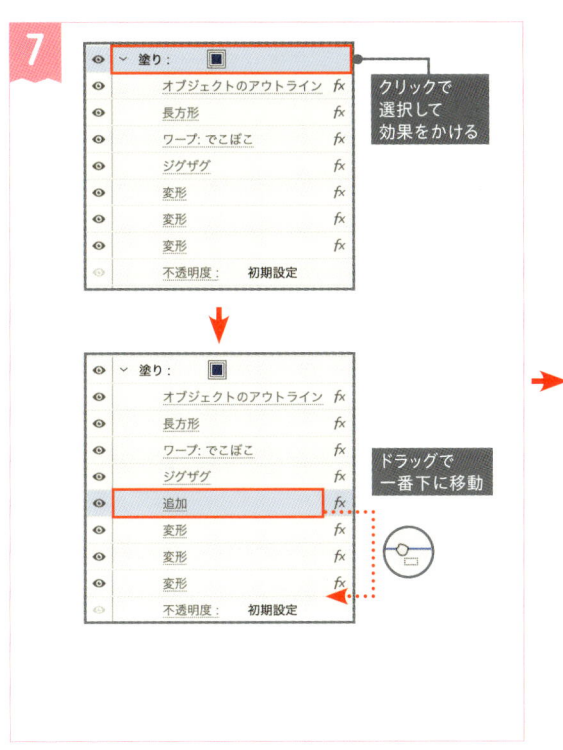

クリックで選択して効果をかける

ドラッグで一番下に移動

「リボンの文字」と同じ設定

拡大・縮小
水平方向：100%
垂直方向：25%

垂直方向に反転
コピー：1

下の塗りの項目をクリックで選択し、［追加］効果を適用します。下の塗りで［追加］効果が一番最後にかかるよう、項目の位置をドラッグで調整します。

［効果］メニュー>［パスファインダー］>［追加］

図のような順で効果がかかっていれば完成です。

［ワープ：円弧］効果でアレンジした例

スタイル： 円弧
◉ 水平方向 　○ 垂直方向
カーブ： ——————————— 20%

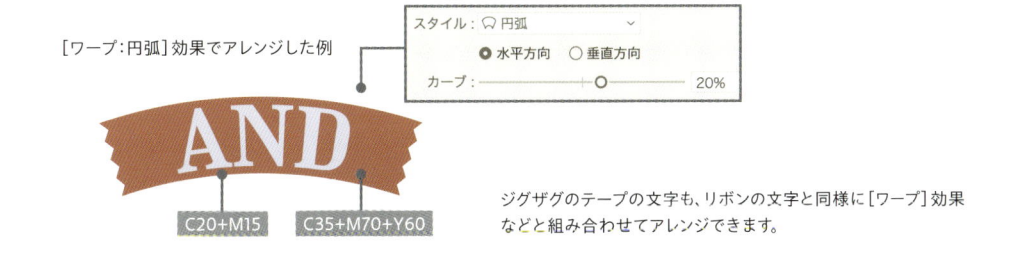

C20+M15　　C35+M70+Y60

ジグザグのテープの文字も、リボンの文字と同様に［ワープ］効果などと組み合わせてアレンジできます。

ゆるっと街歩き

レトロ喫茶めぐり

ひとりグルメ満喫

03
版ずれ風オビの文字

ゆるくかたちを崩した長方形のオビが重なった文字です。[ラフ]効果のランダム性を活かして作成しましょう。

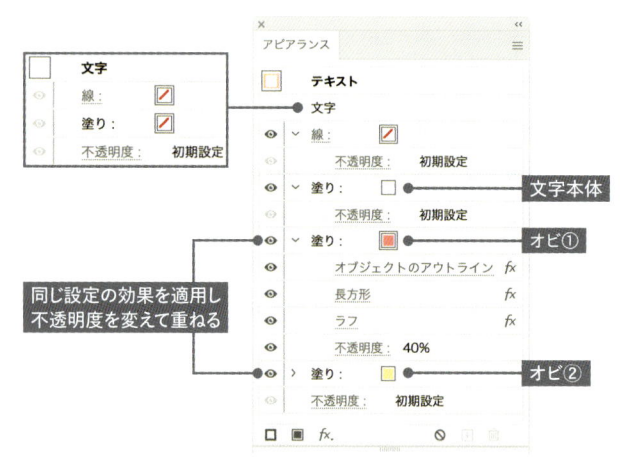

同じ設定の効果を適用し
不透明度を変えて重ねる

作例で使用しているフォント	
フォントファミリ	せのびゴシック
フォントスタイル	Regular
フォントサイズ	60Q

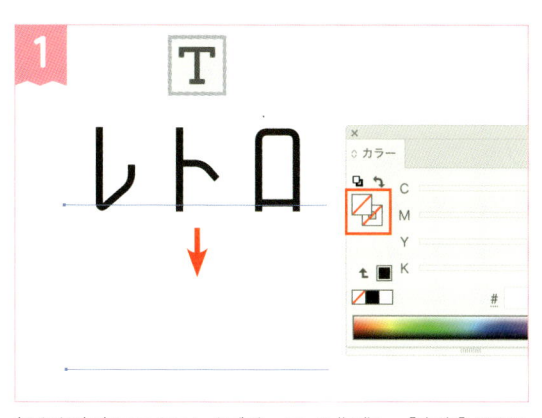

好きな内容でテキストオブジェクトを作成し、[文字]パネルでフォントや文字の大きさなどを自由に設定しましょう。[カラー]パネルで線と塗り、どちらのカラーも[なし]にします。

ここでは[文字間のカーニング：オプティカル]も設定しています。

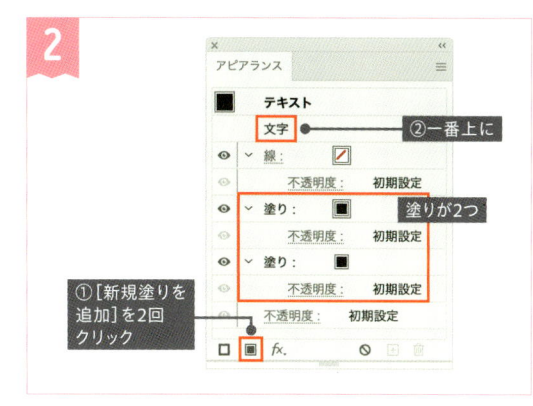

テキストオブジェクトを選択したまま、[アピアランス]パネルで[新規塗りを追加]を2回クリックしましょう。
塗りの項目が2つになったら、[文字]の項目をドラッグして一番上へ移動します。

上の塗りには白、下の塗りには好きなカラーを適用しましょう。上は文字本体、下がオビになります。下の塗りの項目をクリックして選び、[オブジェクトのアウトライン]効果を適用します。　[効果]メニュー>[パス]>[オブジェクトのアウトライン]

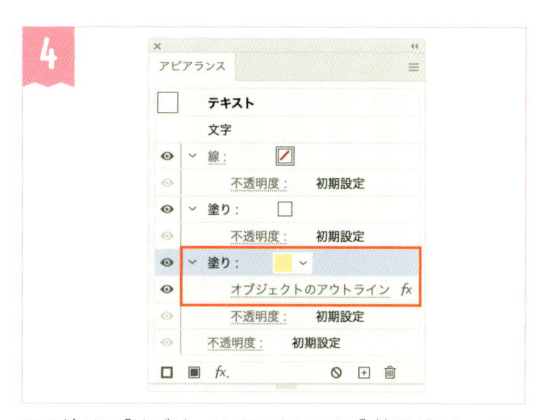

下の塗りに[オブジェクトのアウトライン]効果がかかっているのを確認し、同じ塗りを選択したまま[長方形]効果を適用しましょう。

[効果]メニュー>[形状に変換]>[長方形]

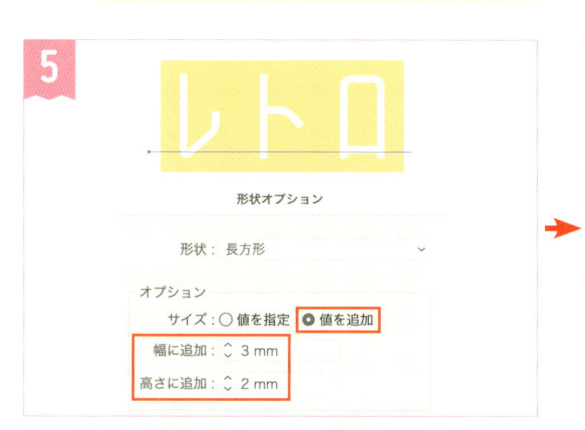

[サイズ：値を追加]に設定してから[幅に追加]と[高さに追加]に数値を入力しましょう。文字本体よりひとまわり大きなサイズのオビになるよう設定します。[OK]のクリックで終了します。

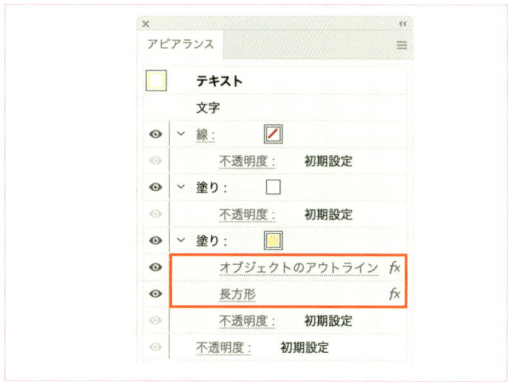

[オブジェクトのアウトライン]、[長方形]効果が順にかかって、下の塗りが文字に追従するオビになります。

→オビがつく文字　P.28

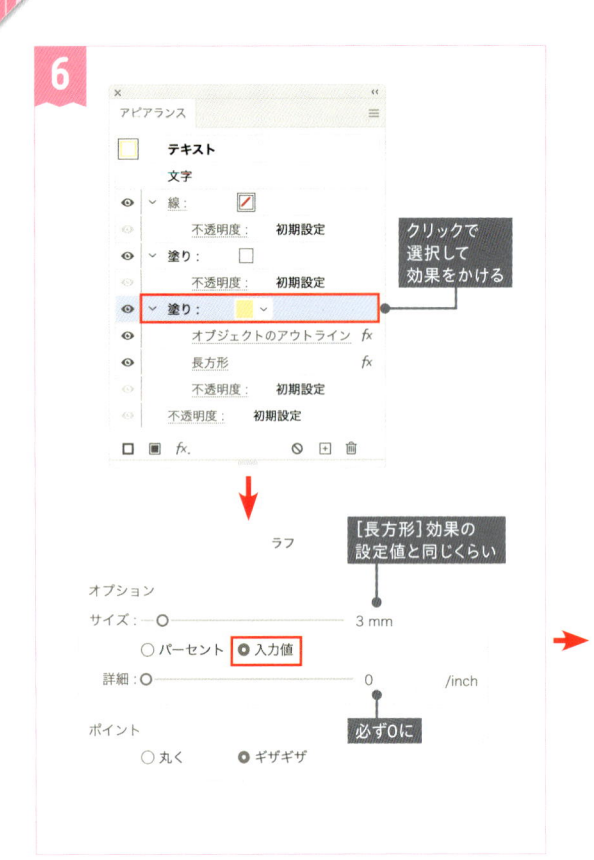

6

下の塗りにさらに効果を追加します。下の塗りの項目をクリックで選択し、[ラフ] 効果を適用します。

[効果] メニュー>[パスの変形]>[ラフ]

[オプション] で [入力値] を選んでから、[サイズ] に数値を入力しましょう。[長方形] 効果で幅・高さに追加した数値と同じくらいの値がおすすめです。[詳細：0]、[ポイント：ギザギザ] に設定し、[OK] のクリックで終了します。

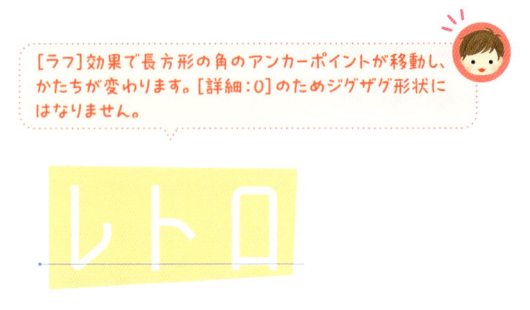

[ラフ] 効果で長方形の角のアンカーポイントが移動し、かたちが変わります。[詳細：0] のためジグザグ形状にはなりません。

7

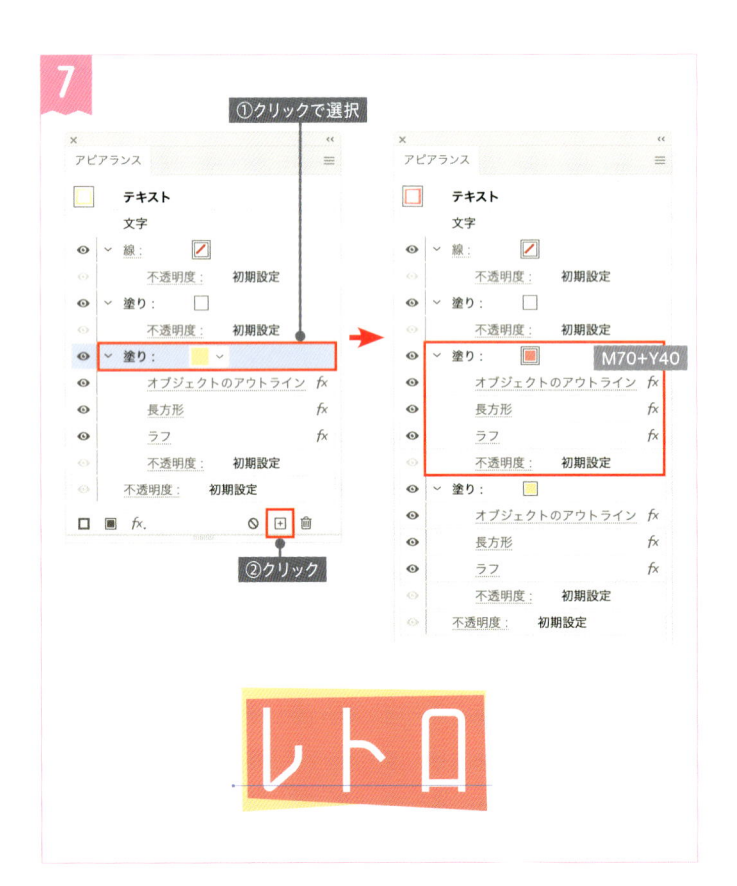

効果のかかった下の塗りをクリックで選択し、[選択した項目を複製] をクリックします。効果と一緒に塗りが複製されたら、上の塗りのカラーを好きな色に変更しましょう。

[ラフ] 効果の結果はランダムです。そのため、塗りを複製するとオビのかたちが変わります。

→[ラフ] 効果については P.136

8

色を変えた塗りの項目で［不透明度］をクリックし、［不透明度：40%］ほどに設定して完成です。

不透明度を下げた際に上のオビが見えにくくなってしまったら、塗りのカラーを濃くする、不透明度を上げるなどで調整しましょう。

バリエーション

テキストオブジェクト全体を複製すると、［ラフ］効果の結果をそのまま引き継いでしまうため、バリエーションの作成時は［グラフィックスタイル］パネルを活用しましょう。完成したアピアランスの組み合わせを［グラフィックスタイル］パネルに登録し、異なるテキストオブジェクトに適用します。好きなバランスにならなかったときは、［デフォルト］など別のスタイルを適用してアピアランスを変更してから再適用を繰り返します。

→グラフィックスタイルについてはP.229

アピアランスを変更

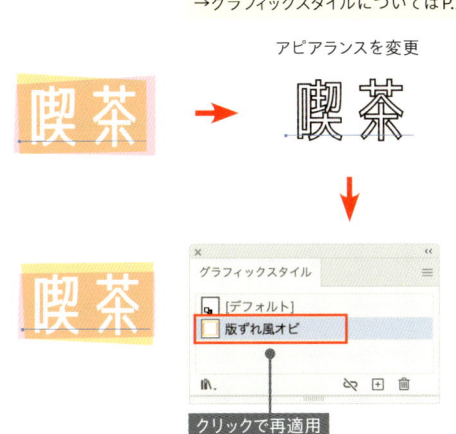

再適用で［ラフ］効果の結果が変わり、同じグラフィックスタイルでも異なる見た目になります。

［長方形］を［角丸長方形］効果に変えても面白いかたちになります。［角丸の半径］は適宜調整しましょう。

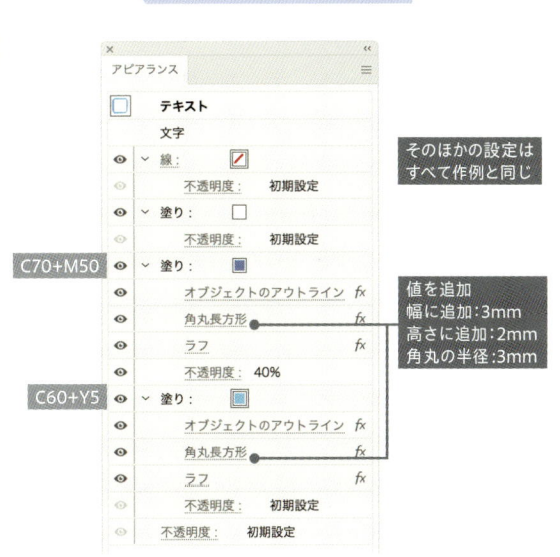

Classic

Design

Principles

04

エレガントな飾り罫の文字

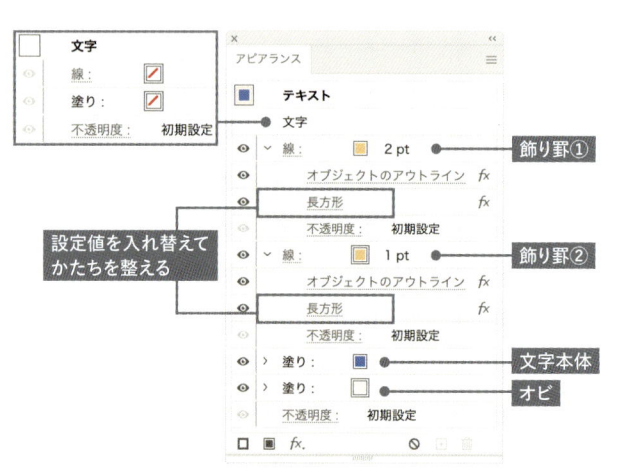

文字に追従するオビと罫線でエレガントな飾り罫を作成します。バランス良く仕上げるには［長方形］効果の設定値がポイントです。

作例で使用しているフォント	
フォントファミリ	Gelato Luxe
フォントスタイル	Regular
フォントサイズ	60Q

好きな内容でテキストオブジェクトを作成し、[文字] パネルでフォントや文字の大きさなどを自由に設定しましょう。[カラー] パネルで線と塗り、どちらのカラーも [なし] にします。

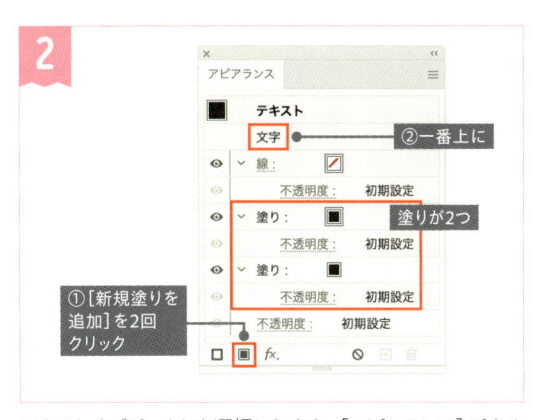

テキストオブジェクトを選択したまま、[アピアランス] パネルで [新規塗りを追加] を2回クリックしましょう。
塗りの項目が2つになったら、[文字] の項目をドラッグして一番上へ移動します。

上の塗りが文字本体、下の塗りが背景のオビです。それぞれ好きなカラーを適用しましょう。下の塗りの項目をクリックして選び、[オブジェクトのアウトライン] 効果を適用します。

[効果] メニュー>[パス]>[オブジェクトのアウトライン]

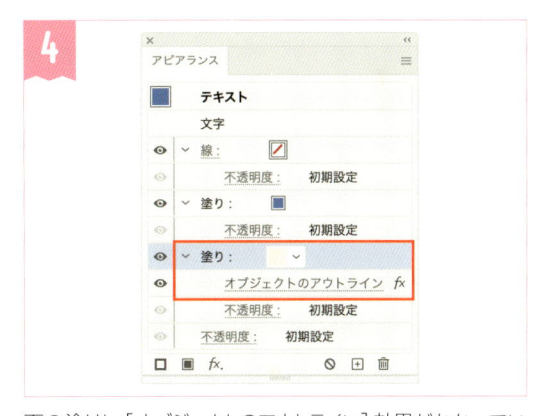

下の塗りに [オブジェクトのアウトライン] 効果がかかっているのを確認し、同じ塗りを選択したまま [長方形] 効果を適用しましょう。

[効果] メニュー>[形状に変換]>[長方形]

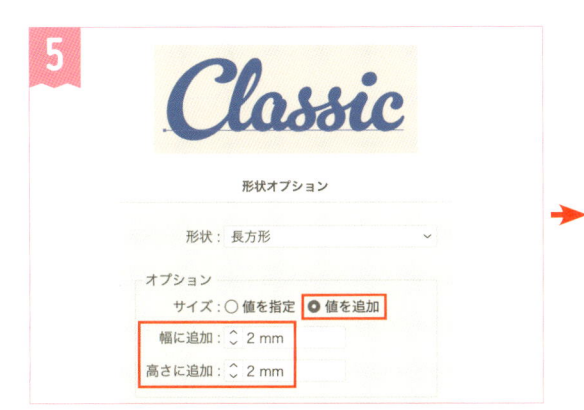

[サイズ:値を追加] に設定してから [幅に追加] と [高さに追加] に数値を入力しましょう。文字本体よりもひとまわり大きなオビになるよう調整します。[OK] のクリックで終了します。

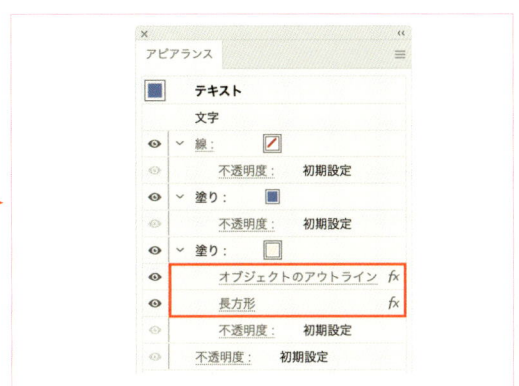

[オブジェクトのアウトライン]、[長方形] 効果が順にかかって、下の塗りが文字に追従するオビになります。

→オビがつく文字　P.28

6 線の項目を飾り罫にするため、好きなカラーを適用します。下の塗りにかけた2つの効果を option（ Alt ）+ドラッグして、線の項目へ複製します。

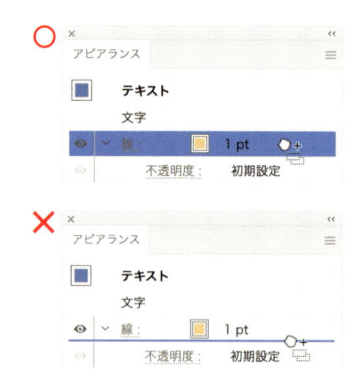

効果を複製するときは、線の項目へ直接ドラッグ＆ドロップしましょう。線の項目の下にドラッグすると、効果がうまくかからないことがあります。

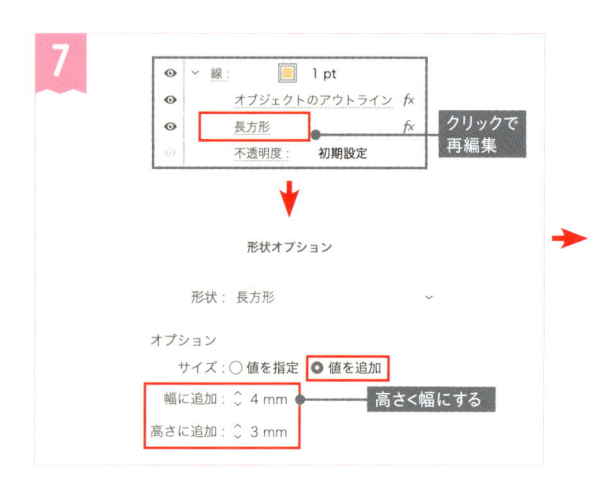

7 線の項目に複製した［長方形］効果をクリックして、設定を再編集します。背景のオビよりもひとまわり大きく、さらに高さより幅が大きくなるよう設定しましょう。

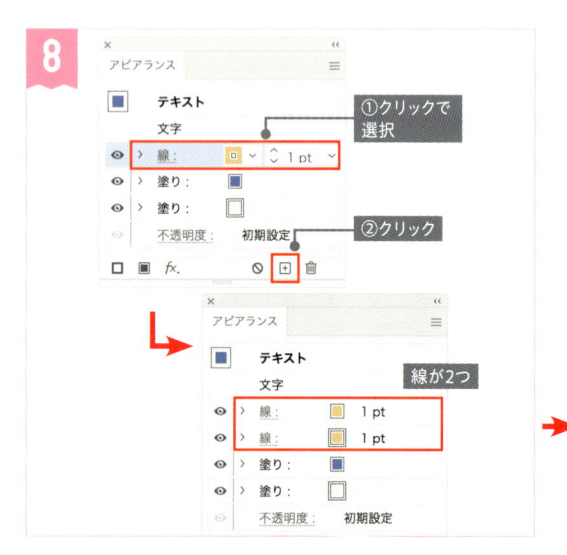

8 線の項目をクリックで選択し、［選択した項目を複製］をクリックします。2つのうちどちらでも良いので、線の項目内の［長方形］効果をクリックで再編集します。

項目の複製は option（ Alt ）+ドラッグで行ってもかまいません。

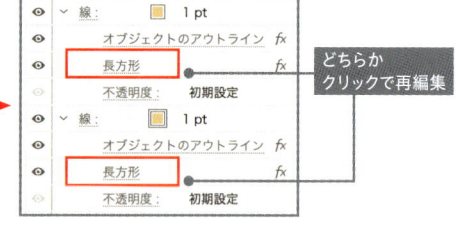

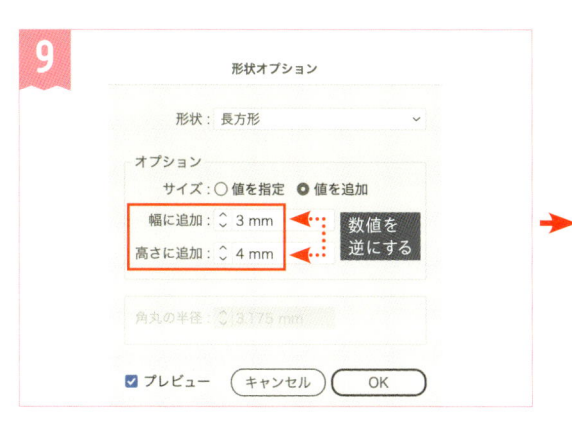

9

形状オプション

形状：長方形

オプション
サイズ：○ 値を指定　● 値を追加

幅に追加：↕ 3 mm ← 数値を逆にする
高さに追加：↕ 4 mm ←

角丸の半径：↕ 3.175 mm

☑ プレビュー　（キャンセル）（OK）

幅に追加と高さに追加の値を入れ替えて逆にしましょう。2つの罫線が十字に重なったような状態になります。［OK］のクリックでダイアログを閉じます。

10

［線］パネルなどから、2つの線のうちどちらかの［線幅］を少し太めに変更したら完成です。ここでは上の線幅を変更しています。

アピアランス

■ テキスト
　文字

線： 2 pt　少し太くする
　オブジェクトのアウトライン fx
　長方形 fx ← 値を追加　幅に追加：3mm　高さに追加：4mm
　不透明度：　初期設定

線： 1 pt
　オブジェクトのアウトライン fx
　長方形 fx ← 値を追加　幅に追加：4mm　高さに追加：3mm
　不透明度：　初期設定

塗り：■
　不透明度：　初期設定

塗り：□
　オブジェクトのアウトライン fx
　長方形 fx ← 値を追加　幅に追加：2mm　高さに追加：2mm
　不透明度：　初期設定

不透明度：　初期設定

バリエーション

［長方形］効果の数値や線の設定を変えるとバリエーションを作成できます。

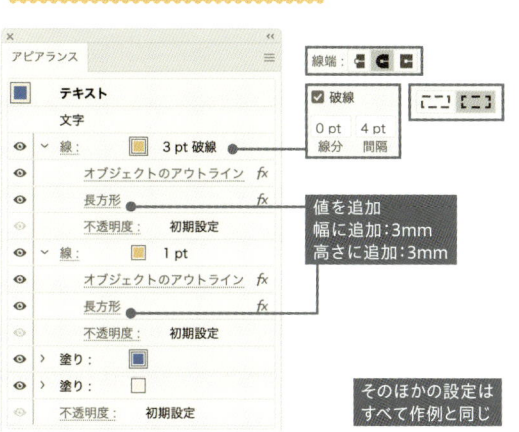

アピアランス

■ テキスト
　文字

線： 3 pt 破線 → 線端：▯ ▯ ▯　☑ 破線　0 pt 4 pt　線分 間隔　[⎯] [⎯]
　オブジェクトのアウトライン fx
　長方形 fx → 値を追加　幅に追加：3mm　高さに追加：3mm
　不透明度：　初期設定

線： 1 pt
　オブジェクトのアウトライン fx
　長方形 fx
　不透明度：　初期設定

塗り：■

塗り：□

不透明度：　初期設定

そのほかの設定はすべて作例と同じ

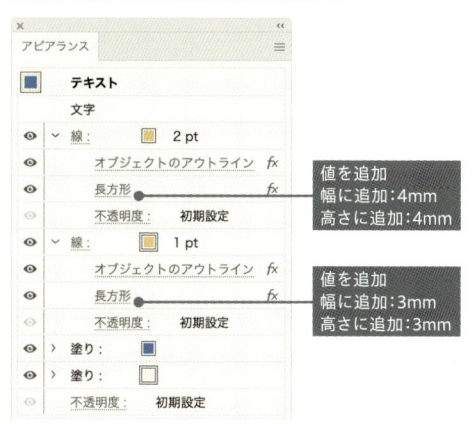

アピアランス

■ テキスト
　文字

線： 2 pt
　オブジェクトのアウトライン fx
　長方形 fx ← 値を追加　幅に追加：4mm　高さに追加：4mm
　不透明度：　初期設定

線： 1 pt
　オブジェクトのアウトライン fx
　長方形 fx ← 値を追加　幅に追加：3mm　高さに追加：3mm
　不透明度：　初期設定

塗り：■

塗り：□

不透明度：　初期設定

05
スパッ！と切れる文字

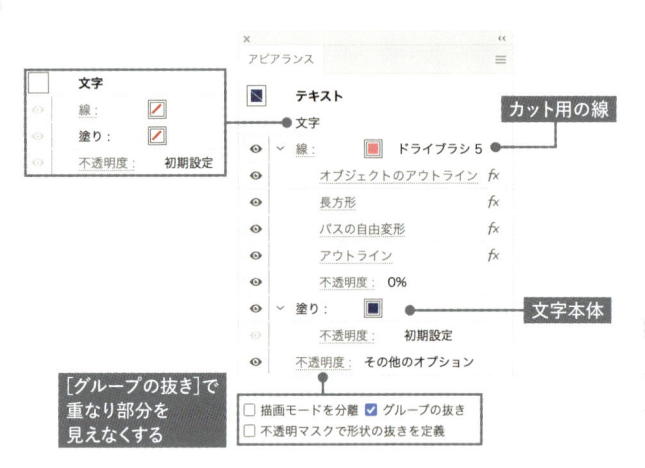

カット用の線

文字本体

[グループの抜き]で重なり部分を見えなくする

上に重ねた線でスパッと切れたように見える文字です。ザラッとした質感のブラシを組み合わせるとインパクトを出せます。

作例で使用しているフォント	
フォントファミリ	黒龍爽
フォントスタイル	Regular
フォントサイズ	60Q

1

好きな内容でテキストオブジェクトを作成し、[文字]パネルでフォントや文字の大きさなどを自由に設定しましょう。[カラー]パネルで線と塗り、どちらのカラーも[なし]にします。

ここでは[文字間のカーニング：オプティカル]も設定しています。

2

②一番上に

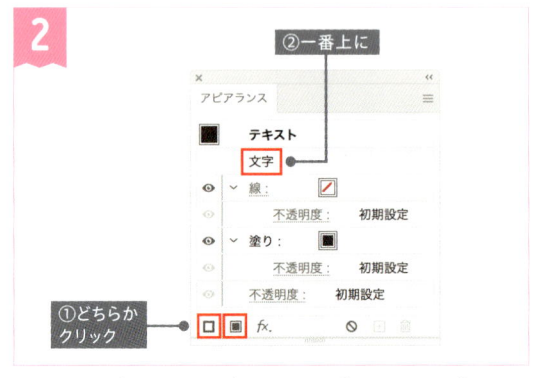

①どちらかクリック

テキストオブジェクトを選択したまま、[アピアランス]パネルで[新規線を追加]または[新規塗りを追加]のどちらかをクリックしましょう。項目が追加されたら、[文字]の項目をドラッグして一番上へ移動します。

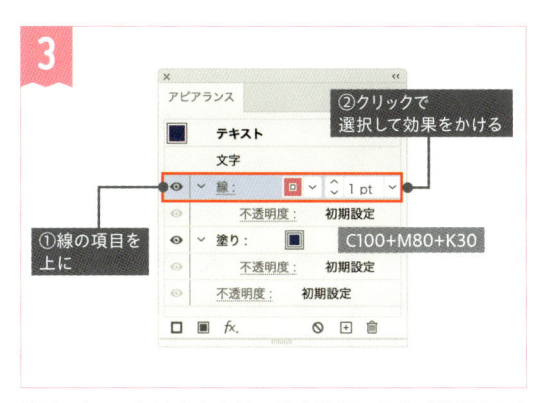

塗りのカラーには文字本体の色を適用します。線は見やすいカラーであればどんな色でもかまいません。線の項目は上に配置しましょう。
線の項目をクリックで選び、[オブジェクトのアウトライン]効果を適用します。

[効果]メニュー>[パス]>[オブジェクトのアウトライン]

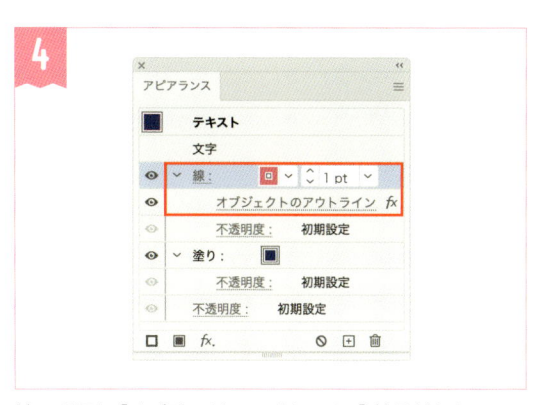

線の項目に[オブジェクトのアウトライン]効果がかかっているのを確認し、同じ線の項目を選んだまま[長方形]効果を適用しましょう。

[効果]メニュー>[形状に変換]>[長方形]

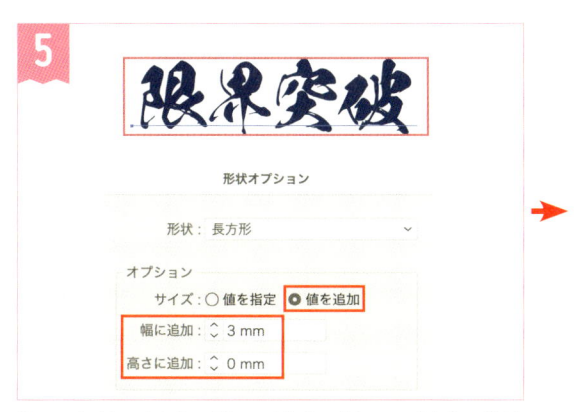

[サイズ：値を追加]で[幅に追加]と[高さに追加]に数値を入力します。文字本体よりも幅が少しだけ長くなるよう設定しましょう。[OK]のクリックで終了します。

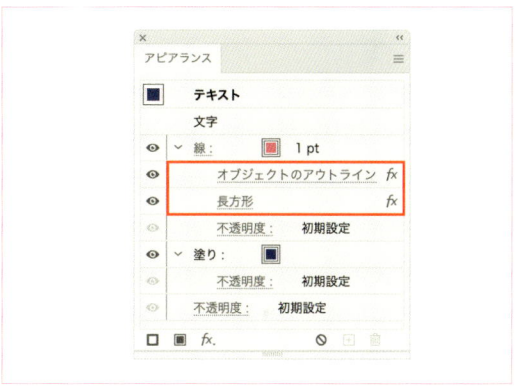

[オブジェクトのアウトライン]、[長方形]効果が順にかかり、囲み罫が文字に追従する状態になります。

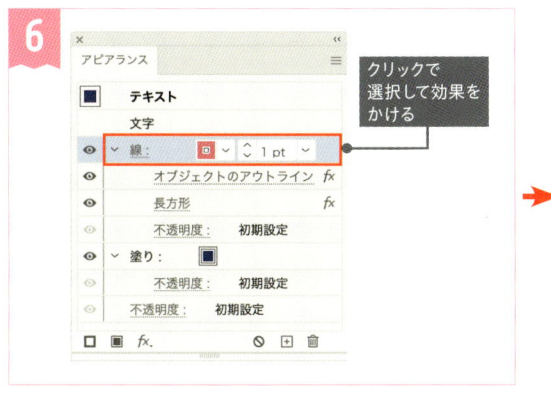

線の項目を選んだまま、[効果]メニュー>[パスの変形]>[パスの自由変形]を実行します。

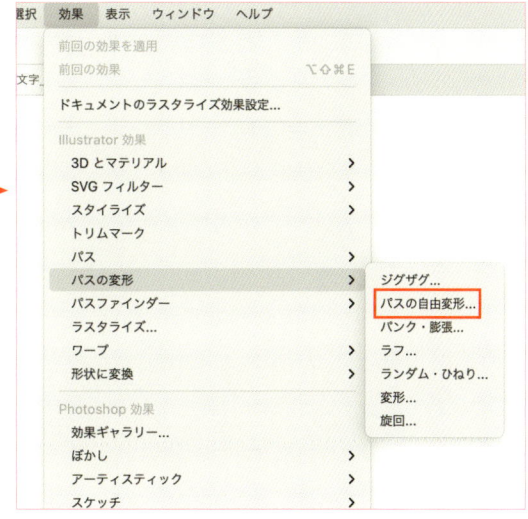

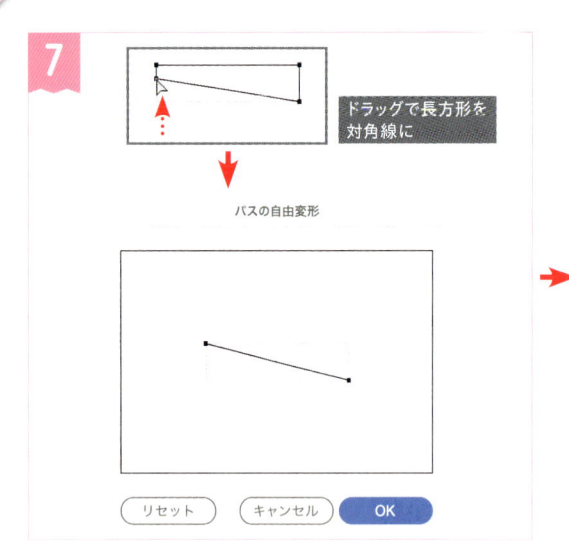

ドラッグで長方形を
対角線に

パスの自由変形

リセット　キャンセル　OK

表示されたダイアログでは、ドラッグ操作でパスのかたちを
調整できます。左下と右上のアンカーポイントをドラッグして、
図のような対角線にしましょう。
[OK]のクリックで終了します。

→アンダーラインの文字のアレンジ　P.39

この後の操作でブラシをきれいに適用するため、対角線をオープンパスに変換します。

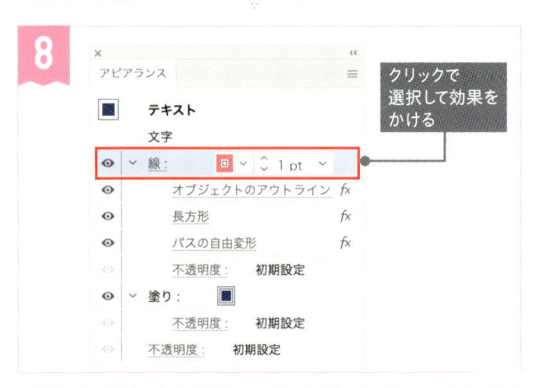

クリックで
選択して効果を
かける

線の項目を選んだ状態で、さらに[アウトライン]効果をかけ
ましょう。

[効果]メニュー>[パスファインダー]>[アウトライン]

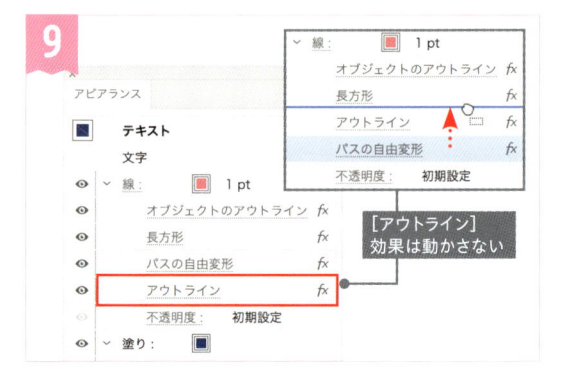

[アウトライン]
効果は動かさない

線の項目の中で、[アウトライン]効果が最後にかかるように
します。このとき、[アウトライン]効果の項目は触らずに他の
項目を動かして順番を調整しましょう。ここでは[パスの自由
変形]を動かして[アウトライン]効果の上に配置しました。

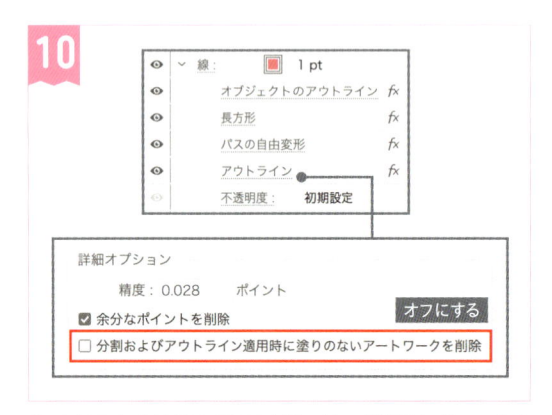

[アウトライン]効果の項目をクリックし、[詳細オプション]の
[分割およびアウトライン適用時に塗りのないアートワークを
削除]をオフに変更しましょう。

→線をオープンパスにするしくみについては P.37

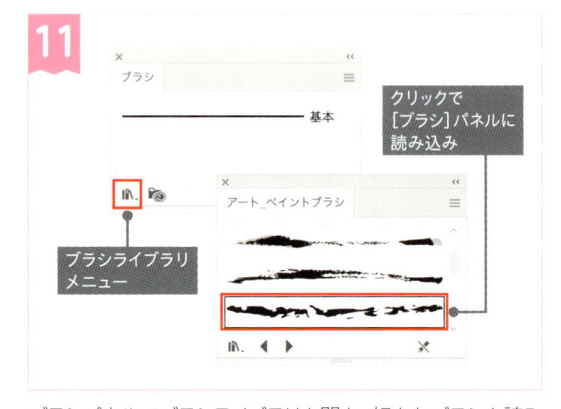

クリックで
[ブラシ]パネルに
読み込み

ブラシライブラリ
メニュー

ブラシパネルでブラシライブラリを開き、好きなブラシを読み
込みます。
ここでは[ブラシライブラリメニュー]から、[アート]>[アー
ト_ペイントブラシ]から[ドライブラシ3]を選びました。

→ブラシライブラリについては P.38

[ブラシ] パネルでサムネイルをクリックして、線にブラシを適用します。

[アート_ペイントブラシ] パネルからブラシを直接適用してもかまいません。

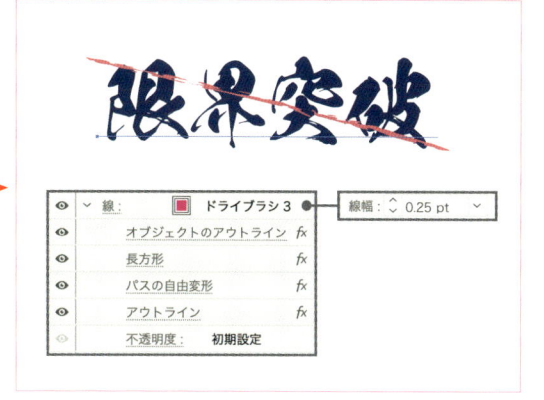

[線] パネルで [線幅] も調整しましょう。ブラシストロークが太すぎると文字が読みにくくなるため、ブラシの質感を損なわない程度の太さで設定します。

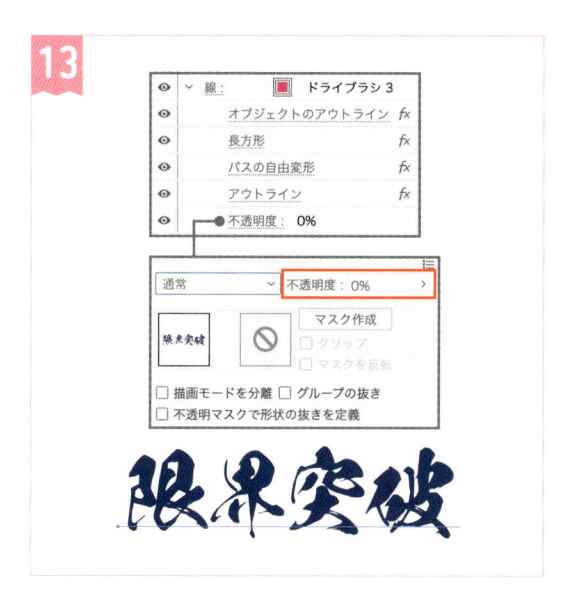

線の項目の不透明度をクリックして、[不透明度：0%] に設定します。文字本体に重なっているブラシストロークが見えなくなりますが、そのまま設定を続けましょう。

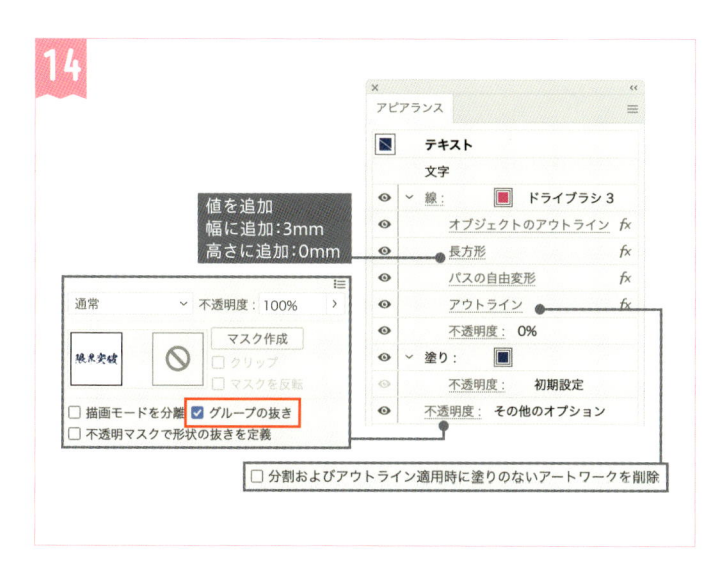

[アピアランス] パネルの一番下の行の [不透明度] をクリックし、[グループの抜き] をオンにしたら完成です。

オブジェクト全体に [グループの抜き] が有効になり、上に重ねたブラシのシルエットで文字本体が切り取られたような見た目になります。

テキストオブジェクトのアピアランスを理解しよう

作例ではアナログ感のあるブラシと筆文字を組み合わせましたが、線の状態や
フォントによって大きく印象を変えられます。

フォントファミリ：Wilko
フォントスタイル：Solid
フォントサイズ：120Q

背景パーツ
Y50

線を破線にした例です。［不透明度：0%］の線が一番上なら、
フチ文字など複数の項目を重ねた文字でも有効です。

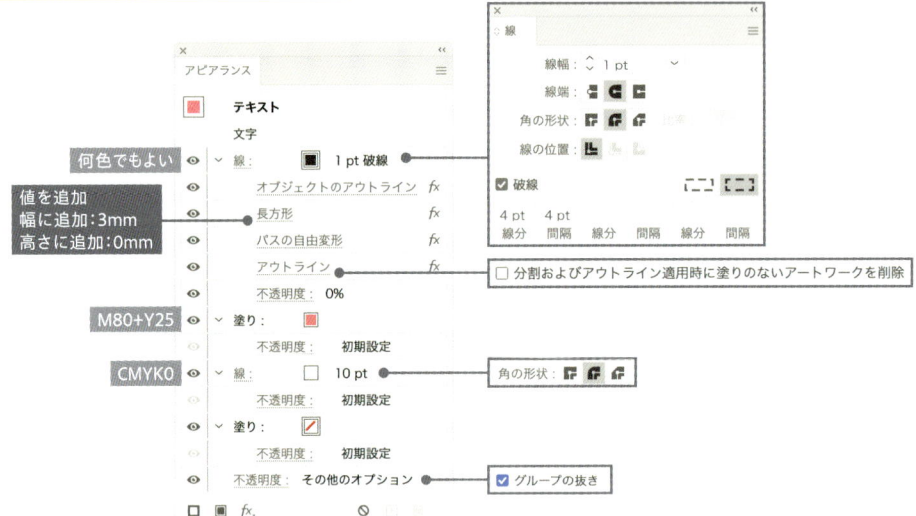

［グループの抜き］で処理した透明部分を分割したいときは、［オブジェクト］
メニュー>［透明部分を分割・統合］を使いましょう。
［アルファ透明部分を保持］オンで分割を実行すると、［グループの抜き］を
残さずに分割できます。

[不透明度：0%]のオブジェクトは残るものの、［グループの抜き］で
作成した形状をパスとして直接編集できるようになります。
［アピアランスを分割］ではオブジェクトのかたちが分割されるのみで、
［グループの抜き］の設定は残ってしまいます。

［グループの抜き］のしくみ

［透明］パネルで設定できる［グループの抜き］は、本来はグループ内の要素同士が透けるのを予防するためのオプションです。

この特性を活かし、［不透明度：0％］のオブジェクトをグループ内の最前面に配置すれば、重なり部分でマスクするような使い方ができます。

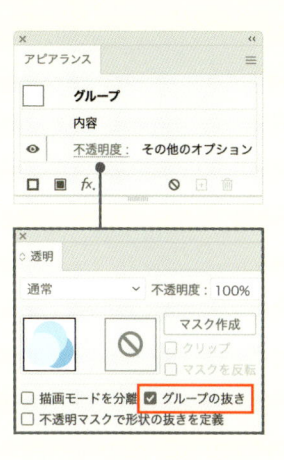

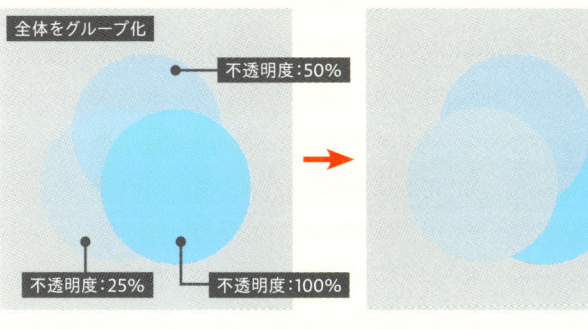

オブジェクト単体の不透明度を保持しながら、背面のオブジェクトのカラーを活かすことができます。

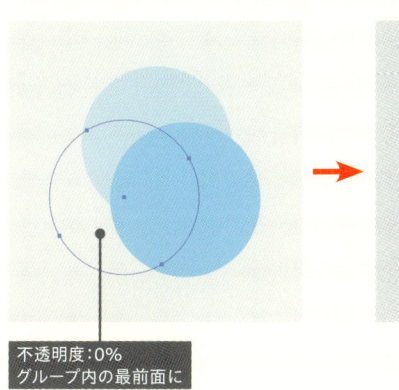

最前面のオブジェクトが［不透明度：0％］のときはマスクしたような見た目に仕上がります。

● PDFで確認するときの注意点

［グループの抜き］を使ったデータはPDFに書き出すことができますが、macOSのQuick Lookやプレビュー.appでは正しい体裁で表示されません。かならずAdobe Acrobatなどで確認しましょう。

今日のひとこと

カワイイもの巡り

『こだわりの逸品』

06
カギカッコの文字

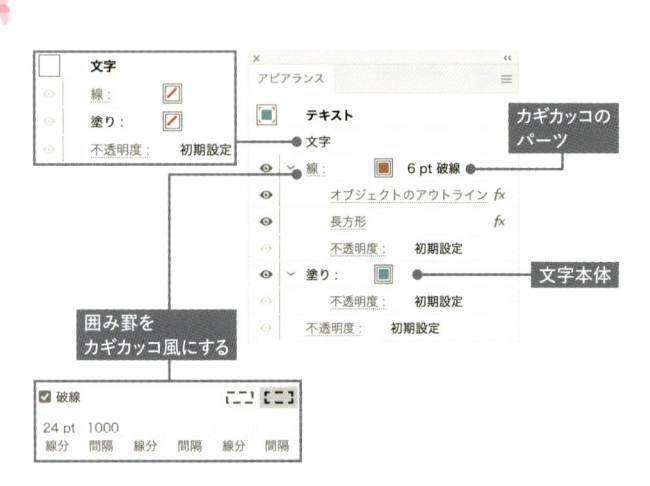

文字の四隅にカギカッコ型のパーツがつく文字です。文字に追従する囲み罫と、破線のオプションを組み合わせて作成しましょう。

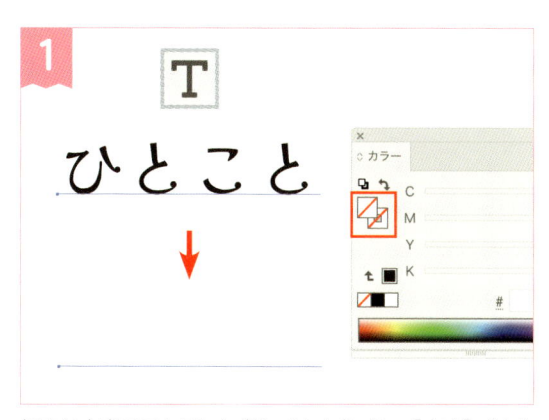

好きな内容でテキストオブジェクトを作成し、[文字] パネルでフォントや文字の大きさなどを自由に設定しましょう。[カラー] パネルで線と塗り、どちらのカラーも [なし] にします。

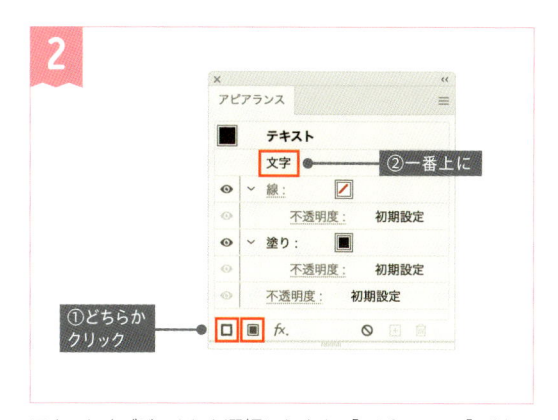

テキストオブジェクトを選択したまま、[アピアランス] パネルで [新規線を追加] または [新規塗りを追加] のどちらかをクリックしましょう。項目が追加されたら、[文字] の項目をドラッグして一番上へ移動します。

塗りに文字本体、線にカギカッコの色を設定します。重ね順は自由ですが、ここでは線を上にしました。
[アピアランス] パネルで線の項目をクリックして選び、[オブジェクトのアウトライン] 効果を適用します。

[効果]メニュー>[パス]>[オブジェクトのアウトライン]

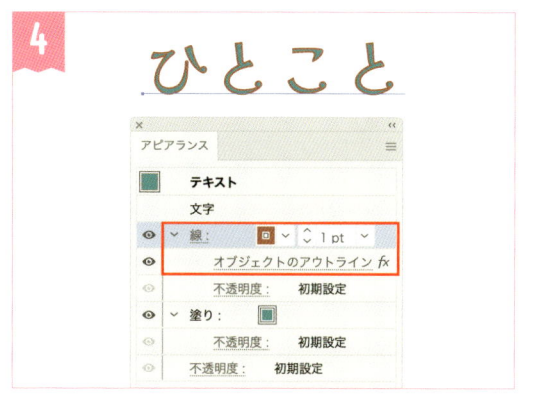

線の項目に [オブジェクトのアウトライン] 効果がかかっているのを確認し、同じ線の項目を選んだまま [長方形] 効果を適用しましょう。

[効果]メニュー>[形状に変換]>[長方形]

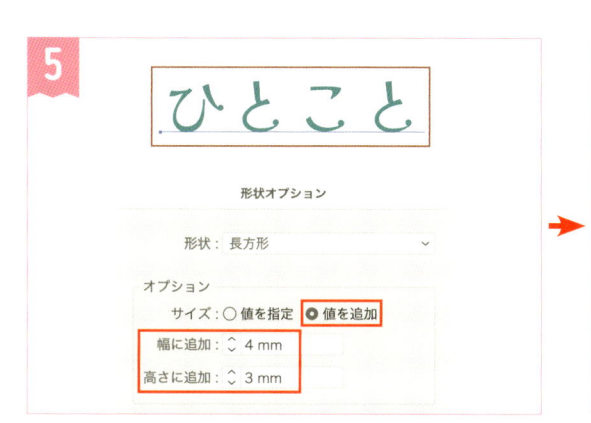

[サイズ：値を追加] で [幅に追加] と [高さに追加] に数値を入力します。カギカッコのパーツの位置をイメージして、文字本体よりもひとまわり大きな囲み罫にしましょう。[OK] のクリックで終了します。

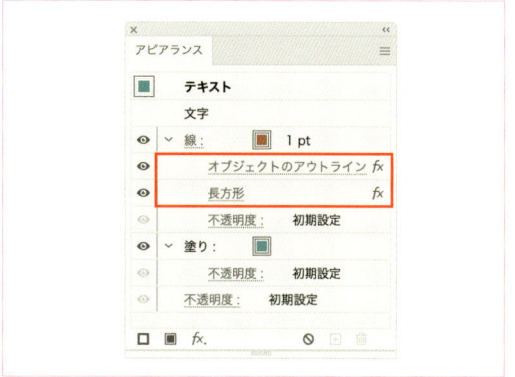

[オブジェクトのアウトライン]、[長方形] 効果が順にかかり、囲み罫が文字に追従する状態になります。

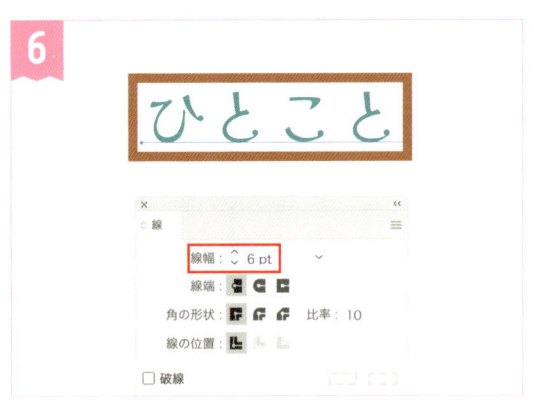

カギカッコの太さをイメージしながら、[線] パネルで [線幅] を設定しましょう。

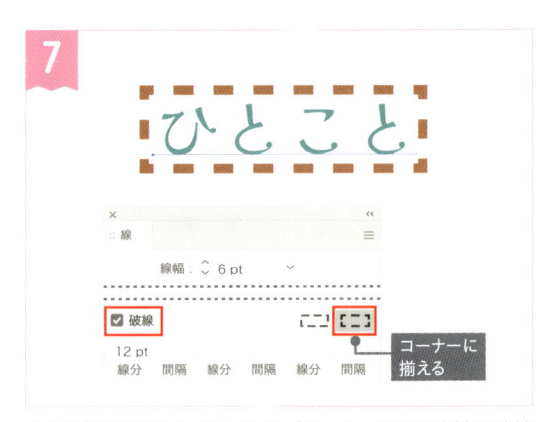

さらに [破線] をオンにします。[コーナーやパス先端に破線の先端を整列] にして、囲み罫の角で破線が揃うようにします。

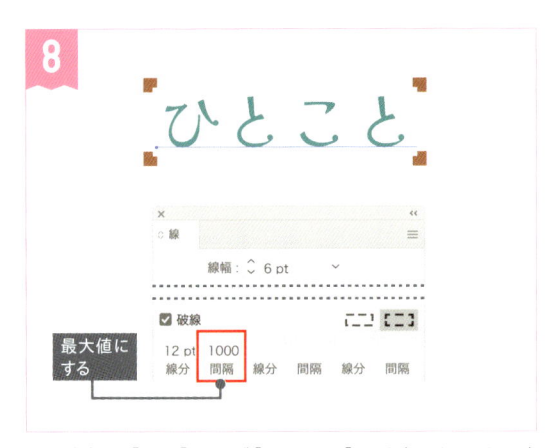

一番左側の [間隔] は必ず [1000pt] に設定しましょう。破線に広く間隔が空き、四隅だけに線が入った状態になります。

→破線の最大値については P.49

一番左側の [線分] に好きな数値を入力します。文字本体とバランスをとりながら、カギカッコらしい長さにしましょう。

図のような順番で効果がかかっていれば完成です。
シンプルな構造ですが、うまく作成できない場合は効果の順番や破線の設定を見直しましょう。

線で可能な装飾テクニックと組み合わせると、さまざまなバリエーションを作成できます。

[線]パネルで[線端：丸型線端]と[角の形状：ラウンド結合]に変更するとかわいらしい印象になります。このとき、[線幅]と破線の[線分]を同じくらいにすると、ハートのようなかたちになります。

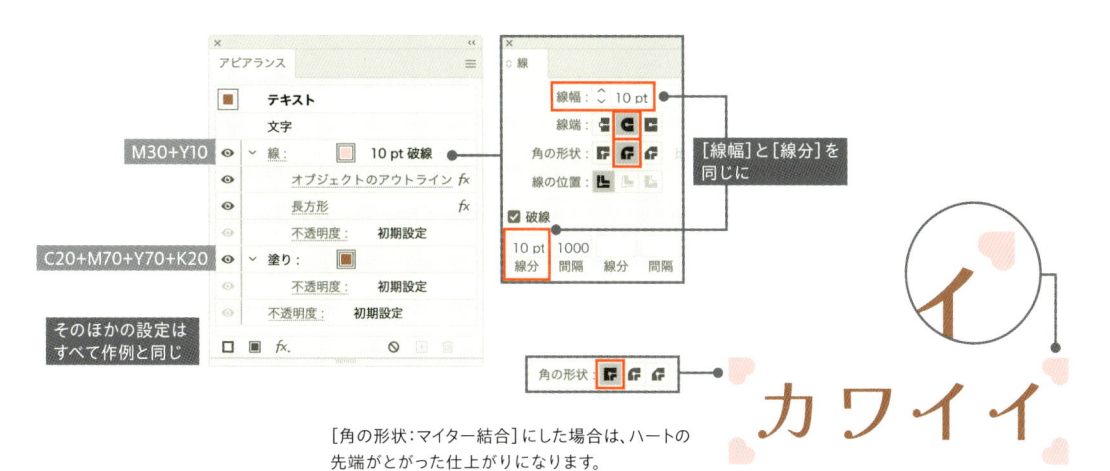

[角の形状：マイター結合]にした場合は、ハートの先端がとがった仕上がりになります。

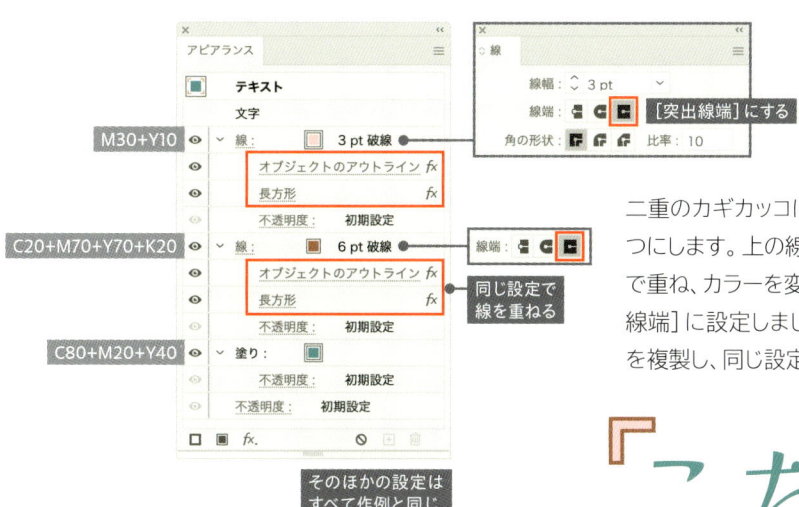

二重のカギカッコにしたいときは、線の項目を2つにします。上の線が細くなるように異なる線幅で重ね、カラーを変えます。どちらも[線端：突出線端]に設定しましょう。線にかかっている効果を複製し、同じ設定で効果を適用します。

『こだわり』

● 大きなサイズでの注意点

破線の最大値である[間隔：1000pt]を活用して作成しているため、文字全体の幅が1000pt（352.778 mm）を超える大きなサイズでは図のようになります。この場合は、破線ではなく他の方法で表現するのが無難です。

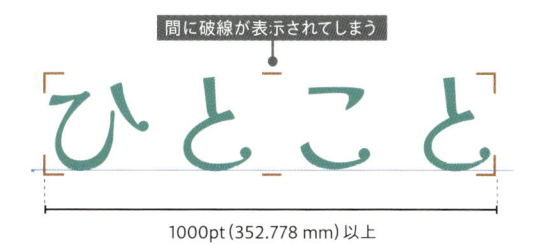

間に破線が表示されてしまう

1000pt（352.778 mm）以上

星空観察

Look up at the starry sky.

07
おほしさまの文字

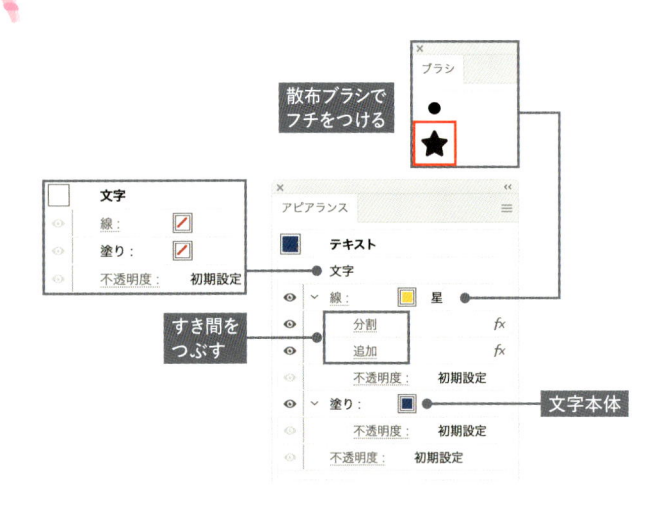

散布ブラシで
フチをつける

ブラシ

文字

文字	
線:	
塗り:	
不透明度:	初期設定

すき間を
つぶす

アピアランス

テキスト		
文字		
∨ 線:	星	
分割		fx
追加		fx
不透明度:	初期設定	
∨ 塗り:		
不透明度:	初期設定	
不透明度:	初期設定	

文字本体

文字のまわりを華やかに装飾する文字です。
フチ文字のすき間をつぶすテクニックと、散布
ブラシを組み合わせて作成します。

星空観察

作例で使用しているフォント

フォントファミリ	黒薔薇ゴシック
フォントスタイル	bold
フォントサイズ	60Q

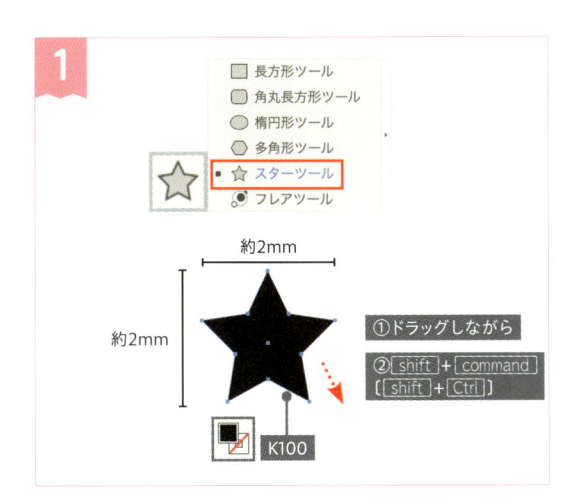

星形のオブジェクトで散布ブラシを作成します。

[スターツール]でドラッグを開始してから shift ＋ command 〔 shift ＋ Ctrl 〕キーを押して、図のようなバランスの星形を描きましょう。

できるだけ小さなサイズで作成し、塗りのカラーをK100、線のカラーはなしにします。

> ブラシにしたときに扱いやすくするため、できるだけ小さなサイズで描きます。自由な大きさ・バランスで描いた後に[選択ツール]で選択すると表示されるウィジェットや、[変形]パネルなどで調整してもかまいません。

作例の星形の設定
R1（第1半径）：1mm
R2（第2半径）：0.5mm
スターの角数：5

→ブラシ機能については P.80

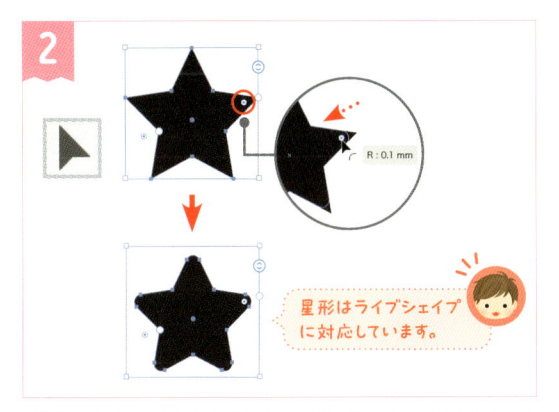

星形はライブシェイプに対応しています。

星形のオブジェクトを[選択ツール]で選択し、外側のコーナーウィジェットをドラッグします。星形の角を少しだけ丸めましょう。

> コーナーウィジェットが表示されていないときは、[表示]メニュー>[コーナーウィジェットを表示]で切り替えられます。

→ライブシェイプについては P.196

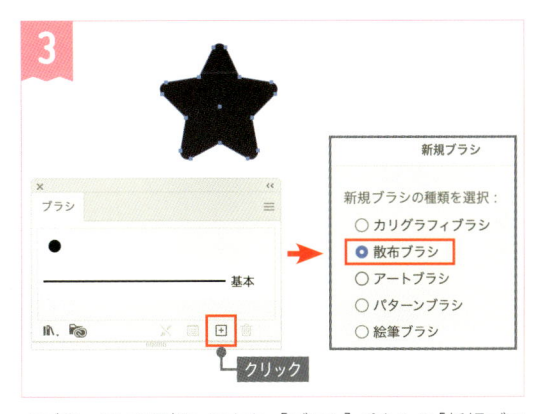

クリック

オブジェクトを選択したまま、[ブラシ]パネルの[新規ブラシ]ボタンをクリックします。[散布ブラシ]を選択して[OK]をクリックします。

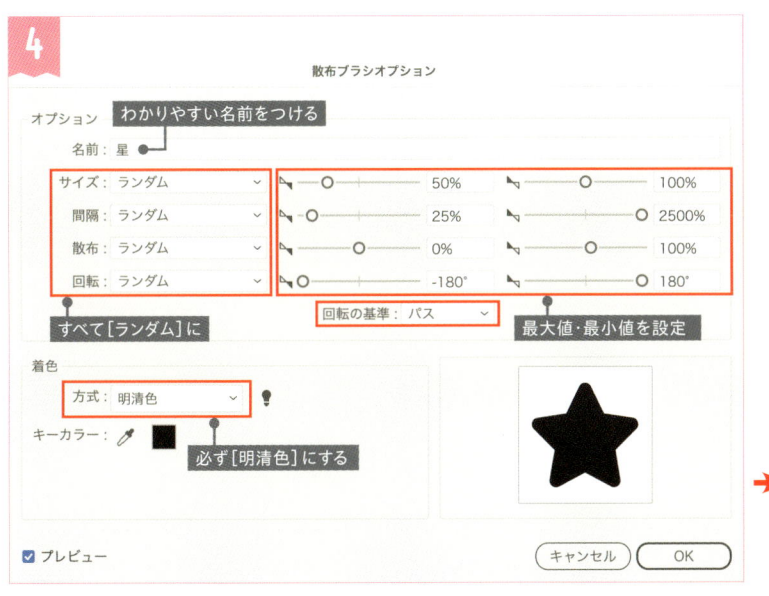

[サイズ]、[間隔]、[散布]、[回転]をすべて[ランダム]にしましょう。最大値・最小値は図のように設定します。着色は必ず[方式：明清色]にして、わかりやすい名前をつけましょう。

[OK]をクリックするとブラシとして登録されます。

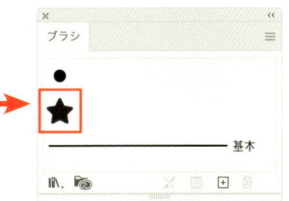

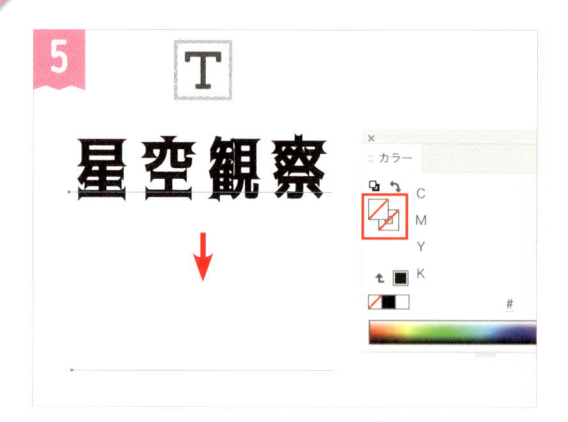

5

好きな内容でテキストオブジェクトを作成し、[文字] パネルでフォントや文字の大きさなどを自由に設定しましょう。[カラー] パネルで線と塗り、どちらのカラーも [なし] にします。

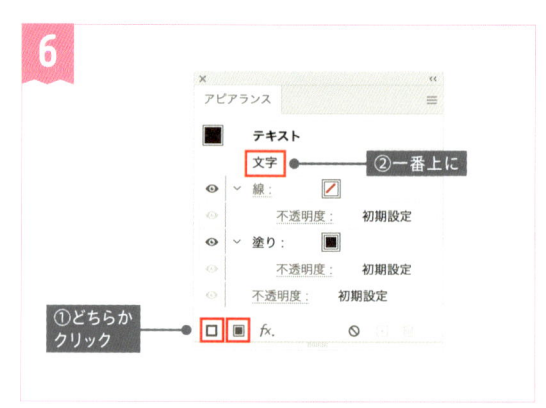

6

② 一番上に

① どちらか
クリック

テキストオブジェクトを選択したまま、[アピアランス] パネルで [新規線を追加] または [新規塗りを追加] のどちらかをクリックしましょう。項目が追加されたら、[文字] の項目をドラッグして一番上へ移動します。

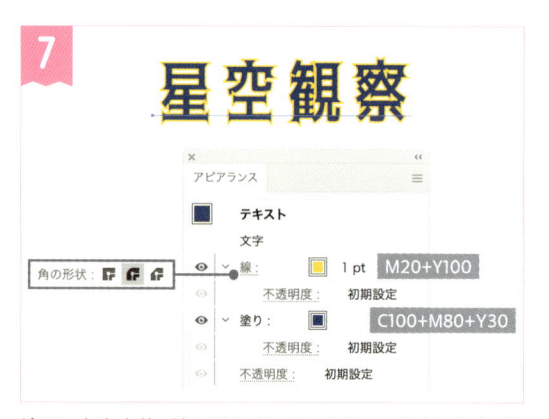

7

角の形状：

塗りに文字本体、線に星のパーツのカラーを設定します。線の項目は上に重ねましょう。

見やすくするため、ここでは線に [角の形状：ラウンド結合] を設定しています。

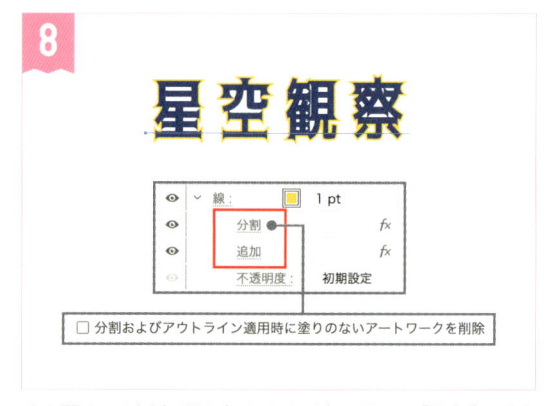

8

すき間をつぶす処理を加えます。線の項目に [分割] と [追加] 効果を順番にかけて、すき間を埋めたフチにしましょう。

[効果] メニュー>[パスファインダー]>[分割]／[追加]

→すき間をつぶしたフチ文字　P.54

9

クリックで適用

作成したブラシを線に適用したら完成です。[アピアランス] パネルで線の項目を選んでいる状態で、[ブラシ] パネルでサムネイルをクリックしましょう。星の大きさは [線幅] で調整できます。

きれいな結果にならないときは、[分割] と [追加] 効果を
線の項目へドラッグして、効果を再適用してみましょう。

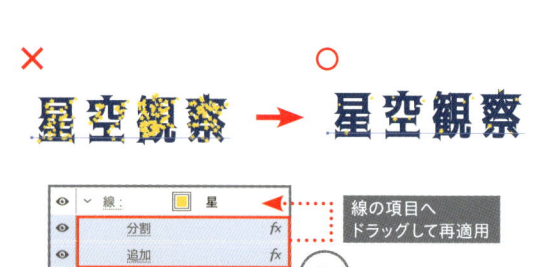

線の項目へ
ドラッグして再適用

散布ブラシに登録するオブジェクトを変えれば様々なアレンジが楽しめます。文字本体の塗りの下にもブラシを重ねると、奥行き感が生まれてさらに華やかです。

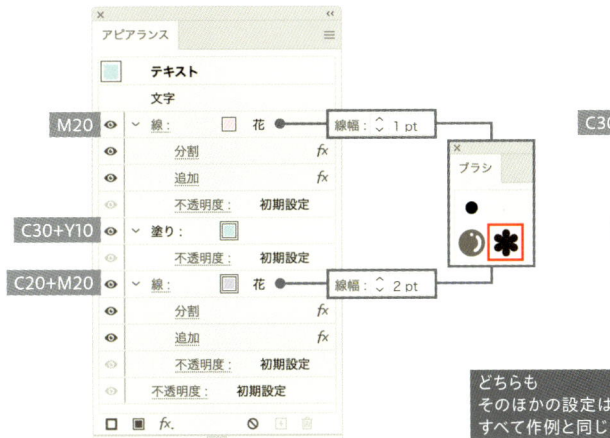

フォントファミリ：Girassol
フォントスタイル：Regular
フォントサイズ：100Q

花の散布ブラシ

正六角形に
[パンク・膨張：60%]を適用

シャボン玉の散布ブラシ

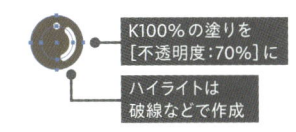

K100%の塗りを
[不透明度：70%]に

ハイライトは
破線などで作成

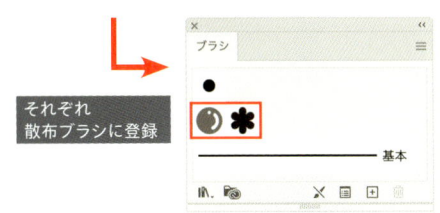

それぞれ
散布ブラシに登録

ブラシ用のオブジェクトはどちらも3mm四方程度の大きさで作成しています。散布ブラシの設定は作例と同じです。

お花の文字（上）

	テキスト		
	文字		
M20	線：	花	線幅：1 pt
	分割	fx	
	追加	fx	
	不透明度：	初期設定	
C30+Y10	塗り：		
	不透明度：	初期設定	
C20+M20	線：	花	線幅：2 pt
	分割	fx	
	追加	fx	
	不透明度：	初期設定	
	不透明度：	初期設定	

しゃぼん玉の文字（下）

	テキスト		
	文字		
C30+Y10	線：	しゃぼん	線幅：2 pt
	分割	fx	
	追加	fx	
	不透明度：	初期設定	
M20	塗り：		
	不透明度：	初期設定	
	不透明度：	初期設定	

どちらも
そのほかの設定は
すべて作例と同じ

散布ブラシのパーツで文字本体が隠れて読みにくくなる場合は、[パスのオフセット]効果を線に適用しましょう。線を外側に広げて文字本体との重なり具合を調整できます。[オフセット]の値はフォントサイズやブラシの大きさに応じて変更しましょう。

[効果]メニュー>[パス]>[パスのオフセット]

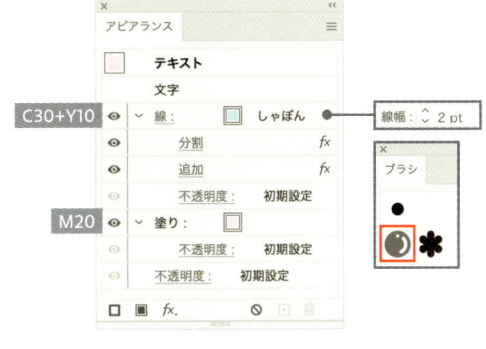

オフセット：1.5mm
角の形状：ラウンド

線の項目の中で
一番上に

[パスのオフセット]効果なし

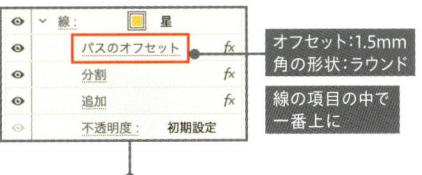

そのほかの設定は
すべて作例と同じ

ライブシェイプの基礎知識

対応するツールで描画した楕円形や多角形、長方形などの基本図形はライブシェイプとして扱われます。大きさだけでなく、角の形状や角度などを自由に変更できるのが特徴です。

● ライブシェイプに対応している図形

以下の図形はライブシェイプに対応しています。[選択ツール]での選択中に表示されるウィジェットのドラッグや、[変形]パネルでプロパティを編集して図形を調整できます。

長方形（角丸長方形）

楕円形

多角形

ドラッグで
扇形を調整

辺の数を
増減

長方形のプロパティ：

角の種類

楕円形のプロパティ：

扇形の開始・終了角度

多角形のプロパティ：

辺の数

半径

辺の長さ

4つの角でライブコーナーが有効です。それぞれ異なるかたちに設定できます。

角度を指定して円を扇形にできます。ウィジェットでも調整が可能です。

多角形の辺の数を後から自由に変更可能です。半径や辺の長さも数値で指定できます。

星形

直線

角数
第1半径

第2
半径

角数

スターのプロパティ：

線のプロパティ：

第1半径と
第2半径

R1 16.584 mm　6.334 mm R2

星の角数や第1半径、第2半径を変更できます。ウィジェットでも操作可能です。

回転で角度が変わっていても、正確に長さを指定できます。

● ライブシェイプの変換・拡張

アンカーポイントの増減や移動、パスファインダー処理などでかたちが変わると、ライブシェイプが通常のオブジェクトに拡張されることがあります。拡張後はプロパティを編集できませんので注意しましょう。

ライブシェイプに戻したいときは、オブジェクトを選択して[オブジェクト]メニュー>[シェイプ]>[シェイプに変換]を実行します。条件を満たしていれば、ペンツールで描いた図形などもライブシェイプに変換可能です。

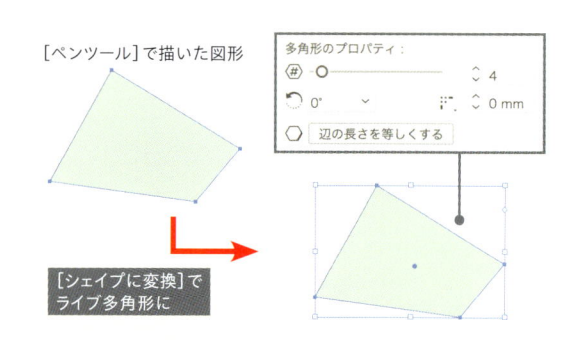

[ペンツール]で描いた図形

多角形のプロパティ：

辺の長さを等しくする

[シェイプに変換]で
ライブ多角形に

Chapter6

＋αの機能で装飾する

Happy Halloween

01 ダイナミックに動く文字 〈文字タッチツール〉

テキストを一文字ずつ変形してダイナミックに見せたい時は［文字タッチツール］が便利です。

文字をアウトライン化することなく、図形と同じような操作で大きさや角度、位置を編集できます。

作例で使用しているフォント	
フォントファミリ	Taurunum Ferrum
フォントスタイル	Iron
フォントサイズ	40Q

好きな内容でテキストオブジェクトを作成し、［文字］パネルでフォントや文字の大きさなどを自由に設定しましょう。作例では2つのテキストオブジェクトを作成して組み合わせます。

［選択ツール］などでテキストオブジェクトを選択し、［カラー］パネルで塗りに好きなカラーを適用します。

ここで設定しているのは文字属性のカラーです。その他の作例と同様の手順で、オブジェクト側のアピアランスを使っても問題ありません。

3

T 文字ツール　　　　　　　　(T)
⦿ エリア内文字ツール
↖ パス上文字ツール
↓T 文字 (縦) ツール
⦿ エリア内文字 (縦) ツール
↖ パス上文字 (縦) ツール
▪ ⦿ 文字タッチツール　(Shift+T)

クリック

一文字ずつ編集

ツールバーで［文字タッチツール］に切り替えましょう。
［文字タッチツール］でテキストオブジェクトをクリックすると、文字の周りにウィジェットが表示されます。ウィジェットをドラッグして、一文字ずつ自由に変形しましょう。

ツールバーに［文字タッチツール］がないときは、［ウインドウ］メニュー＞［ツールバー］＞［詳細］で切り替えて表示します。

各ウィジェットで調整できる書式設定は図の通りです。
文字の移動は塗りの部分のドラッグでも可能です。

文字回転

垂直比率

垂直比率と水平比率

水平比率

ベースラインシフトと
文字間のカーニング

4

自由に変形した2つのテキストオブジェクトを組み合わせて完成です。

改行で複数行にしたテキストオブジェクトでも作成可能ですが、必ず下の行が前面になります。読みにくくならないよう注意しましょう。

筆文字のフォントを大胆に見せたいときも［文字タッチツール］が便利です。
テキスト全体の筆の流れや空間を意識して強弱をつけましょう。

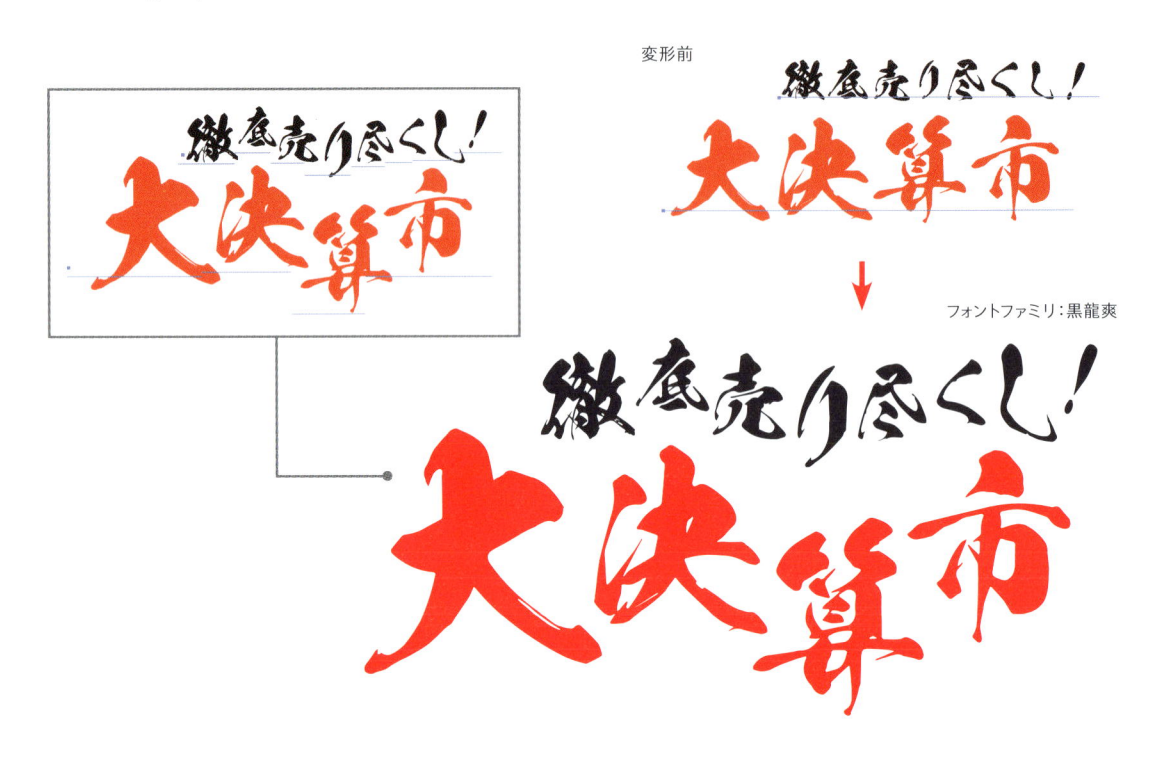

変形前

フォントファミリ：黒龍爽

● 極端な変形に注意

［文字タッチツール］の変形は［文字］パネルで設定できる書式に反映されています。あまりにも大胆に文字を動かすと、設定値が大きくなるだけでなく、操作に支障が出ることもあるため注意が必要です。
また、極端な変形は書式設定で対応しきれないこともあります。さらに自由に文字を動かしたい場合は、その他の方法も検討しましょう。

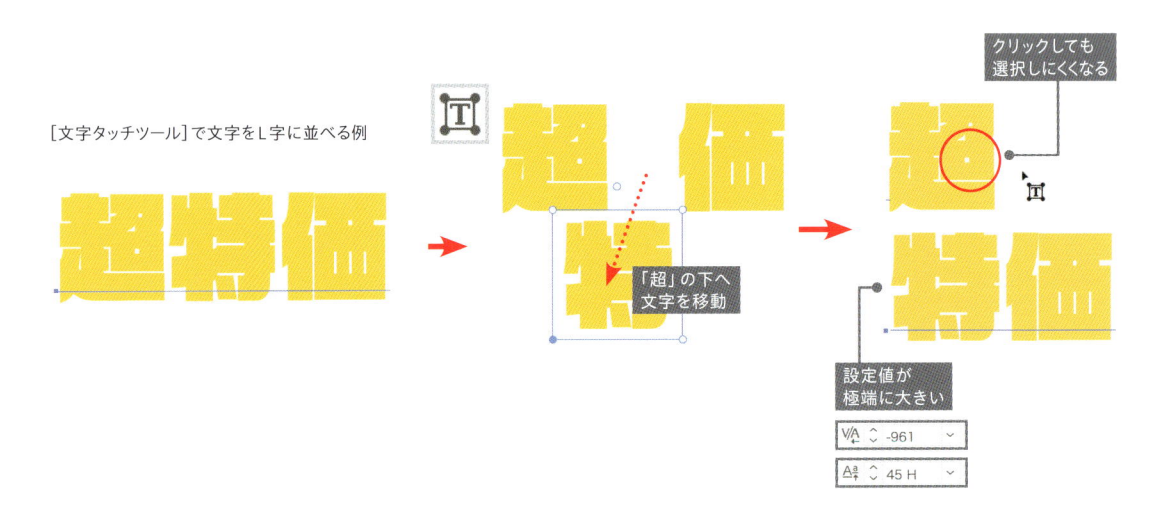

［文字タッチツール］で文字をL字に並べる例

「超」の下へ文字を移動

クリックしても選択しにくくなる

設定値が極端に大きい

VA -961
A♯ 45 H

●［文字タッチツール］でもっとダイナミックに

その他の作例を［文字タッチツール］でアレンジした例です。動きや立体感のある文字に対し、さらにインパクトを持たせることができます。

本書の作例は［アウトラインを作成］をかけずにテキストオブジェクトを活かしたものがほとんどのため、［文字タッチツール］での編集が自由に行えます。こうした機能どうしの組み合わせもIllustratorならではの表現手法です。

変更前　　　　　　　　　　　　　　　　　　　　［文字タッチツール］で編集

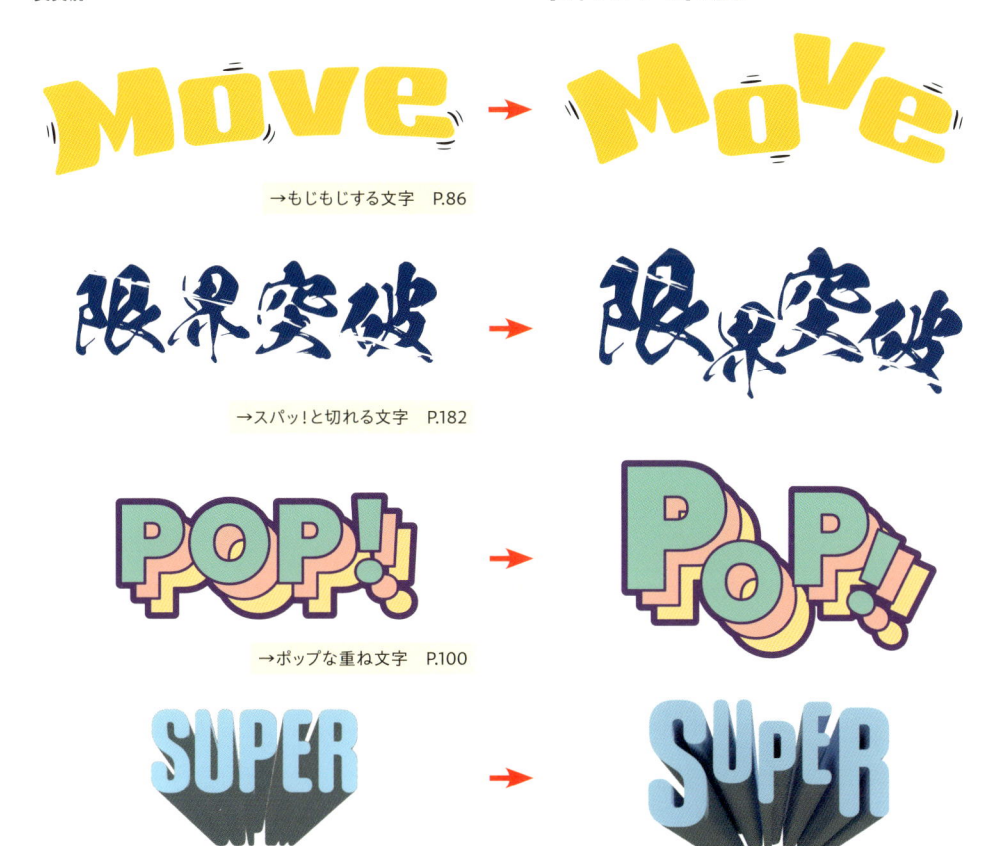

→もじもじする文字　P.86

→スパッ！と切れる文字　P.182

→ポップな重ね文字　P.100

→びよ〜んと飛び出す文字　P.150

●［文字タッチツール］を使うには

［文字］パネルメニュー＞［文字タッチツール］で表示されるボタンでも［文字タッチツール］に切り替えられます。

［文字タッチツール］は文字の変形だけでなく、一文字ずつ文字のカラーを変えたいときにも便利です。頻繁に使う場合は shift ＋ T キーを押して、ショートカットで切り替えても良いでしょう。

→［文字タッチツール］と文字属性のアピアランスについてはP.45

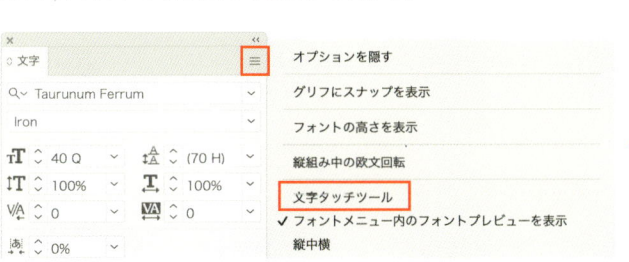

02 写真を切り抜いた文字 〈クリッピングマスク〉

文字のかたちで写真を切り抜くテクニックです。写真をしっかり見せたい場合は太めのフォントで作成しましょう。アウトライン化せずに作成するため、文字の修正やフォント変更にも対応できます。

作例で使用しているフォント	
フォントファミリ	Salbabida Sans Pro
フォントスタイル	Regular
フォントサイズ	100Q

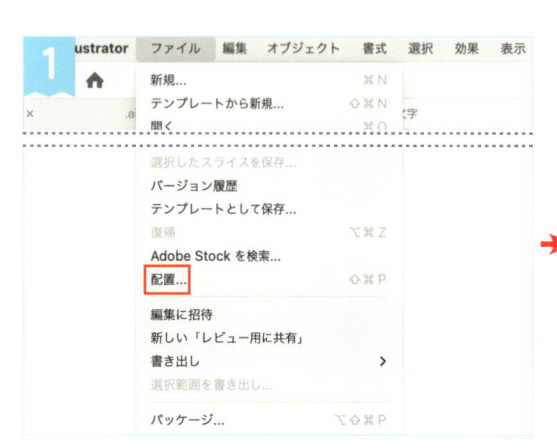

まずはマスクするための画像を配置しましょう。[ファイル]メニュー>[配置]を実行します。

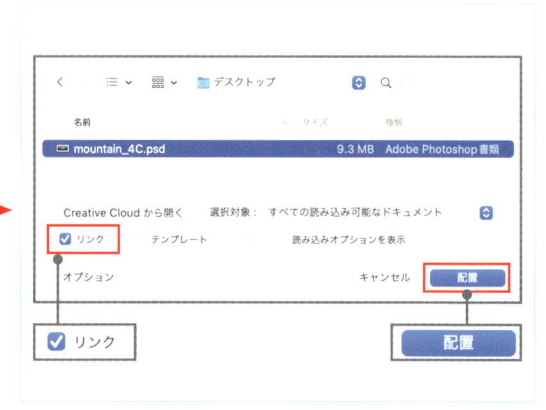

ダイアログで配置する画像ファイルを選択します。ここでは[リンク]をオンにして進めます。設定できたら[配置]をクリックしましょう。　[リンク]をオフにすると埋め込みで配置できます。

図のようなカーソルに切り替わったら好きな位置に画像を配置しましょう。クリックなら画像データの原寸、ドラッグなら自由な大きさで配置できます。

[文字ツール]に切り替えます。好きな内容でテキストオブジェクトを作成し、[文字]パネルでフォントや文字の大きさなどを自由に設定しましょう。ここでは見やすいカラーに変更していますが、デフォルトの黒い塗りのままでもかまいません。

[選択ツール]などでテキストオブジェクトを移動します。仕上がりをイメージしながら、画像の前面にテキストオブジェクトを重ねましょう。

[選択ツール]で shift +クリックするか、2つを含むようにドラッグで囲んで、テキストオブジェクトと画像の両方を選択します。
command （ Ctrl ）+ 7 キーを押して、クリッピングマスクを作成しましょう。前面のテキストオブジェクトで画像が切り抜かれます。

> クリッピングマスクは以下の方法でも作成できます。よく使う機能のため、作例のようにショートカットで実行するのがおすすめです。
>
> ・[オブジェクト]メニュー>[クリッピングマスク]>[作成]
> ・コンテキストメニュー（右クリックメニュー)>[クリッピングマスク]
> ・[プロパティ]パネル>[クイック操作]の[クリッピングマスクを作成]

6

クリッピングマスクのグループ全体を選択したまま、［オブジェクトのアウトライン］効果を適用します。
グループ全体に効果がかかり、［アピアランス］パネルが図のような状態になっていれば完成です。

［効果］メニュー>［パス］>［オブジェクトのアウトライン］

テキストオブジェクトでクリッピングマスクを作成しただけの状態では、
文字本体とマスクの結果がわずかにズレています。
作例では［オブジェクトのアウトライン］効果の適用でこのズレを解消し
ています。［アウトラインを作成］と異なり、効果でアウトライン化してい
るため、文字の打ち替えやフォントの変更にも対応できます。

［表示］メニュー>［スマートガイド］でスマートガイドをオン
に切り替え、［選択ツール］などのカーソルで文字をマ
ウスオーバーするとズレを確認できます。

［オブジェクトのアウトライン］効果なし

［オブジェクトのアウトライン］効果なし

［オブジェクトのアウトライン］効果あり

マスクに使用するテキストオブジェクトのフォントサイ　　フォントファミリ：小塚ゴシック
ズが小さくなるほど、このズレはより顕著になります。　　フォントスタイル：EL
　　　　　　　　　　　　　　　　　　　　　　　　　　　フォントサイズ：12Q

● マスク内の画像を選択したいときは

移動や拡大・縮小などのためにマスク内の画像を選択したいときは、[コントロール] パネルの [オブジェクトを編集] ボタンをクリックしましょう。画像だけをすばやく選択できます。

同様に、右クリック（または control ＋クリック）で表示されるコンテキストメニューの [選択クリッピングマスク編集モード] も活用しましょう。編集モード中は、[選択ツール] などでマスクの外側をクリックすると画像だけを選択できます。クリッピングマスクの編集だけに集中したいときも便利なモードです。

[コントロール]パネルを使う

[選択クリッピングマスク編集モード]を実行する

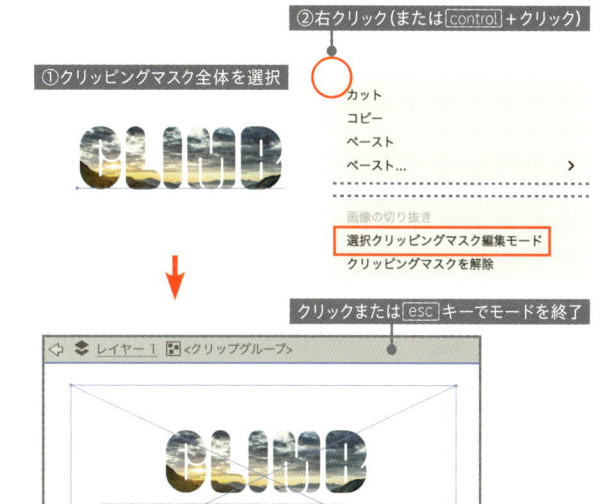

[コントロール]パネルは[ウインドウ]メニューから表示できます。

複数のテキストオブジェクトをマスクにしたいときは、全体を複合シェイプにして作成します。この場合はズレが発生しないため、[オブジェクトのアウトライン] 効果は不要です。

→複合シェイプについては P.95

複合シェイプにする

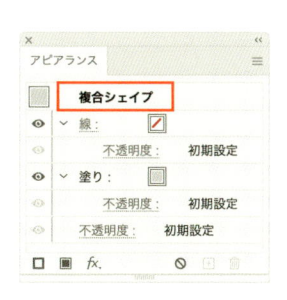

クリッピングマスクを作成

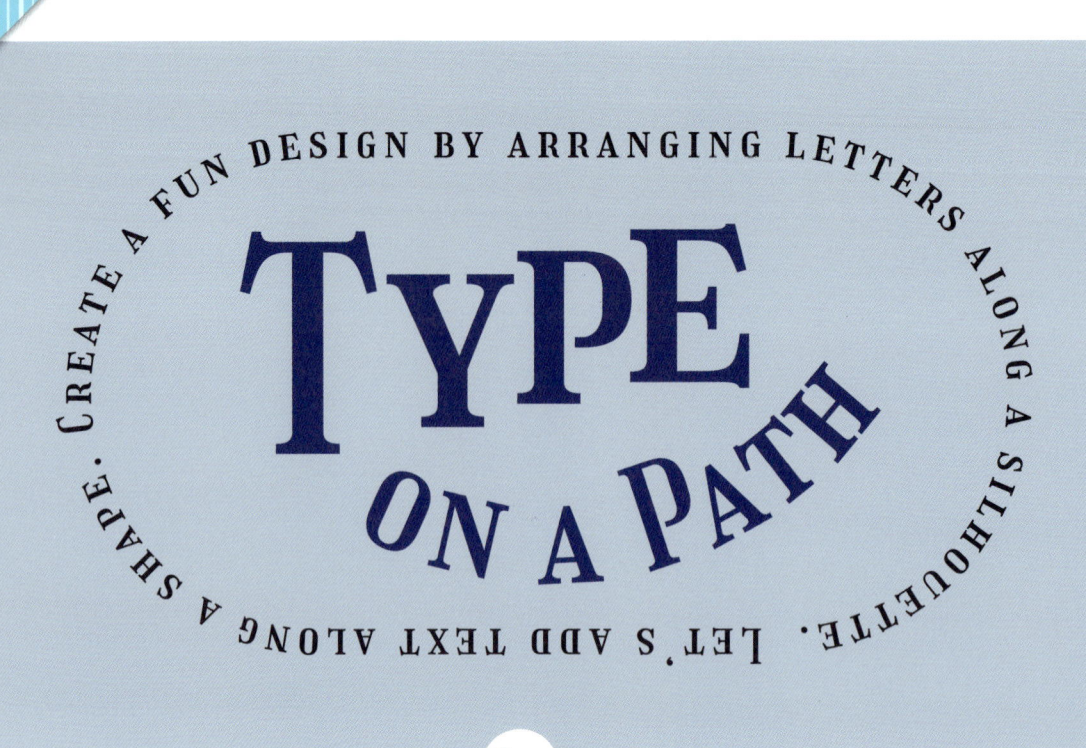

CREATE A FUN DESIGN BY ARRANGING LETTERS ALONG A SILHOUETTE. LET'S ADD TEXT ALONG A SHAPE.

TYPE ON A PATH

03

かたちに沿う文字〈パス上文字〉

図形やイラストのシルエットなど、かたちに沿わせて文字を並べるにはパス上文字を作成します。オープンパス、クローズパスどちらでも作成可能です。

作例で使用しているフォント	
フォントファミリ	Girassol
フォントスタイル	Regular
フォントサイズ	（大きいものから順に）120Q、60Q、20Q

1

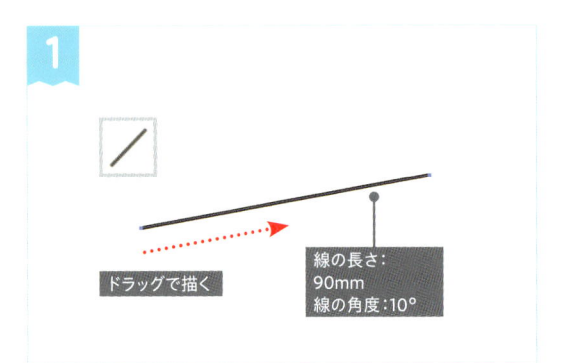

はじめに、オープンパスでパス上文字を作成しましょう。[直線ツール] でドラッグして直線を描きます。角度や線の長さは自由ですが、ここでは斜めの直線で進めます。

2

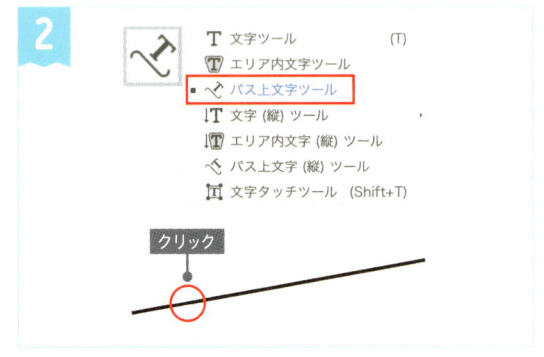

ツールバーで [パス上文字ツール] に切り替えてパス上をクリックします。パス上文字が作成されて、クリック位置から文字を入力できる状態になります。

もとのオブジェクトに塗りや線のカラーを設定している場合は、この時点でなしになります。

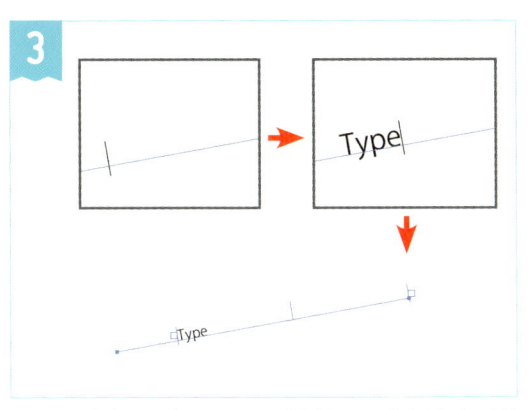

3 そのまま文字を入力しましょう。[選択ツール]などに切り替えるか、esc キーを押すと編集を終了できます。

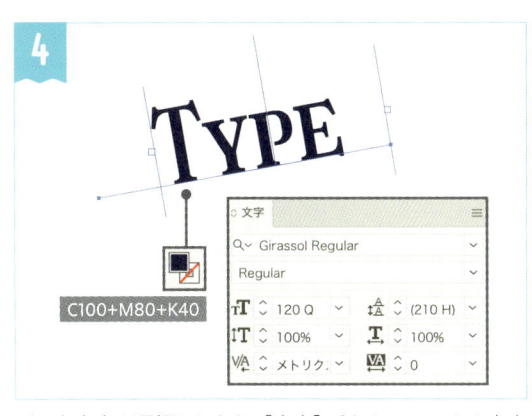

4 パス上文字を選択したまま、[文字]パネルでフォントや文字の大きさなどを設定します。[カラー]パネルで塗りと線のカラーも自由に変更しましょう。

> ここでは文字属性でカラーを設定しています。その他の作例と同様の手順で、オブジェクト側のアピアランスを使っても問題ありません。

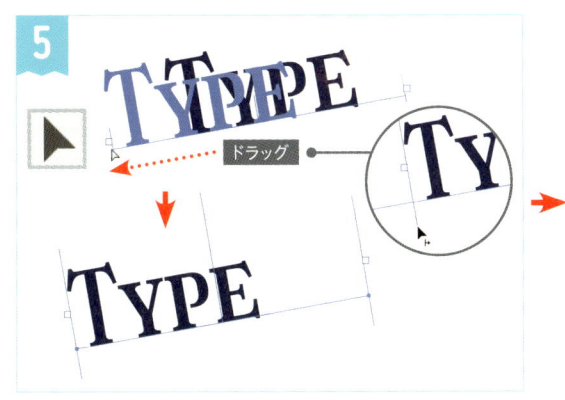

5 [選択ツール]または[ダイレクト選択ツール]で左右のブラケットをドラッグすると、文字をおさめる範囲を調整できます。ここではそれぞれパスの端まで広げました。

> 文字があふれるとパスの端に「+」マークが表示されます。

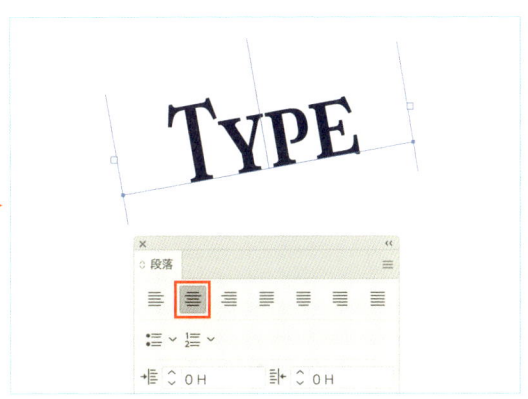

この状態で[段落]パネルで[中央揃え]に設定しましょう。パスの中央を基準に文字が揃います。

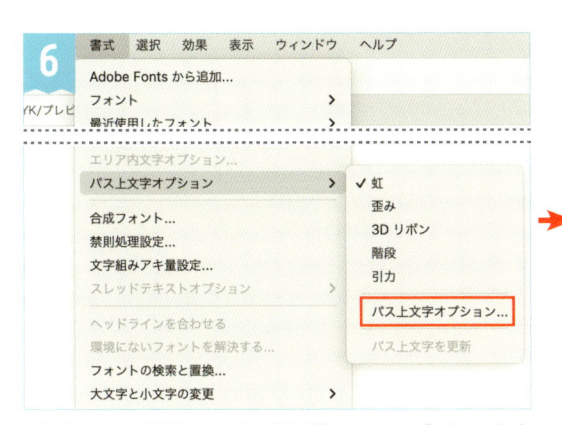

6 パス上文字を選択したまま、[書式]メニュー>[パス上文字オプション]を実行します。

> メニューでもオプションを変更できますが、ダイアログではプレビューしながら設定できます。

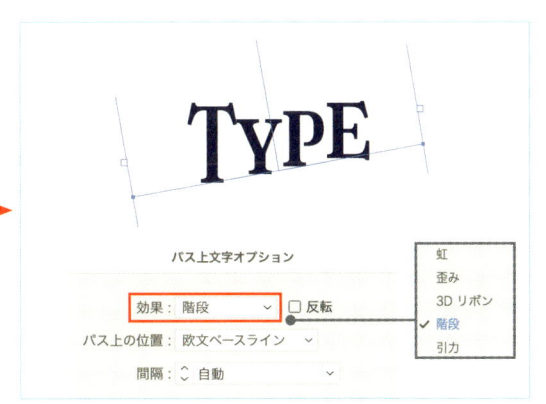

[パス上文字オプション]ダイアログで[効果]を変更します。デフォルトの[虹]から[階段]にしましょう。パスの角度に合わせて傾いていた文字がまっすぐ並びます。[OK]のクリックで終了します。

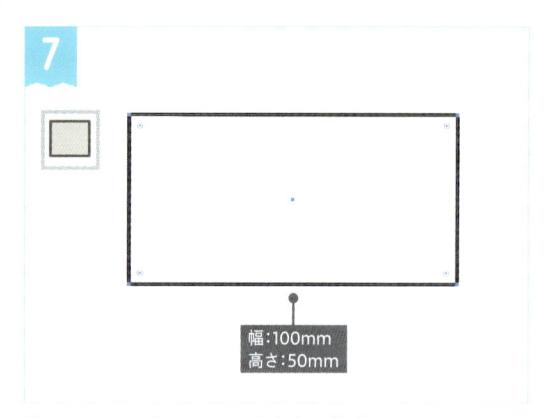

7

幅：100mm
高さ：50mm

続いてクローズパスでパス上文字を作成します。ここでは長方形を使用します。[長方形ツール]でドラッグまたはクリックして、自由な大きさの長方形を描きましょう。

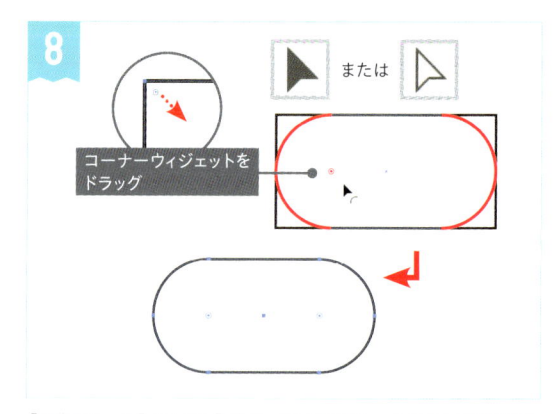

8

または

コーナーウィジェットをドラッグ

[選択ツール]または[ダイレクト選択ツール]で長方形の角のコーナーウィジェットをドラッグして、最大値まで角を丸めます。

描画直後は[長方形ツール]のままでもコーナーウィジェットを操作できます。コーナーウィジェットが表示されていないときは、[表示]メニュー>[コーナーウィジェットを表示]で切り替えましょう。

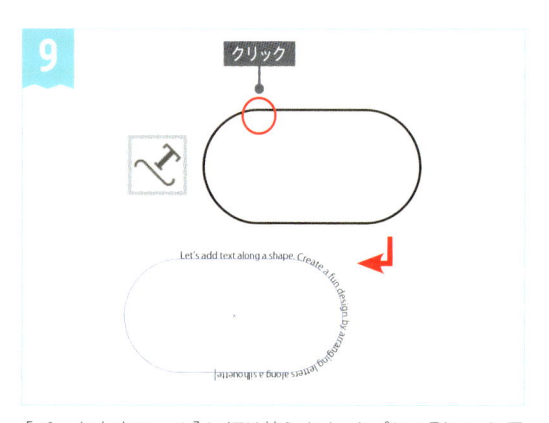

9

クリック

Let's add text along a shape. Create a fun design by arranging letters along a silhouette.

[パス上文字ツール]に切り替えます。カプセル型にした長方形のパス上をクリックし、パス上文字に変換します。
自由に文字を入力したら、[選択ツール]などに切り替えるか、[esc]キーを押して編集を終了します。

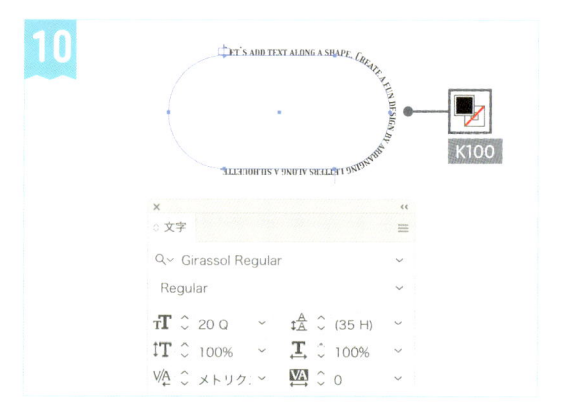

10

LET'S ADD TEXT ALONG A SHAPE. CREATE A FUN DESIGN BY ARRANGING LETTERS ALONG A SILHOUETTE.

K100

× 文字

Q～ Girassol Regular

Regular

T ⌃ 20 Q ～　A ⌃ (35 H)
T ⌃ 100% ～　T ⌃ 100%
VA ⌃ メトリク.～　VA ⌃ 0

パス上文字を選択したまま、[文字]パネルでフォントや文字の大きさなどを設定します。[カラー]パネルで塗りと線のカラーも自由に変更しましょう。

パス全体を文字で囲むため、[文字]パネルで[トラッキング]を設定し、パスから溢れない程度に文字間を広げて完成です。オープンパスで作成したパス上文字と同様に、ブラケットの位置はドラッグで変更できます。必要に応じて調整しましょう。

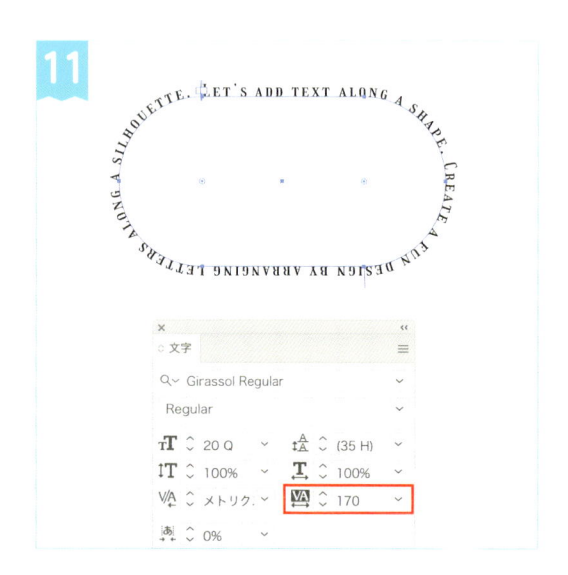

11

LET'S ADD TEXT ALONG A SHAPE. CREATE A FUN DESIGN BY ARRANGING LETTERS ALONG A SILHOUETTE.

× 文字

Q～ Girassol Regular

Regular

T ⌃ 20 Q ～　A ⌃ (35 H)
T ⌃ 100% ～　T ⌃ 100%
VA ⌃ メトリク.～　VA ⌃ 170
⌃ 0%

[欧文合字]オン

文字間を広げると不自然になるため、ここでは[OpenType]パネルで[欧文合字]をオフにしています。

× OpenType

数字： デフォルトの数字
位置： デフォルトの位置

オフ fi 𝒪 st

 バリエーション

［円弧ツール］などで描いた曲線でパス上文字を作成するのも定番の使い方です。
文字の位置を反転したいときは、中央のブラケットを反対側へドラッグしましょう。

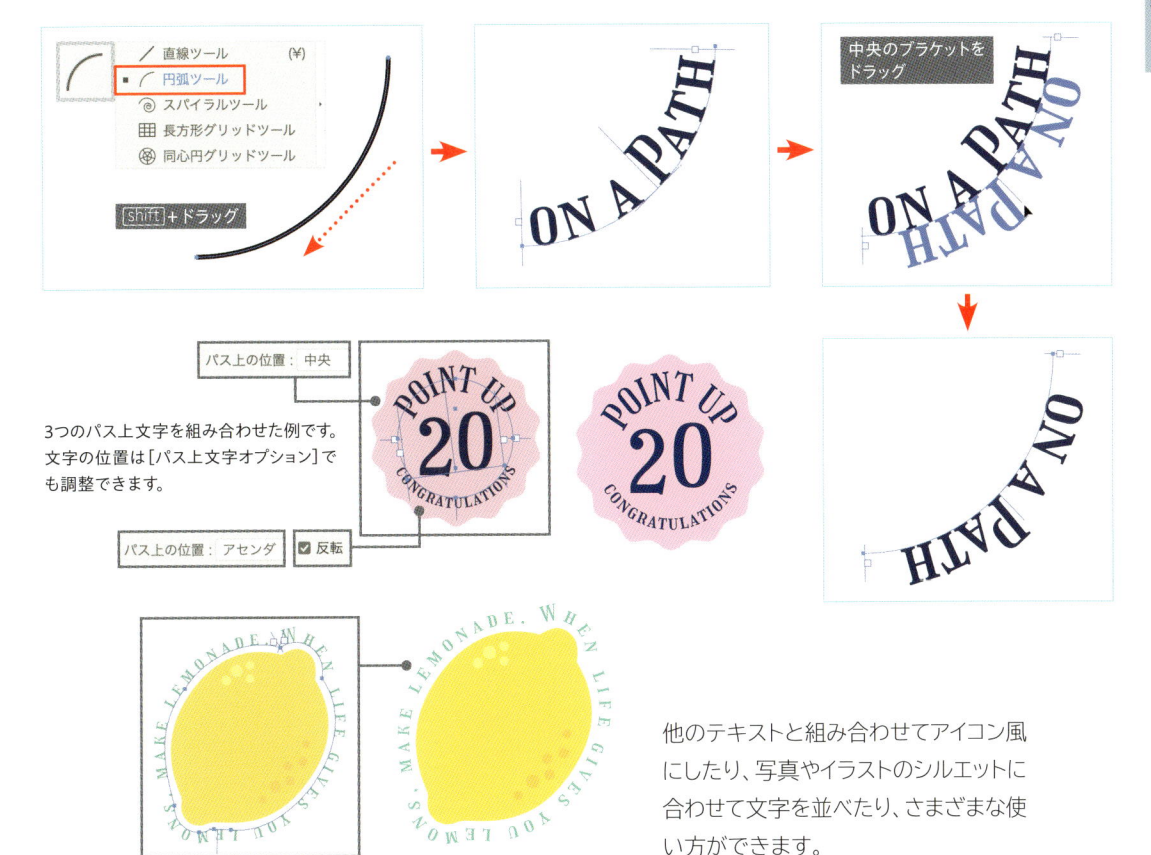

3つのパス上文字を組み合わせた例です。文字の位置は［パス上文字オプション］でも調整できます。

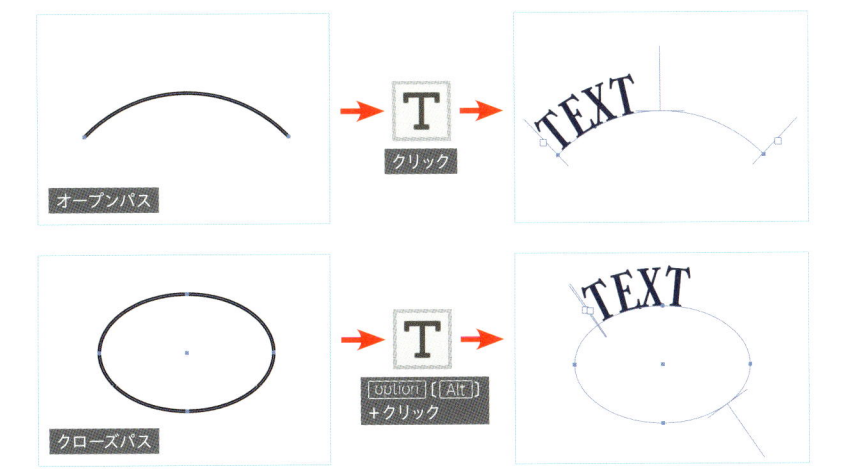

他のテキストと組み合わせてアイコン風にしたり、写真やイラストのシルエットに合わせて文字を並べたり、さまざまな使い方ができます。

● ［文字ツール］でも作成できるパス上文字

［パス上文字ツール］と同様に、［文字ツール］でもパスのクリックでパス上文字を作成できます。パスの状態によってキーを組み合わせてクリックしましょう。

→［文字ツール］の詳細については P.223

オープンパス → T クリック → TEXT

クローズパス → T option ［Alt］＋クリック → TEXT

クローズパスを［文字ツール］でクリックするとエリア内文字が作成されます。パス上文字にするには option キーを忘れずに組み合わせましょう。

文字の迷宮

04 自由に伸縮する文字
〈パペットワープツール〉

キャラクターのイラストなどにポーズをつけられる［パペットワープツール］はテキストオブジェクトでも有効です。強制的にアウトライン化されるため、修正に備えて複製を残して作成しましょう。

作例で使用しているフォント	
フォントファミリ	黒薔薇ゴシック
フォントスタイル	bold
フォントサイズ	90Q

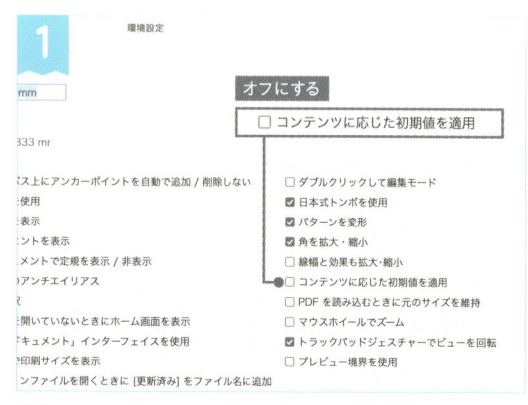

[Illustrator] メニュー〔Windowsは［編集］メニュー〕>［環境設定］>［一般］を実行します。［コンテンツに応じた初期値を適用］をオフにして、［OK］のクリックで閉じましょう。

デフォルトでオンになっている設定です。ここでは［パペットワープツール］切り替え時に自動的にピンが追加されるのを避けるためオフにします。

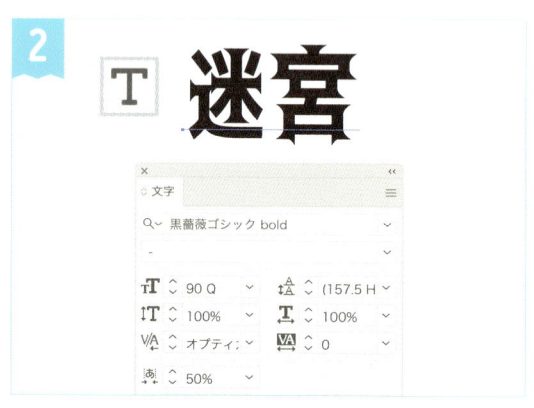

好きな内容でテキストオブジェクトを作成し、［文字］パネルでフォントや文字の大きさなどを自由に設定しましょう。

作例では［文字間のカーニング：オプティカル］と［文字ツメ：50%］も設定しています。

3

[選択ツール] などでテキストオブジェクトを選択し、[カラー] パネルで塗りや線に好きなカラーを適用します。
やり直し・修正に備え、コピー＆ペーストなどでテキストオブジェクトの複製を残しておきましょう。

4

クリックでピンを配置

📐 自由変形ツール　(Shift+S)
📌 パペットワープツール

テキストオブジェクトを選択し、ツールバーで [パペットワープツール] に切り替えて文字の上をクリックし、ピンを配置しましょう。

> ツールバーに [パペットワープツール] がないときは、[ウインドウ] メニュー＞[ツールバー]＞[詳細] で切り替えて表示します。

5

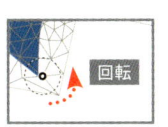

ドラッグでピンを移動して伸ばす

固定する箇所にもピンが必要

ピンはクリックで好きな位置へいくつでも増やせます。動かす部分や、固定する部分を意識して自由に追加しましょう。ピンをドラッグで移動・回転すると、ピンの動きに応じて文字が変形します。

回転

ピンを回転するには外側の円をドラッグします。不要なピンはクリックで選択し、delete キーで削除できます。

> テキストオブジェクトは最初のピンを追加した時点でアウトライン化されます。また、一度でも選択を解除すると、ピンをすべて削除しても元のかたちに戻すことはできません。

6

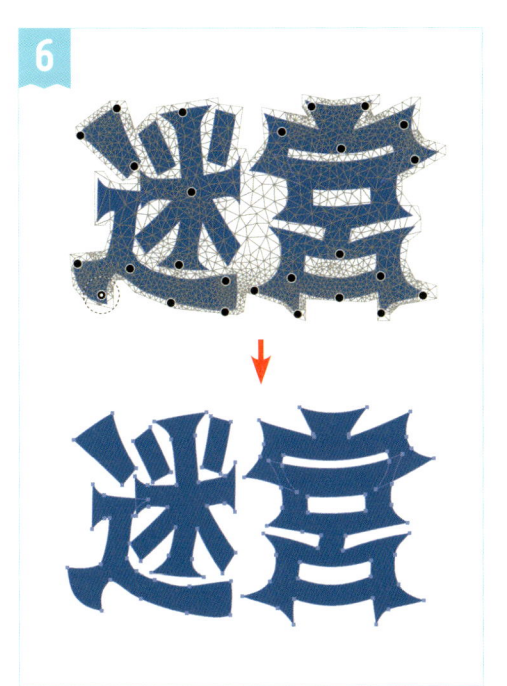

クリックとドラッグでピンの追加・移動を繰り返し、文字全体に動きがついたら完成です。全体の変形やアンカーポイントの調整を行って、気になる部分を個別に調整しても良いでしょう。変形などの編集を行ってもピンの情報は残ります。

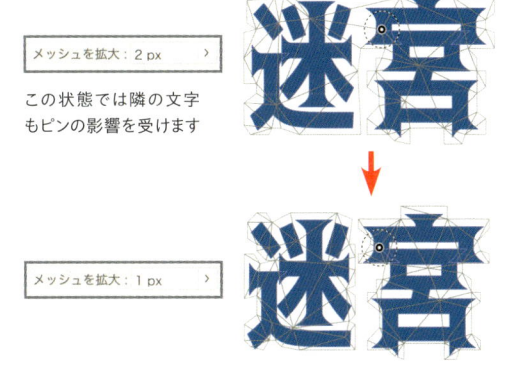

メッシュを拡大：2 px

この状態では隣の文字もピンの影響を受けます

メッシュを拡大：1 px

メッシュが干渉していると、隣の文字も変形の対象になります。[表示] メニュー＞[コントロール] で表示できるコントロールパネルなどで [メッシュを拡大] の数値を下げてみましょう。メッシュでの調整が難しい場合は、テキストオブジェクトを分けて一文字ずつパペットワープにする方法もあります。

蜜柑

葡萄　林檎

バラバラ&カラフルな文字
〈ライブペイント〉

ライブペイントツールを使い、文字をバラバラのパーツに分けて異なるカラーを適用します。アウトライン化が必要ですが、編集の自由度が高く、個性的な文字を作成できます。

作例で使用しているフォント	
フォントファミリ	DNP 秀英初号明朝
フォントスタイル	Hv
フォントサイズ	80Q

1

蜜柑

好きな内容でテキストオブジェクトを作成し、[文字]パネルでフォントや文字の大きさなどを自由に設定しましょう。

2

テキストオブジェクトを選択したまま、[カラー]パネルで線のカラーをなしにして、塗りには好きなカラーを適用します。

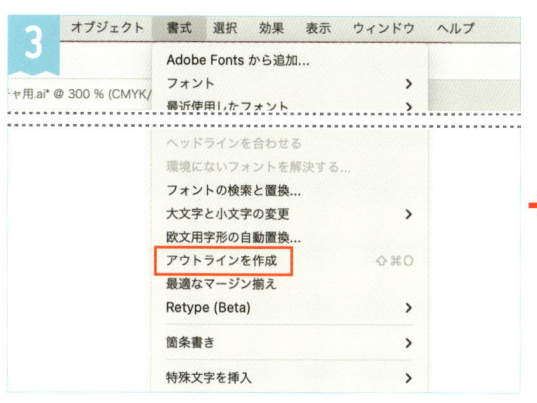

テキストオブジェクトを選択し、[書式] メニュー > [アウトラインを作成] を実行します。

> やり直しや修正に備え、アウトライン化する前にコピー&ペーストなどで複製を残しましょう。

アウトライン化によってテキストオブジェクトがパスとして編集できるようになります。

> ここでは縦や横のラインを意識して線を配置しました。

[ペンツール] などで線を描き、文字の前面に重ねます。文字を切るイメージで、分割したい位置へ配置しましょう。

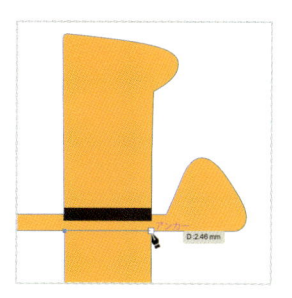

> 分割用の線はアンカーポイントやセグメントにしっかりスナップさせて描きます。

[表示] メニュー > [スマートガイド] でスマートガイドを有効にすると作業がしやすくなります。

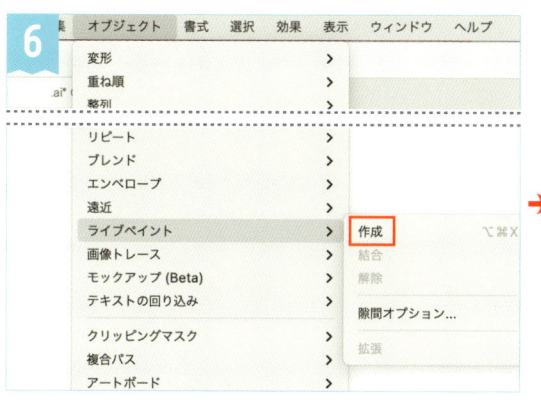

> 選択したとき、バウンディングボックスの見た目が変わるのが目印です。

[選択ツール] で全体を選択し、[オブジェクト] メニュー > [ライブペイント] > [作成] を実行してライブペイントに変換しましょう。

メニューから実行するほか、「ライブペイントツール」のクリックでもライブペイントに変換できます。

ツールバーで[ライブペイントツール]に切り替えましょう。ライブペイントのオブジェクトにカーソルを重ねると、塗りつぶせる箇所がハイライトされます。クリックするとそのときサムネイルに表示されているカラーで着色できます。区切られたエリアごとに違うカラーを適用しましょう。

ツールバーに[ライブペイントツール]がないときは、[ウインドウ]メニュー>[ツールバー]>[詳細]で切り替えて表示します。

カーソルの横に表示されているサムネイルは[カラーパネル]または[スウォッチ]パネルで選んでいるカラーと連動しています。[スウォッチ]パネルのサムネイルは方向キーで切り替えもできます。
また、option（[Alt]）キーを押している間は[スポイトツール]に一時切り替えが可能です。

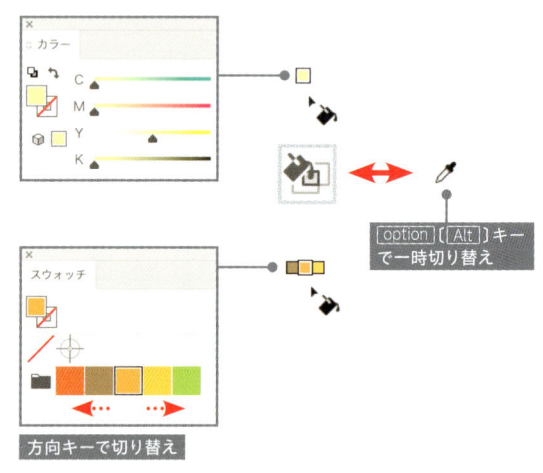

→[ライブペイントツール]についてはP.216

すべて塗り分けたら、[選択ツール]で全体を選択します。[カラー]パネルで線のカラーをなしに変更したら完成です。

作例で使用している色

🔴 M80+Y100　🟤 C30+M50+Y75+K10
🟠 M40+Y100　🟡 M20+Y100　🟢 C40+Y100

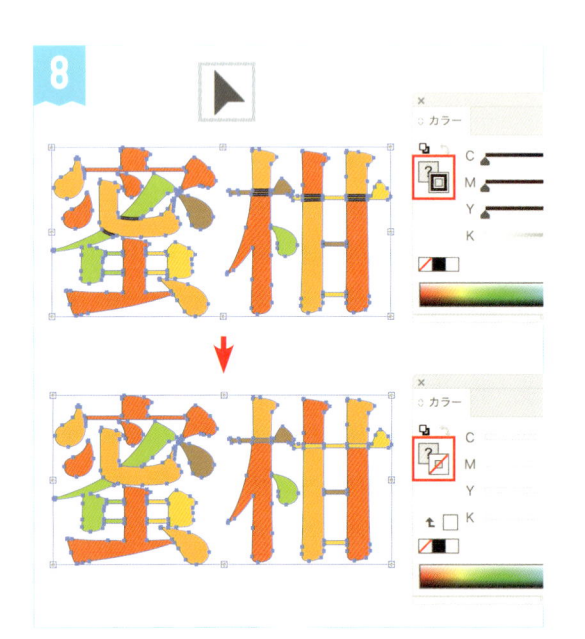

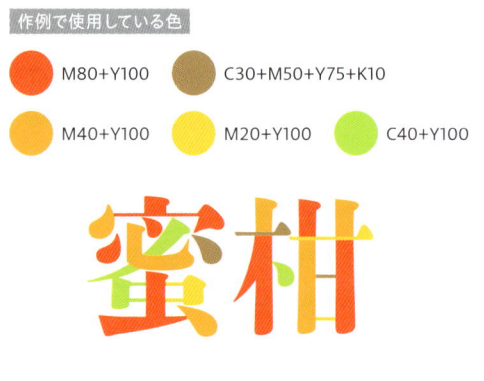

ライブペイントは[オブジェクト]メニュー>[ライブペイント]>[拡張]で分割できます。この作例では分割用の線のカラーをなしにしているため、拡張しても線のオブジェクトは残りません。

作例では塗りつぶす領域を文字のかたちに合わせて分割しましたが、ランダムに角度を変えた直線や、正円などの図形で区切ってもライブペイントを作成できます。パターンスウォッチでも同様の表現ができますが、ライブペイントでは塗り分ける位置や面積を調整しやすいのがメリットです。

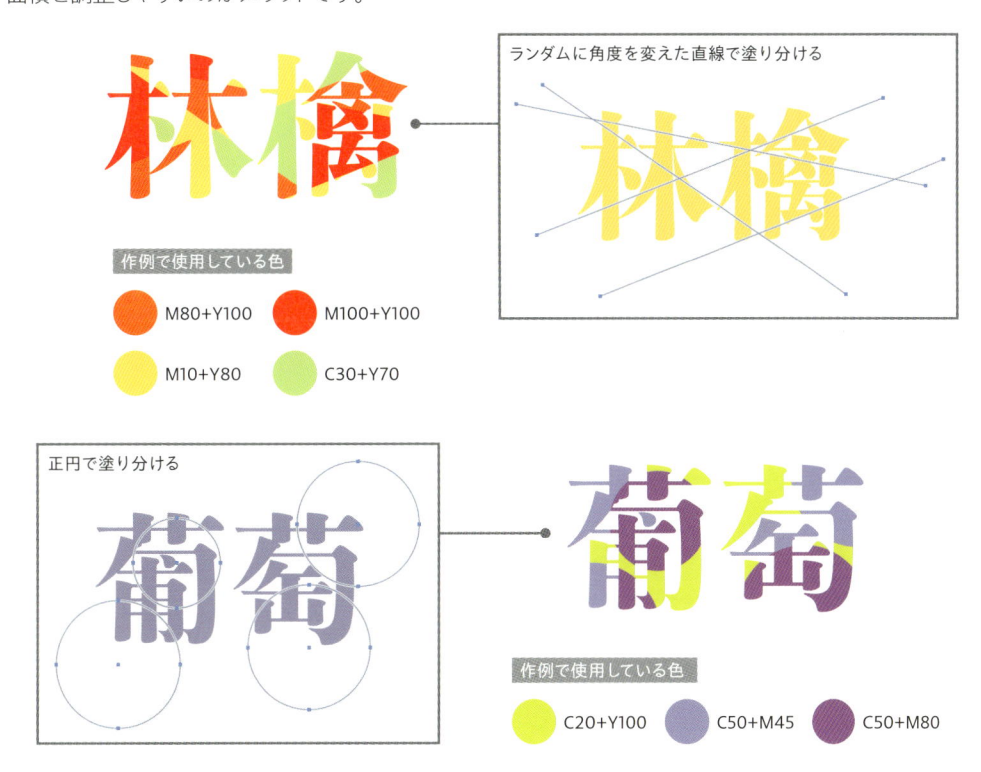

ランダムに角度を変えた直線で塗り分ける

作例で使用している色

M80+Y100　　M100+Y100

M10+Y80　　C30+Y70

正円で塗り分ける

作例で使用している色

C20+Y100　　C50+M45　　C50+M80

● 細かな調整は［ライブペイント選択ツール］で

［ライブペイント選択ツール］でクリックすると、ライブペイント内の塗りや線を個別に選択して編集できます。選択した領域は通常のオブジェクトと同じようにカラーの変更や線の設定を行えます。

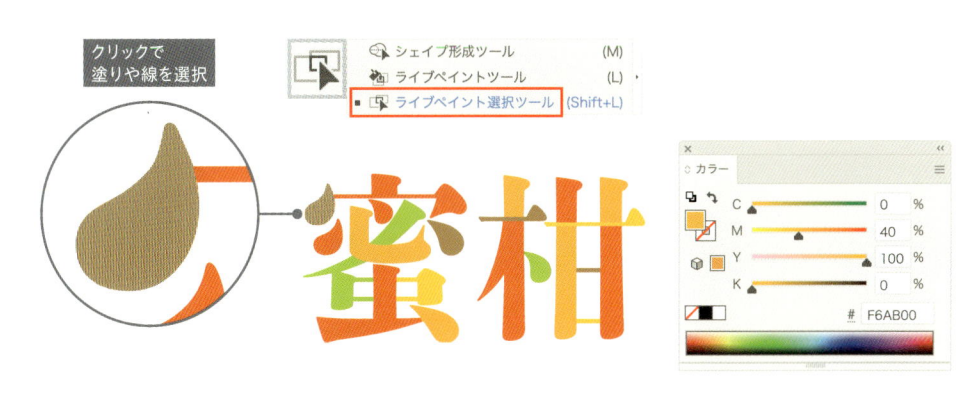

クリックで塗りや線を選択

シェイプ形成ツール　　(M)
ライブペイントツール　　(L)
ライブペイント選択ツール　(Shift+L)

カラー
C ▲ 0 %
M ▲ 40 %
Y ▲ 100 %
K ▲ 0 %
F6AB00

ライブペイントの基礎知識

●うまく塗りつぶせないときは

　意図した領域を塗りつぶせないときは、[オブジェクト]メニュー>[ライブペイント]>[隙間オプション]を実行して[塗りの許容サイズ]を調整しましょう。パスで囲まれた空間のうち、隙間をどこまで許容するかを設定できます。

[カスタムの隙間]で隙間を大きめに設定した例

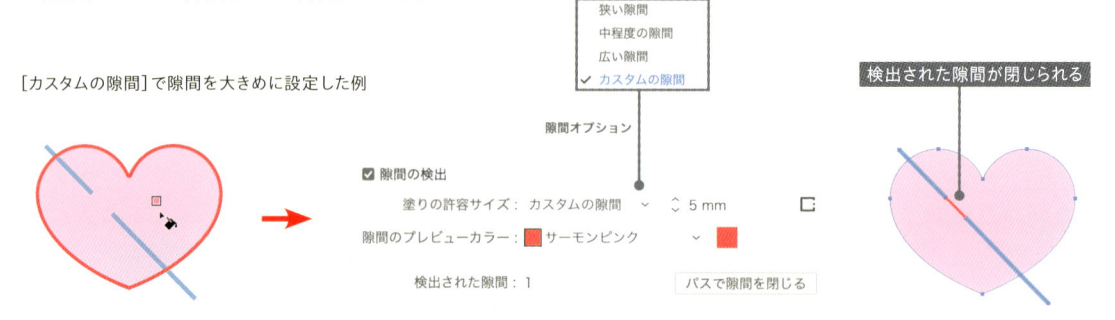

●塗りつぶしの領域を後から変更する

　ライブペイントでは塗りつぶす場所をパスで囲んで定義しています。領域を定義しているパスの位置や大きさ、数などはライブペイントへ変換した後でも自由に変更可能です。ライブペイントにパスを追加したい場合は、全体を選択してからオブジェクト]メニュー>[ライブペイント]>[結合]を実行しましょう。

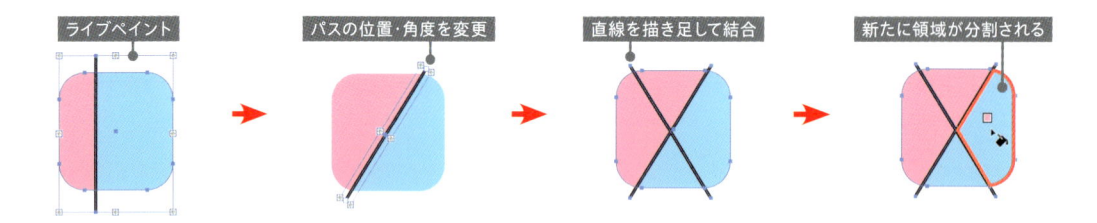

●トリプルクリックで一括塗りつぶし

　[ライブペイントツール]でトリプルクリックすると、クリック箇所と同じカラーの領域をまとめて塗りつぶしできます。細かく塗り分けされているときに便利な操作です。

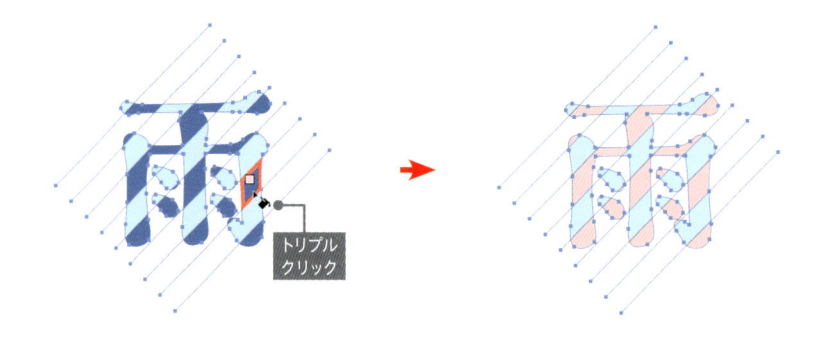

押さえておきたい
Illustratorの機能

Q01 どのワークスペースで作業したらいい？

ドキュメントを開いているとき、実際に作業を行う画面を「ワークスペース」と呼びます。プリセットを利用する場合は、いろいろな機能にアクセスしやすい「初期設定（クラシック）」がおすすめです。ワークスペースは自分が作業しやすいようにどんどんカスタマイズしましょう。

プリセットのワークスペースをカスタマイズする

インストール直後のデフォルトは［初期設定］ワークスペースです。表示されている機能が少ないため、カスタマイズしてパネルをたくさん表示したいケースには不向きです。

プリセットには作業内容に応じたワークスペースが複数用意されています。ワークスペースはメニューまたはボタンから切り替えられますので、まずはアレンジしやすいものに変更しましょう。

ここでは［初期設定（クラシック）］のカスタマイズを推奨していますが、他のワークスペースでも問題ありません。自分がよく行う作業に合わせて選びましょう。

［ウインドウ］メニュー＞［ワークスペース］

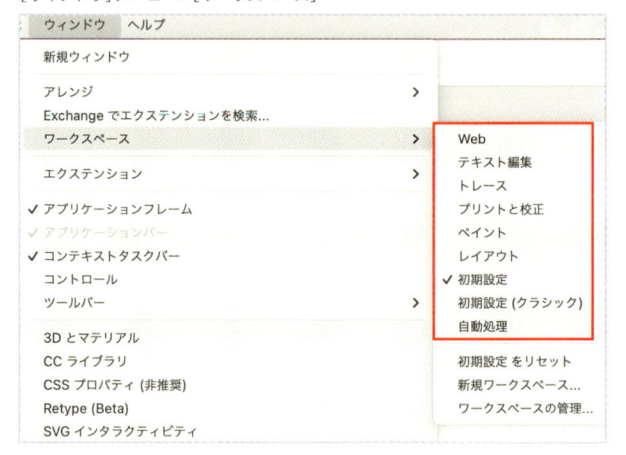

［ワークスペースの切り替え］ボタン

クリック

デフォルトの［初期設定］ワークスペースは、［プロパティ］パネルでの作業を前提にしたシンプルな構成です。ツールバーは［基本］のためツールの数が少なく、［コントロール］パネルも表示されていません。
かんたんな修正や、小さなディスプレイでの作業には向いていますが、一歩進んだ処理を行うにはクリック回数が増えやすく、かえって効率が下がってしまいます。

ワークスペースのカスタマイズ

　表示するパネルの種類や位置などは自由にアレンジができます。不要なパネルは閉じて、足りないパネルは[ウインドウ]メニューから表示しましょう。よく使う機能を中心に、パネルオプションの表示切り替えやパネルのドッキング・グループ化などを行って整えます。

[初期設定（クラシック）]を元にアレンジしたワークスペースの例

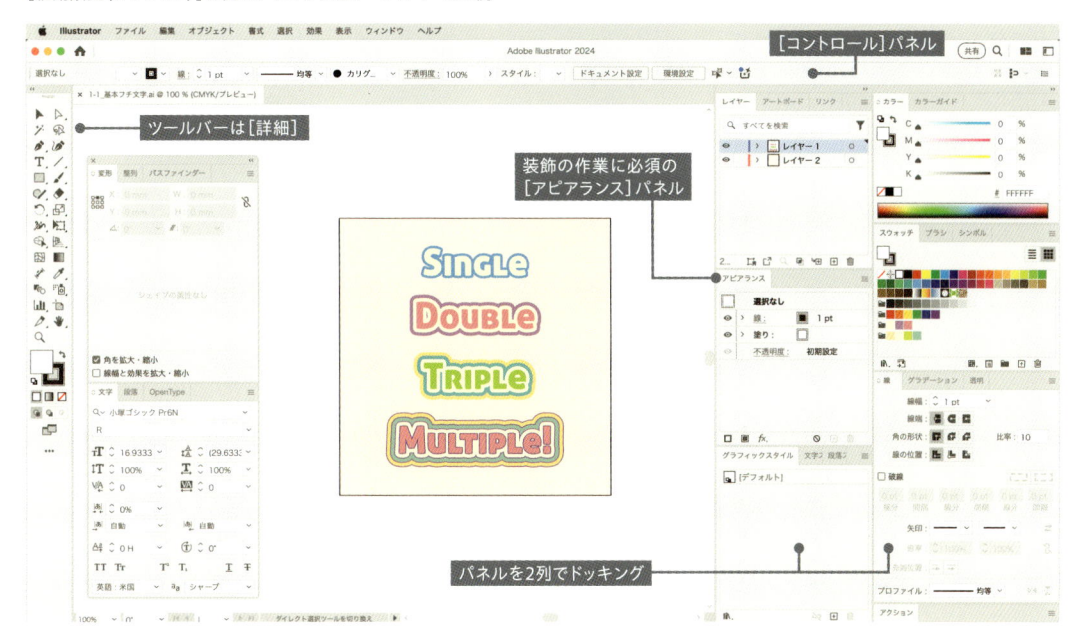

→[プロパティ]パネルについては P.226

[初期設定（クラシック）]でも[プロパティ]パネルが表示されますが、ここでは閉じています。文字の装飾でもよく使うアピアランス関連の機能へアクセスがしにくいため、本書では[プロパティ]パネルを使った操作は紹介していません。

ワークスペースを保存する

　カスタマイズしたワークスペースは忘れずに保存しましょう。ワークスペースの切り替えを行うメニューから[新規ワークスペース]を選ぶと名前をつけて保存できます。保存されたワークスペースはメニューから切り替え・リセットができるようになります。

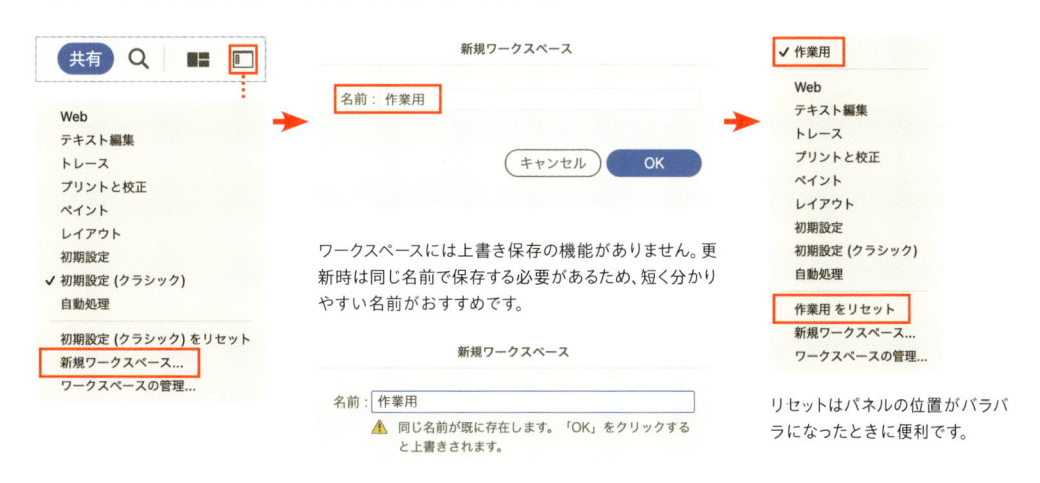

ワークスペースには上書き保存の機能がありません。更新時は同じ名前で保存する必要があるため、短く分かりやすい名前がおすすめです。

リセットはパネルの位置がバラバラになったときに便利です。

Q02 CMYKとRGB、どちらで作るべき?

本書では印刷を前提にしたCMYKドキュメントでの制作方法を解説していますが、ドキュメントのカラーモードはどちらを選んでもかまいません。データの目的に応じて適切に設定しましょう。ただし、作業途中でのカラーモードの変更はおすすめしません。

はじめに適切なドキュメントプロファイルを選ぼう

制作作業をはじめるには、まずはドキュメントが必要です。Illustrator起動時に表示されるホーム画面の[新規ファイル]ボタンか、[ファイル]メニュー>[新規]から新規ドキュメントを作成しましょう。

ホーム画面の下側にある[新規ファイルを作成]からもドキュメントを作成できますが、設定が適切かどうか事前に確認できません。できれば使用を避けましょう。

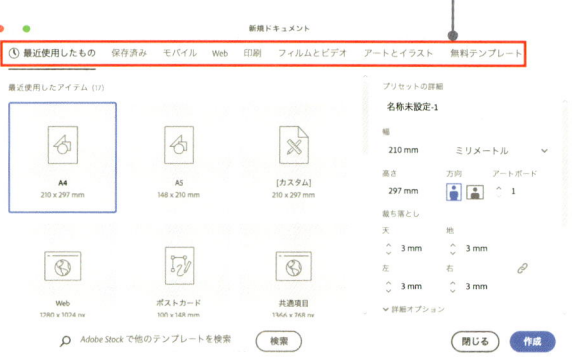

[新規ドキュメント]ダイアログでは、用途に応じたプロファイルを選んで新規ドキュメントを作成できます。ダイアログ上部のタブを切り替えて、作成したいデータの目的に合ったプロファイルを選択しましょう。

ディスプレイ向けならRGB、印刷するならCMYKが基本

[新規ドキュメント] ダイアログで選べるプロファイルでは、はじめから用途に応じたカラーモードが設定されています。ディスプレイでの表示を前提にしている [モバイル] や [Web] では [RGBカラー]、印刷用ドキュメントのための [印刷] では [CMYKカラー] がデフォルトです。

[Web]タブ>[Web(大)]プリセット

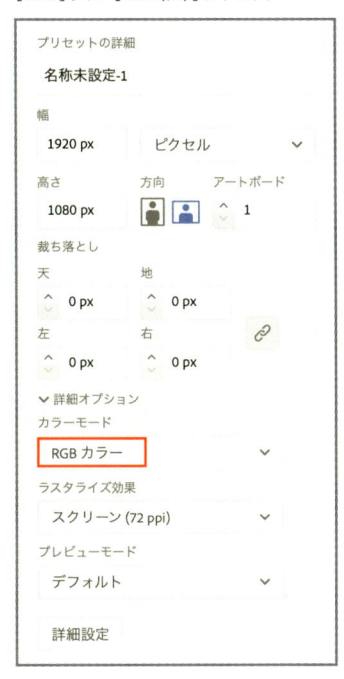

[印刷]タブ>[A4]プリセット

[新規ドキュメント] ダイアログ右側の [プリセットの詳細] では、そのとき選んでいるプリセットの確認・変更ができます。

プリセットに該当するサイズがない、縦・横が異なる場合などはここで設定してから [作成] ボタンをクリックしましょう。

本書の作例はいずれもCMYK、mm、Q（H）で解説していますが、RGB、px、ptでも同じ手順で作成できるよう構成しています。
パネルやダイアログの入力エリアでは、異なる単位で入力してもそのとき設定されている単位で換算されます。まったく同じバランスで作成したい場合は、この方法で近似値を入力して作成しましょう。

単位を [文字：ポイント] に設定しているとき、Qで数値を入力しても自動的にptへ換算されます。

途中でカラーモードを変更すると

ドキュメントの作成後でも、[ファイル] メニュー> [ドキュメントのカラーモード] からカラーモードを変更できます。ただし、明確な意図がない限り、作業途中のカラーモード変更は避けましょう。

特にRGBからCMYKへの変換では、グラフィックの色がくすんだり、印刷には適さないカラーを生成したり、さまざまなトラブルの原因になります。

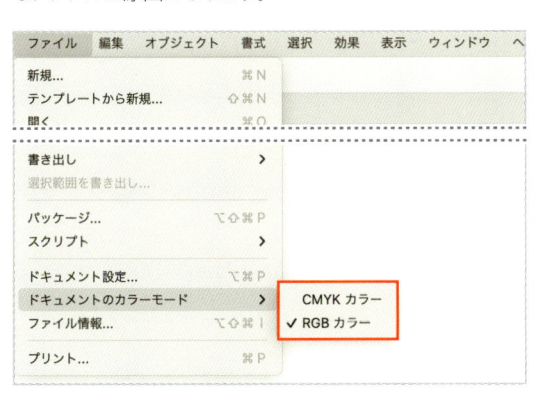

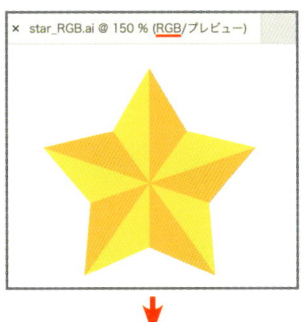

ドキュメントを開いているタブの部分でも現在のカラーモードを確認できます。

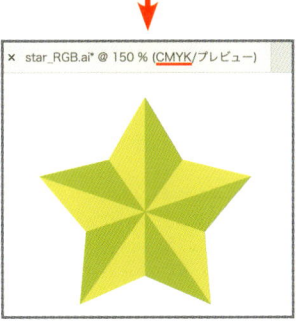

RGBのカラー値や描画モードを活用して作ったグラフィックは、カラーモードを変更しただけでも見た目が大きく変わる可能性があります。

Q03 テキストオブジェクトの作りかたは?

テキストオブジェクトにはポイント文字、エリア内文字、パス上文字の3種類があり、それらを作成するための
ツールも複数あります。それぞれ特徴が異なるため、目的に応じて選べるようにしましょう。

ポイント文字

　[文字ツール]または[文字(縦)ツール]でクリックするとポイント文字を作成できま
す。改行しない限り、入力した文字は一行に並びます。

　タイトルや見出しなど、大きなサイズの短文に使われることが多いテキストオブジェクト
トです。本書で扱う装飾用途の文字も、ポイント文字を使って解説しています。

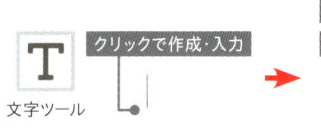

ツールを切り替え または
[esc]キーを押す

文字ツール

クリックで作成・入力

文字の装飾

クリックでテキストの編集を開始

文字の装飾を楽しもう … 改行するまで一行で並ぶ

[文字(縦)ツール]で同様に操作する
と縦書きになります。

[選択ツール]、[ダイレクト選択ツール]、[グループ選択ツール]のいずれかで
テキストオブジェクトをダブルクリックしてもテキストの編集を開始できます。

● [新規テキストオブジェクトにサンプルテキストを割り付け]のオン・オフ

　[環境設定]ダイアログの[テキスト]で[新規
テキストオブジェクトにサンプルテキストを割り
付け]をオンにすると、テキストオブジェクトの新
規作成時にサンプルテキストが流し込まれるよ
うになります。

　空のテキストオブジェクトの作成を予防できる
一方で、背景パーツや画像などで埋もれてしま
い、レイアウト上に意図せず残ったまま製品にな
ってしまう事例もありました。

　2022(ver.26)以降はデフォルトでオフに
なっていますが、意図的にオンにする場合はメリ
ット・デメリットを理解した上で設定しましょう。

☑ 新規テキストオブジェクトにサンプルテキストを割り付け

クリックと同時に流し込み

 山路を登りながら

オンにすると、ポイント文字、エリア内文字、パス上文
字のどれを新規作成しても「山路を登りながら」または
「情に棹させば流される。」で始まるサンプルテキスト
が流し込まれます。

環境設定

一般
選択範囲・アンカー表示
テキスト
単位
ガイド・グリッド
スマートガイド
スライス
ハイフネーション
プラグイン・仮想記憶ディスク
ユーザーインターフェイス
パフォーマンス
ファイル管理
クリップボードの処理
ブラックのアピアランス
デバイス

テキスト

　　サイズ / 行送り：1 Q

　　トラッキング：20 　　　/1000 em

　ベースラインシフト：1 H

　言語オプション

　　☑ 東アジア言語のオプションを表示

　　☐ インド言語のオプションを表示

　☐ テキストオブジェクトの選択範囲をパスに制限

　☐ フォント名を英語表記　ⓘ

　☐ 新規エリア内文字の自動サイズ調整

　☑ フォントメニュー内のフォントプレビューを表示

　最近使用したフォントの表示数：10　　　⌄

　☑ 「さらに検索」で日本語フォントを表示　ⓘ

　☑ 見つからない字形の保護を有効にする

　☑ 代替フォントを強調表示　　　　　オフ推奨※

　☐ 新規テキストオブジェクトにサンプルテキストを割り付け

　☐ 選択された文字の異体字を表示

※2022(ver.26)以降はデフォルトでオフ

エリア内文字

　[文字ツール]または[文字(縦)ツール]でドラッグすると、長方形のエリア内文字を作成できます。ポイント文字とは対照的に、長い文章を載せるときに使われます。

　長方形以外のかたちでもエリア内文字を作成したいときは、好きなかたちのパスを[文字ツール]または[エリア内文字ツール]でクリックしましょう。テキストがあふれる場合は、2つ以上のエリア内文字を連結してつなげることも可能です。

[文字(縦)ツール]または[エリア内文字(縦)ツール]で同様に操作すると、縦書きのエリア内文字になります。

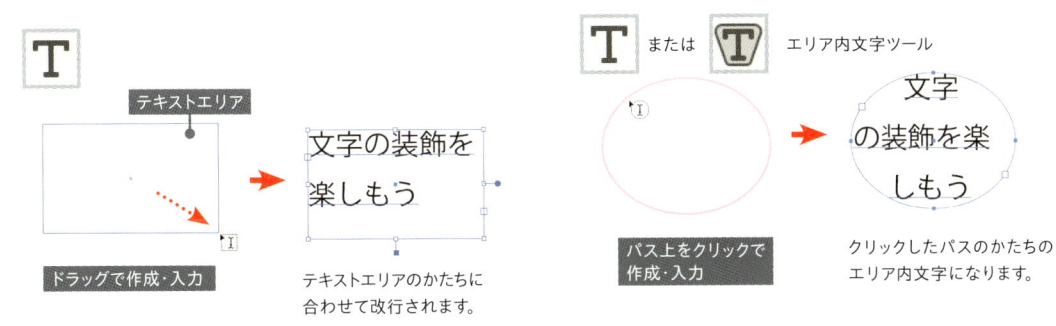

パス上文字

　[文字ツール]または[パス上文字ツール]でパスをクリックするとパス上文字を作成できます。オープンパス、クローズパスどちらでも作成可能で、パスのかたちに沿って文字が並びます。

→パス上文字を使った作例はP.206

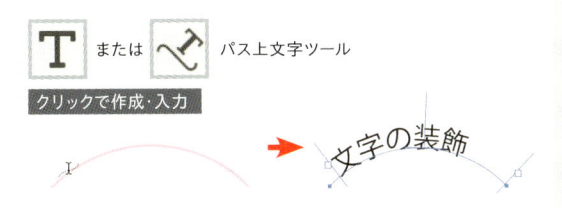

縦書きのパス上文字は[パス上文字(縦)ツール]を使用します。

実は万能な[文字ツール]

　[文字ツール]では、クリック・ドラッグする際にキー操作を組み合わせると、あらゆるテキストオブジェクトの作成に対応できます。

　文字ツールで

図の操作で shift キーを一緒に押すと、すべて縦書きで作成できます。

空いている場所を	クローズパスを	オープンパスを
クリック	クリック	クリック
ポイント文字　文字の装飾	パスのかたちのエリア内文字　文字の装飾を楽しもう	パス上文字　文字の装飾
ドラッグ	option ([Alt])+クリック	option ([Alt])+クリック
長方形のエリア内文字　文字の装飾を楽しもう	パス上文字　文字の装飾	パスのかたちのエリア内文字　文字の装飾

Q04 「アピアランス」って何？

Illustratorではベジェ曲線で作られたかたちに色や柄をつけることができます。「アピアランス」は装飾されたオブジェクトの見た目そのものや、見た目を制御する機能全般を指します。本書で扱っている「文字デコ」をはじめ、Illustratorでの制作作業には欠かせないもののひとつです。

アピアランスの成り立ち

Illustratorではパスに対して線、塗り、効果、不透明度の4つを組み合わせて見た目を表現しています。いずれも[アピアランス]パネルで操作できる要素です。

線、塗り、効果、不透明度の4つの要素を「アピアランス属性」と呼びます。

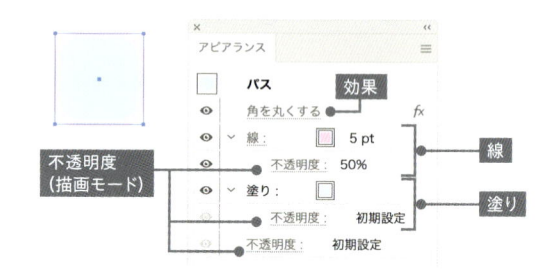

アピアランス機能でできること

ひとつのオブジェクトに対し、アピアランス属性は複数設定できます。また、項目の重ね順はドラッグ操作で自由に変更可能です。フチ文字や線路、角丸などレイアウト作成で定番の表現も、アピアランス機能を使えばオブジェクトはひとつで済み、アンカーポイントの細かな操作も不要です。

 塗りと線を重ねた
フチ文字

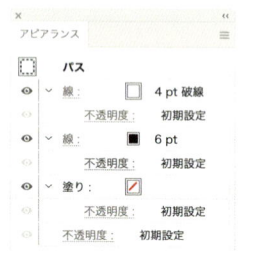 線を重ねて
線路にする

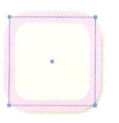 効果で長方形の
見た目を変える

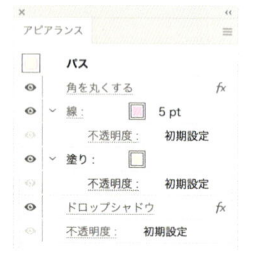

アピアランス機能を活用すれば、オブジェクトのかたちと見た目の情報を分けて管理できます。少ないオブジェクトで複雑な見た目を表現できるため、機能を使いこなせば以下のようなメリットが生まれます。

- 少ないオブジェクトで扱いやすく、修正が楽
- 他のオブジェクトへアピアランスを流用できる
- [アピアランス]パネルで構造を把握しやすい

> アピアランスは単一のオブジェクトだけでなく、グループやレイヤーにも設定できます。「ポップな重ね文字（P.100）」「ブロック風の立体文字（P.142）」などはグループにアピアランスを設定している作例です。

アピアランスパネルの操作

[アピアランス] パネルではアピアランスに関するほとんどの操作が可能です。キー操作も組み合わせれば、ほかのパネルやメニューを経由せずにすばやく編集できます。

● カラーや線の編集を行う

塗りと線の項目では現在のカラーがサムネイルで表示されています。このサムネイルのクリックで [スウォッチ] パネル、shift + クリックで [カラー] パネルを呼び出せます。また、[線] の項目をクリックすれば、[線] パネルを表示できます。

2024 (28.6) 以降のバージョンでは、カラーのサムネイルからパネルを表示した後、ボタンのクリックでグラデーションと生成パターンにもアクセスできるようになりました。

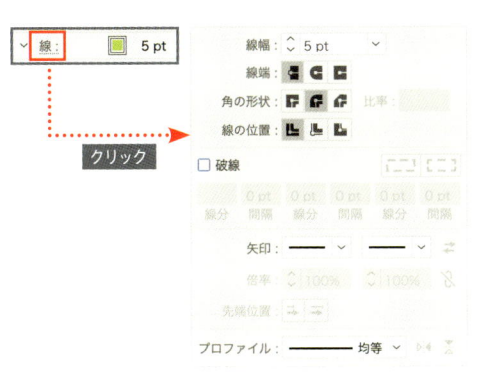

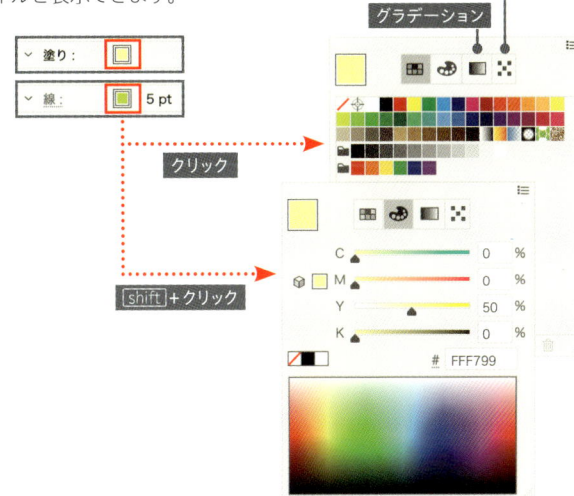

● 効果を適用する

[アピアランス] パネルの [新規効果を追加] ボタンのクリックで効果メニューを呼び出せます。ここで適用できる効果はメニューバーの [効果] と同じで、どちらで操作しても結果は変わりません。使いやすい方を選びましょう。

● 不透明度を設定する

[不透明度] の項目をクリックすると [透明] パネルを呼び出せます。[不透明度] や [描画モード]、[グループの抜き] など透明に関する編集が可能で、オブジェクト全体だけでなく、線・塗りの項目にも個別に設定できます。

オブジェクト全体なら一番下の [不透明度]、線・塗りは各項目にネストされた [不透明度] をクリックして編集します。

個別の項目の [不透明度]

オブジェクト全体の [不透明

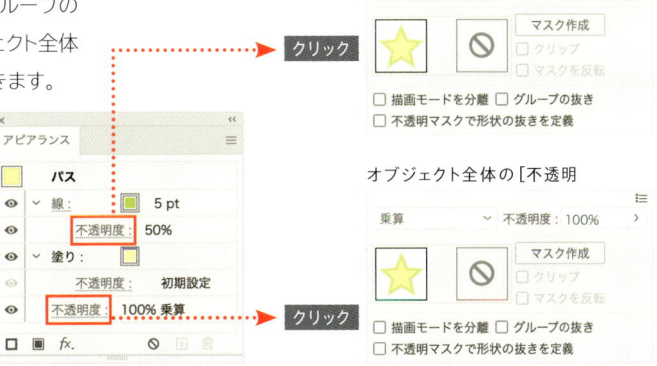

● 項目を増やす・削除する

[アピアランス] パネル下側のボタンをクリックすると、線または塗りの項目を新たに増やす、選択中の項目を複製する、項目を削除するなどの操作が行えます。

[アピアランスを消去] は選択中のオブジェクトから見た目の情報をすべて削除します。

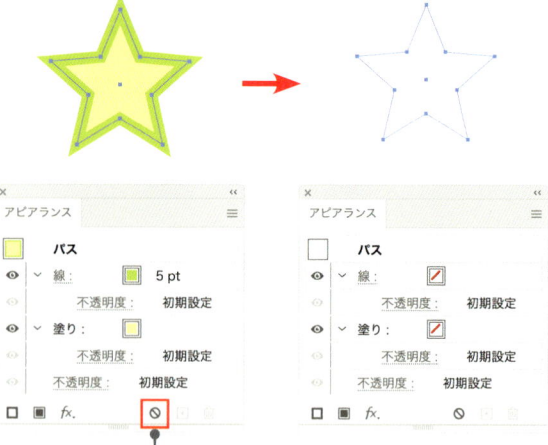

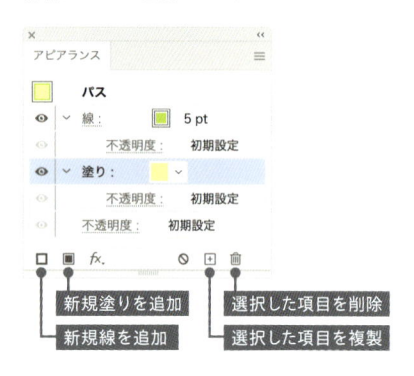

見た目の情報がすべて破棄され、空のパスだけの状態になります。

● ドラッグ操作で移動・複製

線・塗り、効果の項目はドラッグで移動して重ね順を変更できます。

移動ではなく複製したいときは [option] ([Alt]) +ドラッグしましょう。ボタンのクリックと異なり、複製と同時に重ね順を整えられるのがメリットです。

例外として、不透明度の項目は動かせず、移動も複製もできません。

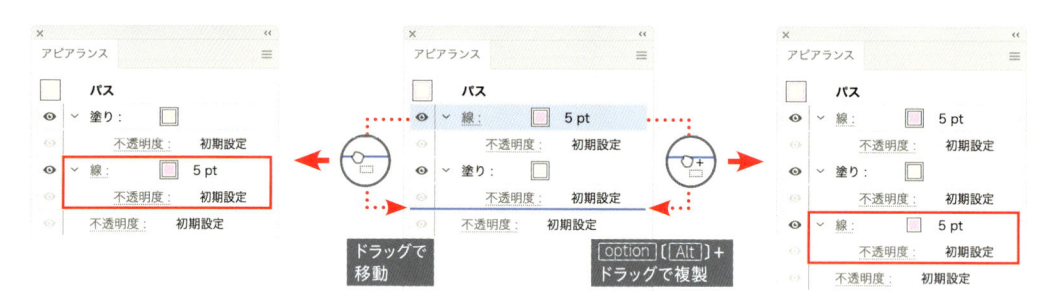

［プロパティ］パネルの［アピアランス］

[プロパティ] パネルにも [アピアランス] のセクションがあり、選択中のオブジェクトのアピアランス属性にアクセスできます。ただし、ここで編集できるのは塗りと線1つずつ、全体の不透明度と効果1つだけです。塗りや線を重ねる、効果を2つ以上組み合わせるなどの処理では [アピアランス] パネルを表示して操作することになります。

主要な機能がコンパクトに表示される [プロパティ] パネルですが、文字の装飾のようにアピアランス機能を多用するケースでは操作が遠回りになってしまいます。特に理由が無ければ [プロパティ] パネルの使用は避けましょう。

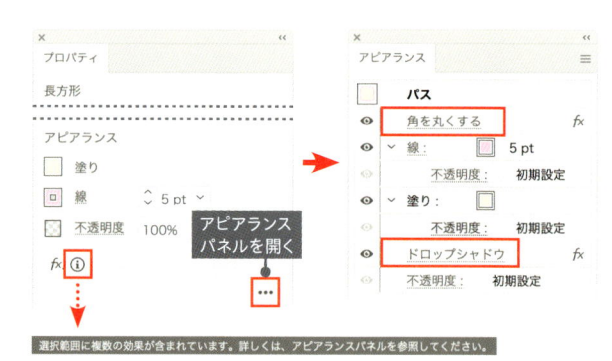

選択中のオブジェクトに効果が2つ以上含まれていると「i」のアイコンが表示されます。

［アピアランス］パネルの処理の順番

　［アピアランス］パネルでの処理は、線・塗りの項目が並ぶエリアを基準に3つに分けられます。

　ここでは図のようなアピアランスを例に、描画前、描画、描画後という区分で解説します。

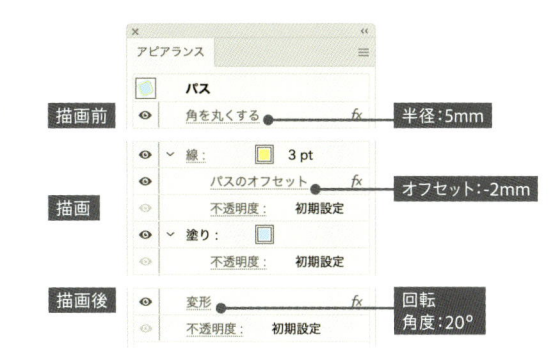

● 描画前

　効果の項目のみ配置できるエリアです。線・塗りが適用される前の空のパスに対して、かたちを変える効果をかけられます。

> ［ドロップシャドウ］など一部の効果は描画前のエリアで利用できません。ドラッグによる移動で配置しないよう注意しましょう。

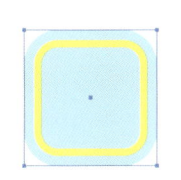
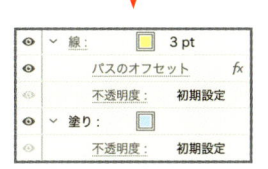

目では確認できませんが、オブジェクト内部では効果でパスのかたちが処理されています。

● 描画

　パスのかたちに線や塗りを適用するためのエリアです。描画前に効果がかかっていれば、効果で処理された形状で描画されます。

　また、線・塗りの項目では個別に効果をかけられます。この場合はネストされている項目だけに効果がかかります。

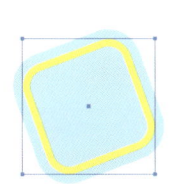

図の例では、線だけに効果がかかっています。線・塗りは項目の並び順に合わせて、前面から背面へ重ねるように描画されます。

● 描画後

　線・塗りで描画した結果に対してさらに効果をかけられるエリアです。オブジェクト全体の不透明度もここで設定します。

ここで設定した効果と不透明度はオブジェクト全体に対して有効です。

● 組み合わせが同じでも、　結果が同じとは限らない

　［アピアランス］パネルでは上の項目から順にひとつずつ処理を行っています。複雑なアピアランスでは項目が多数並びますが、この基本ルールは変わりません。

　項目の組み合わせが同じでも、重なり順が異なれば処理の内容が変わります。結果が同じになるとは限りませんので注意しましょう。

> ［変形］効果の位置だけが異なる例。［変形］効果は線幅も含めた大きさで処理を行うため、反転の結果が違っています。

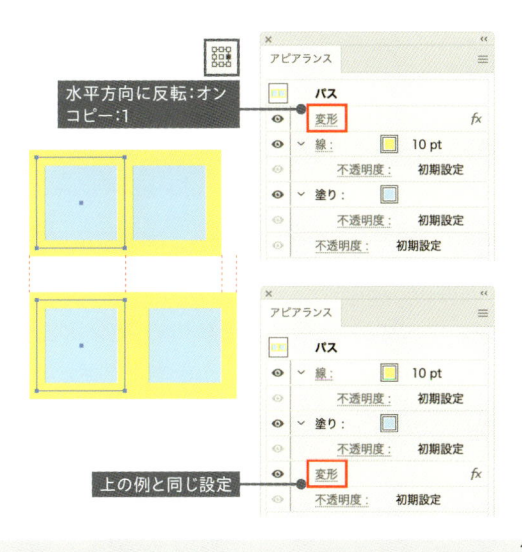

Q05 アピアランスを使い回したい！

アピアランス機能で作成した装飾は使い回しができるのがメリットです。流用のための機能も複数あり、ここでは使用頻度の高いものを中心に紹介します。利用シーンに応じてそれぞれ使い分けましょう。

スポイトツール

[スポイトツール]でアピアランスを抽出・適用する前に、設定を確認しましょう。以下のどちらかの方法で[スポイトツールオプション]ダイアログを表示します。

- ツールバーで[スポイトツール]アイコンをダブルクリック
- [スポイトツール]に切り替えて return（Enter）キーを押す

ダイアログが表示されたら、[スポイトの抽出]、[スポイトの適用]どちらとも[アピアランス]をオンにします。[OK]のクリックでダイアログを閉じましょう。

> [スポイトの抽出]、[スポイトの適用]の[アピアランス]はデフォルトでオフの設定です。オフのままだと、効果を含む複雑なアピアランスを[スポイトツール]で扱うことができません。

色を変えたいオブジェクトを選択し、[スポイトツール]で別のオブジェクトをクリックすれば、アピアランス全体を抽出・適用できます。

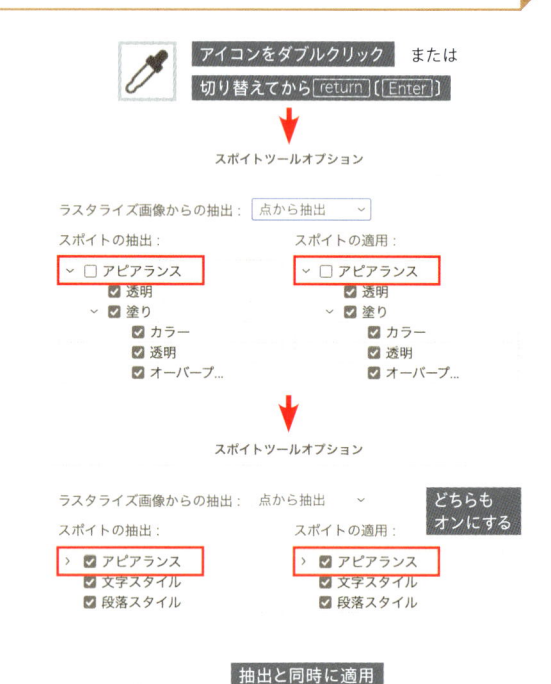

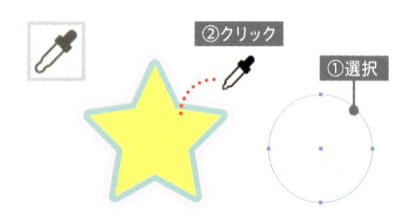

● option（Alt）+クリックで連続適用

[スポイトツール]で option（Alt）キーを押すと、カーソルが中身の入ったスポイトのアイコンに切り替わります。この状態で他のオブジェクトを option（Alt）+クリックすると、そのとき[アピアランス]パネルに表示されているアピアランスを適用できます。

複数のオブジェクトに同じアピアランスを連続適用したいときに便利な操作です。

事前にオブジェクトを選択するか、[スポイトツール]のクリックでアピアランスを抽出して、適用したい情報を[アピアランス]パネルに表示している状態で操作しましょう。

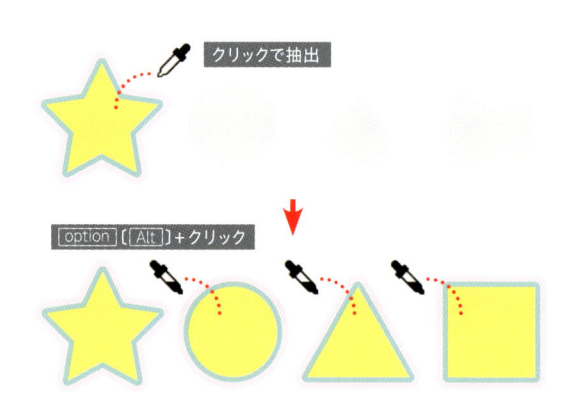

［アピアランス］パネルのサムネイル

　［アピアランス］パネルのサムネイルのドラッグ＆ドロップでもアピアランスの流用ができます。

　［アピアランス］パネルには直前に選択したオブジェクトの情報が残るため、必ずしもオブジェクトを選択している必要はなく、［スポイトツール］に切り替えなくても良いのがメリットです。

選択中のオブジェクトから流用する例

なにも選択していない場合も、直前に選択していたオブジェクトのアピアランスを流用できます

グラフィックスタイル

　何度も繰り返し使うアピアランスは［グラフィックスタイル］パネルに登録しましょう。登録する方法は複数あります。グラフィックスタイルの使い方はブラシやスウォッチなどと同様です。オブジェクトを選択して、パネル上のスタイルをクリックすれば適用できます。

［グラフィックスタイル］パネルは［ウインドウ］メニューから表示できます。

登録したいアピアランスのオブジェクトを選択し、いずれかの方法で登録しましょう。スタイルはドキュメント単位で保持されます。

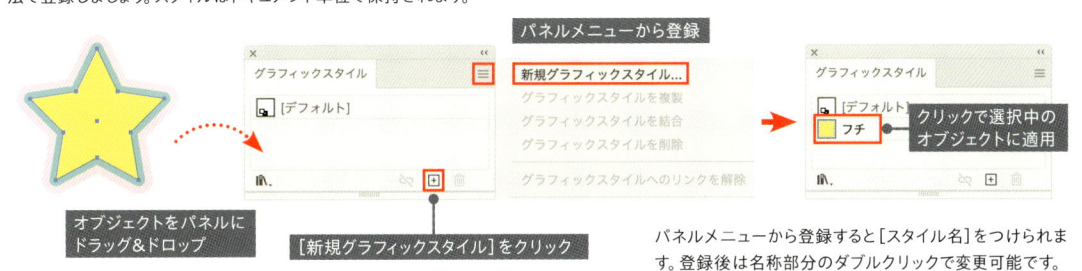

パネルメニューから登録すると［スタイル名］をつけられます。登録後は名称部分のダブルクリックで変更可能です。

● リンクを活かして一括更新

　パネル上のグラフィックスタイルにオブジェクトを option （ Alt ）＋ドラッグすると、スタイルを上書き更新できます。このとき、同じグラフィックスタイルが適用されたオブジェクトもまとめて更新されます。

グラフィックスタイルの適用後、少しでもアピアランスに変更を加えると、スタイルとオブジェクトのリンクは解除されます。一括更新の対象からも除外されるため注意しましょう。

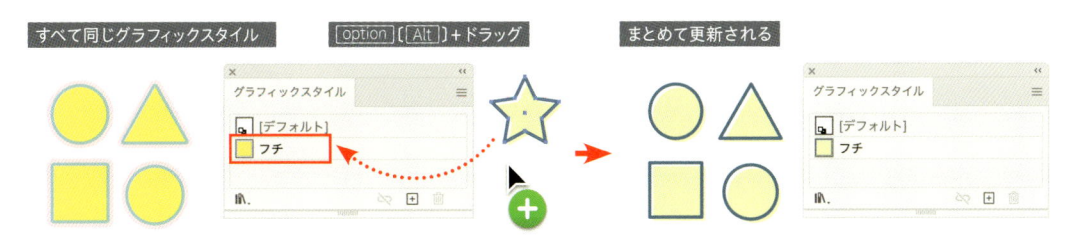

フォントはそのまま、アピアランスだけ流用するには

テキストオブジェクト同士でアピアランスの流用を行う際に悩ましいのが、デフォルト設定の [スポイトツール] ではフォントファミリなどの書式設定まで流用されてしまう点です。

アピアランスだけでなく、フォントも変わってしまいました。

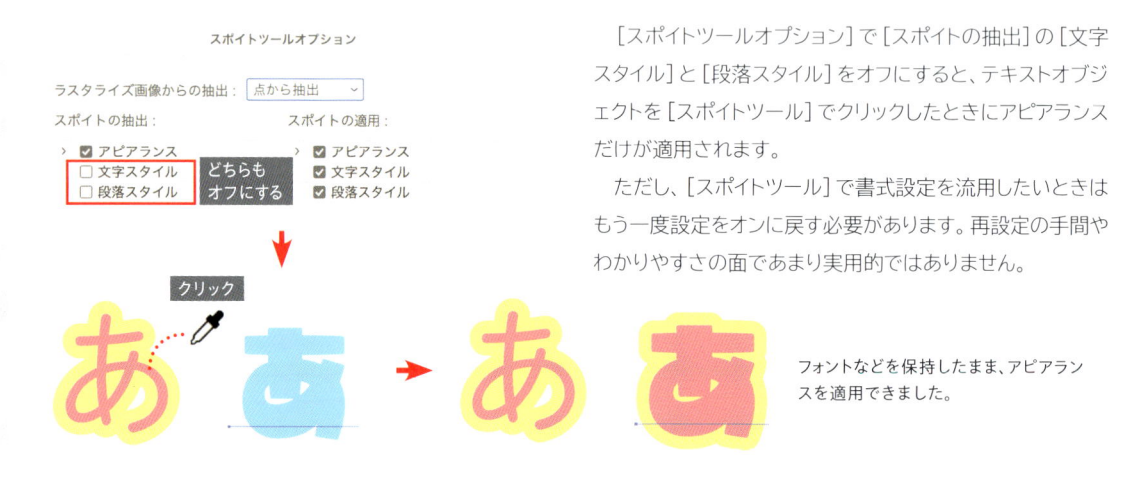

[スポイトツールオプション] で [スポイトの抽出] の [文字スタイル] と [段落スタイル] をオフにすると、テキストオブジェクトを [スポイトツール] でクリックしたときにアピアランスだけが適用されます。

ただし、[スポイトツール] で書式設定を流用したいときはもう一度設定をオンに戻す必要があります。再設定の手間やわかりやすさの面であまり実用的ではありません。

フォントなどを保持したまま、アピアランスを適用できました。

こういったケースでは、[アピアランス] パネルのサムネイルや、[グラフィックスタイル] のスタイルを活用するのがおすすめです。どちらも書式設定を扱えない機能のため、見た目の情報だけを確実に流用できます。

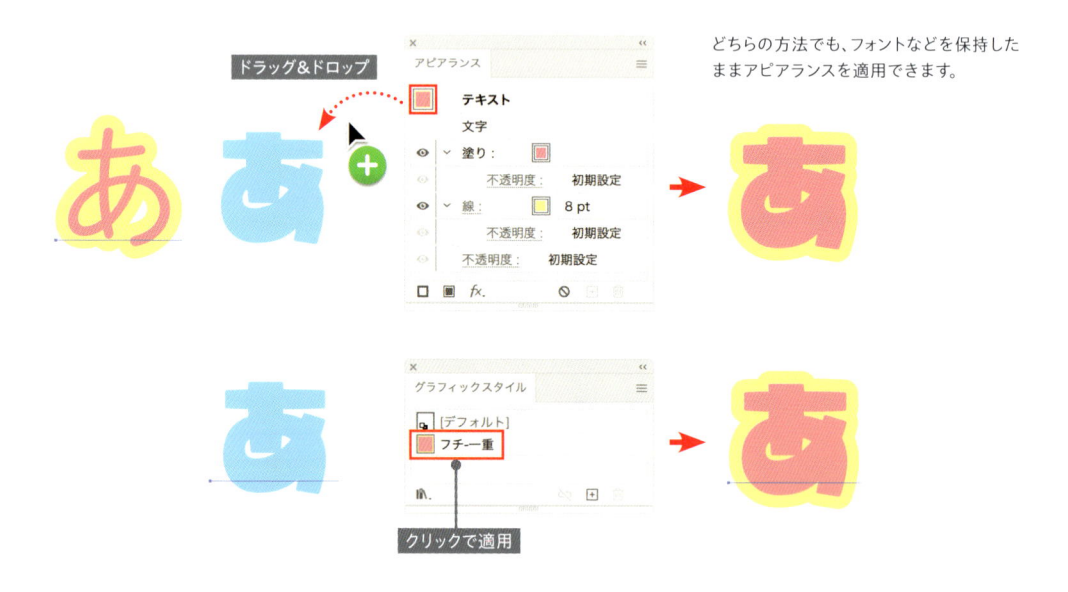

どちらの方法でも、フォントなどを保持したままアピアランスを適用できます。

［文字カラーを無効］オプション

　［アピアランス］パネルのサムネイルや、グラフィックスタイルからアピアランスを適用したとき、テキストオブジェクトに意図していないカラーが含まれることがあります。これは適用先のテキストオブジェクトの文字属性でアピアランスが設定されていることが原因です。

[アピアランス]パネルのサムネイルから適用する例

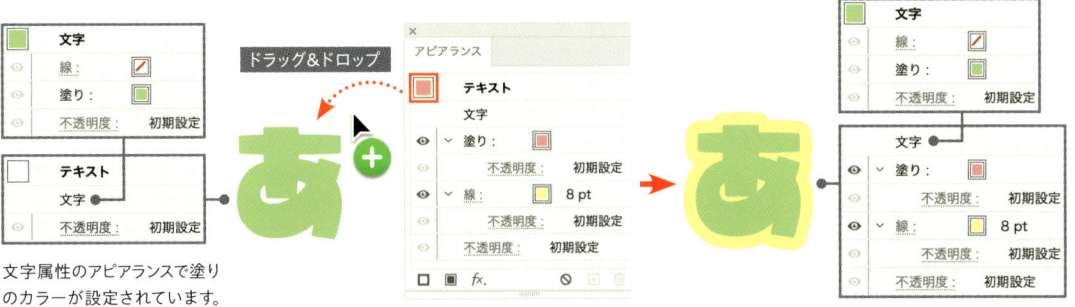

文字属性のアピアランスで塗りのカラーが設定されています。

文字属性のアピアランスが残り、このような見た目になりました。

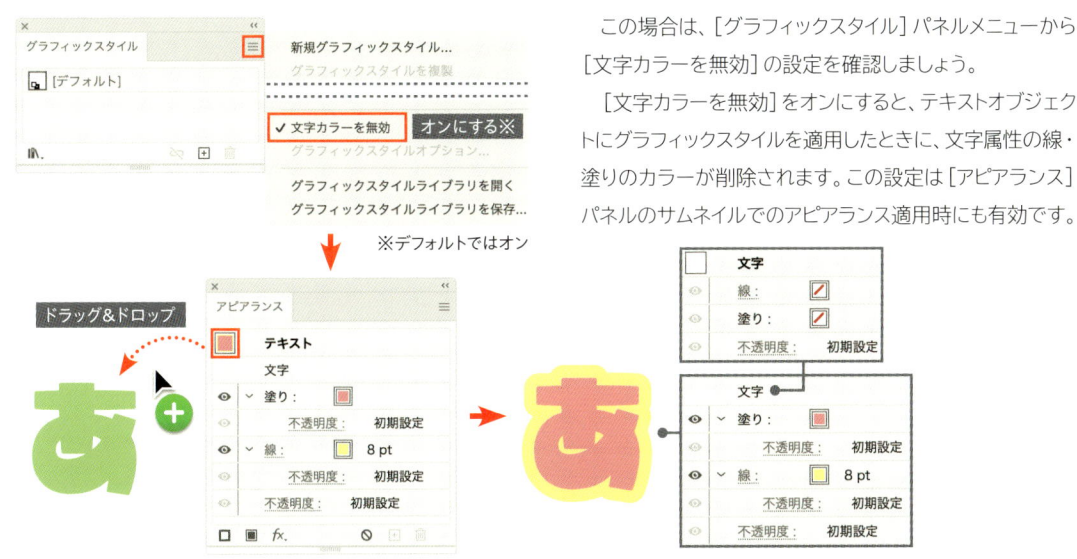

　この場合は、［グラフィックスタイル］パネルメニューから［文字カラーを無効］の設定を確認しましょう。

　［文字カラーを無効］をオンにすると、テキストオブジェクトにグラフィックスタイルを適用したときに、文字属性の線・塗りのカラーが削除されます。この設定は［アピアランス］パネルのサムネイルでのアピアランス適用時にも有効です。

[文字カラーを無効]によって文字属性のアピアランスは破棄されます。

　本書の作例では、どうしても必要な場合を除いて文字属性のアピアランスを使わず、オブジェクト側のアピアランスでは［文字］の項目を一番上に配置して文字の装飾を行っています。

　階層化する［文字］の項目で不要な線・塗りが設定されるのを避けたい場合は、［文字カラーを無効］をオンにするのがおすすめです。

→文字属性のアピアランスについては P.16

> 文字・段落スタイルで設定できる線・塗りのカラーは文字属性のアピアランスに相当します。グラフィックスタイルと組み合わせるときは、［文字カラーを無効］の状態に注意しましょう。設定の状態や適用する順番によっても優先されるカラーが変わります。

Q06 同じ見た目に仕上がらない

効果を複数組み合わせたアピアランスの操作では、順番通りに効果を並べても同じ結果にならないことがあります。この場合は［アピアランス］パネルの見た目が同じでも、オブジェクトの内部で効果のかかり方が異なっている可能性があります。組み合わせ・順番が間違っていないのであれば、効果のかけ直しを試しましょう。

注意したい処理

線をオープンパス化する［アウトライン］や、線を塗りに変換する［パスのアウトライン］などの効果は、適用する順番によって結果が破綻しやすいため注意が必要です。

→アンダーラインの文字　P.34

→もじもじする文字　P.86

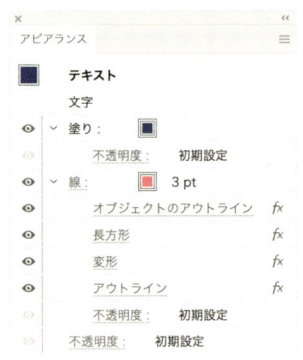

効果をかけ直すには

効果を再適用したいときは、塗り・線の項目に対してあらためて効果をドラッグ＆ドロップします。効果の順番が変わってしまった場合は再度整えましょう。

または、効果が破綻しにくい描画前・描画後どちらかのエリアに効果の項目を移動し、ひとつずつドラッグ＆ドロップして結果を確認しながら再適用する方法もあります。

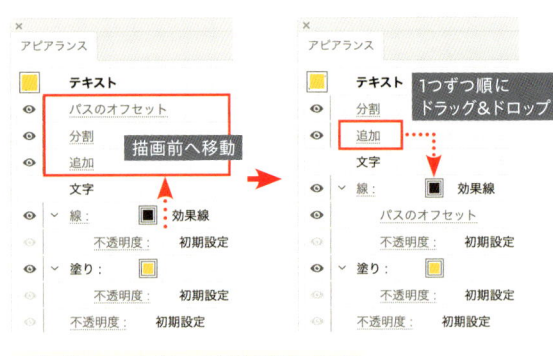

→［アピアランス］パネルの処理の順番　P.227

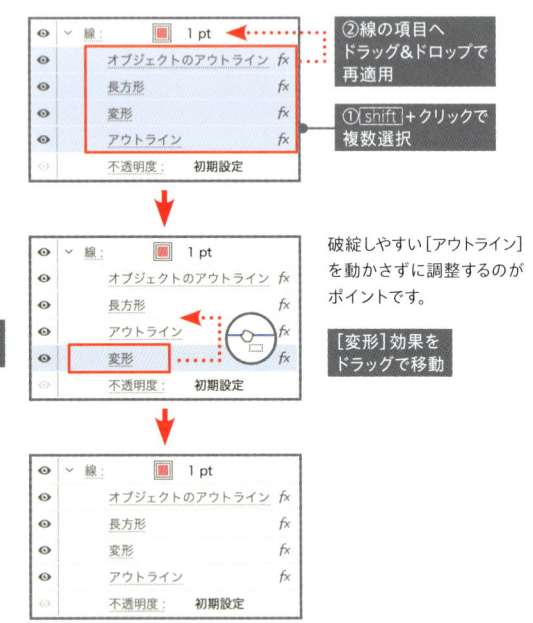

Q07 見た目がガビガビになった！

ベクターを扱うIllustratorでもピクセルを生成する効果があり、それらの効果を適用するとオブジェクトが荒れて見えることがあります。出力結果にもそのまま反映されるため、［ドキュメントのラスタライズ効果設定］で［解像度］を適切な設定にしましょう。

ドキュメントの解像度を設定する

　ピクセルを生成する効果を適用したときの解像度はドキュメントごとに設定します。［効果］メニュー＞［ドキュメントのラスタライズ効果設定］を実行し、［解像度］を確認しましょう。

　印刷なら300ppi、Webなら72ppiを最低限の目安にして、表現したい内容によっては解像度を上げます。ただし、高解像度にするほどドキュメントが重くなるため注意しましょう。

　　［解像度］のデフォルト値はドキュメント作成時に選んだプロファイルによって変わります。
　　［例］Web…スクリーン（72ppi）　印刷…高解像度（300ppi）
　　リストにない解像度を設定したいときは［その他］で設定します。

　　　→［新規ドキュメント］ダイアログについてはP.220

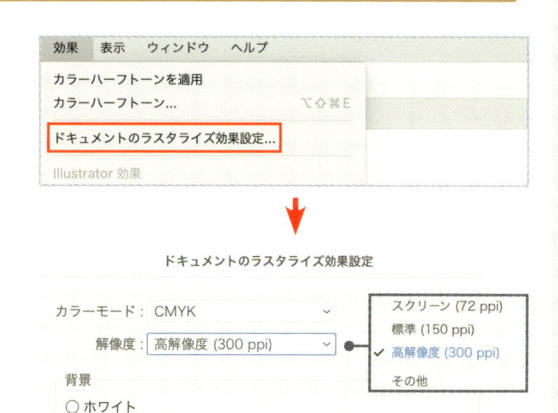

［ドロップシャドウ］効果と、［はね］効果を適用した例

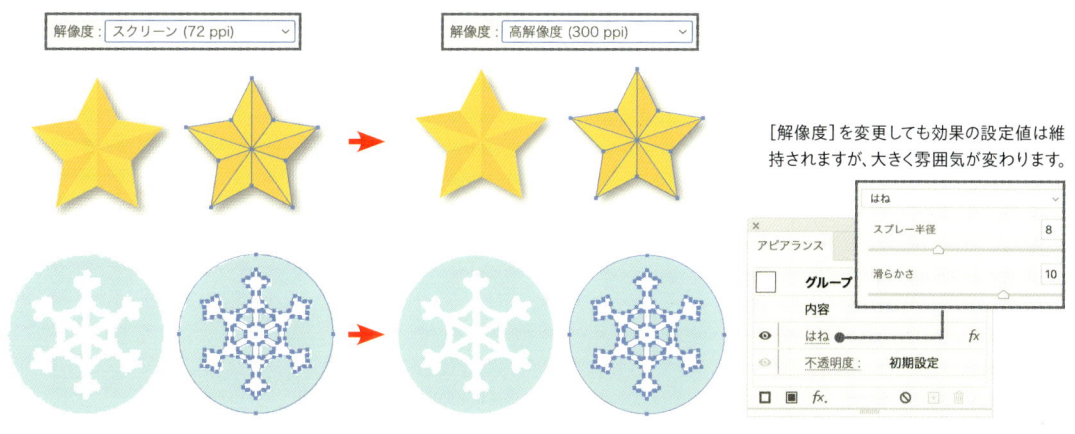

［解像度］を変更しても効果の設定値は維持されますが、大きく雰囲気が変わります。

解像度に依存する効果

　［アピアランスを分割］を実行したときに、画像が生成されるものは解像度に依存する効果です。右のリストにある効果を使っているドキュメントで［解像度］の変更を行ったときは、慎重に結果を確認しましょう。

3Dとマテリアル（3Dクラシックは除く）
SVGフィルターすべて
ぼかし
ドロップシャドウ
光彩（内側）、光彩（外側）
Photoshop効果すべて

Q08 アウトライン化して作ってもいい?

[アウトラインを作成]でパスに変換した文字は、[取り消し]以外ではもとに戻せません。修正が多いものでは アウトライン化を極力避けましょう。効果をはじめ、非破壊編集を叶える機能は多数あります。どうしてもア ウトライン化しなければならないときは、複製を残して修正に備えましょう。

アウトライン化が必要なシーン

　[書式]メニュー>[アウトラインを作成]を実行すると、選 択しているテキストオブジェクトをパスに変換できます。書式 設定などを破棄して打ち替えなどができなくなる代わりに、 通常のオブジェクトと同じような編集が可能になります。

　テキストオブジェクトをバラバラにしてエレメントごとに変 形したり、色をつけたりするような処理はアウトライン化が必 要です。また、使用する機能やツールによっては強制的にア ウトラインに変換されるケースもあります。直感的な編集の ためにアウトライン化する場合も、実行前に複製を残して対策 しましょう。

→[アウトラインを作成]の実行方法については P.213

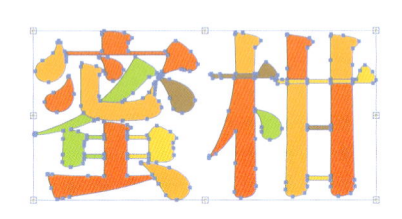

→バラバラ&カラフルな文字　P.212

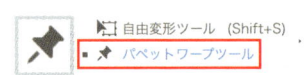

　また、データ入稿や作業の引き継ぎなどでもフォントのアウ トライン化が求められることがあります。アウトライン化され ていれば、相手側の環境に同じフォントがなくてもレイアウト の体裁を保持できます。

　[アピアランスを分割]などと組み合わせて全体に対して実 行するケースが多いため、非表示やロックで漏れが発生しな いよう慎重に操作しましょう。アウトライン前には[コピーを 保存]などでドキュメントの複製を残すのがおすすめです。

テキストオブジェクトを部分的に変形できる[パペットワープツール] では、編集を開始すると強制的にアウトライン化されます。

→自由に伸縮する文字　P.210

● アウトライン化なしで可能な表現

　アウトライン化が必要だと思われやすい処理に、文字にグラデーションをかける、文 字をダイナミックに動かす、文字のかたちで画像をマスクするなどの表現があります。 機能の理解を深めれば、いずれも再編集が可能な状態で作成できます。

→グラデーションの文字　P.118

→ダイナミックに動く文字　P.198

→写真を切り抜いた文字　P.202

Q09 しっかり出力されるか不安…

アピアランス機能などで複雑な処理を行ったオブジェクトは、試しに［アピアランスを分割］を実行して結果を確認することも大切です。また、PDFに書き出した後の確認ではAcrobatを使いましょう。使用している機能によって、その他のアプリケーションでは正しく表示されないことがあります。

［アピアランスを分割］で構造を確認する

複雑なアピアランスが適切に作成できているか不安なときは、試しに［アピアランスを分割］を実行するのがおすすめです。確認したいオブジェクトを複製してから選択し、［オブジェクトメニュー］＞［アピアランスを分割］を実行しましょう。

> ［アウトラインを作成］と同様に、［アピアランスを分割］も［取り消し］以外では元に戻せない処理です。確認のための分割では、事前に複製を残すなどの方法で必ず対策しましょう。

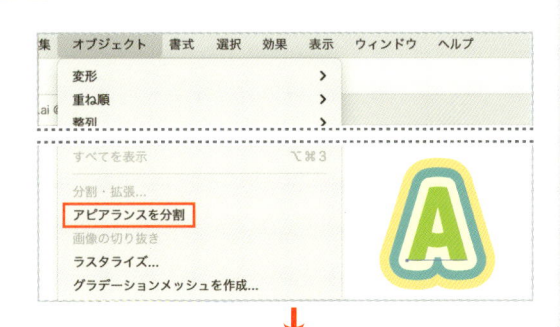

アピアランス機能を使った装飾は［アピアランスを分割］で実行されるプログラムのようなものです。効果でかたちを変えていればその状態でパスが描画され、複数の線や塗りはそれぞれ単一のオブジェクトに分けられます。分割後はオブジェクトの重なり順やパスの形状をチェックして、意図通りにアピアランスが組み立てられているかを確認しましょう。

> 編集モード中に［レイヤー］パネルを使うとオブジェクトの重なりを確認しやすくなります。分割結果を選択し、［レイヤー］パネルメニューの［編集モードを開始］などから編集モードに切り替えられます。

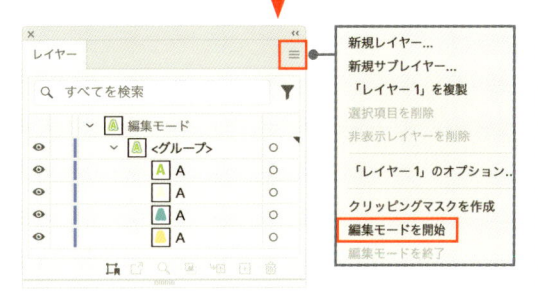

PDF の確認は Acrobat で

校正や入稿などの用途で書き出したPDFの確認はAdobe Acrobatで行いましょう。macOS付属のQuick Lookやプレビュー.appなど、アドビ製品ではないアプリケーションでPDFを開くと、［グループの抜き］や［描画モード］など透明機能を使った表現が正しく表示されないことがあります。

→［グループの抜き］については P.182

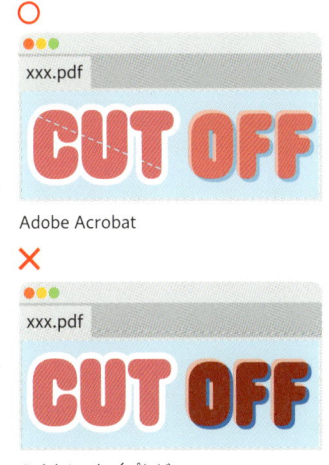

Adobe Acrobat

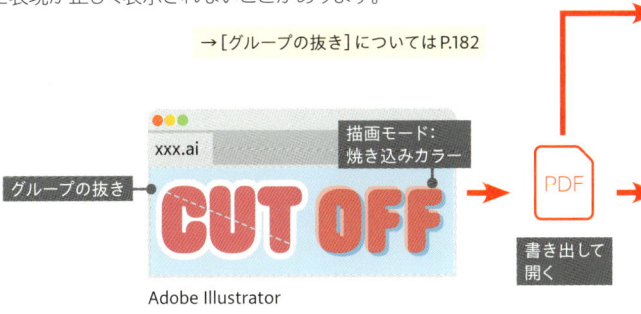

Adobe Illustrator

Quick Look／プレビュー.app

用　語　索　引

ら行

わ行

五十嵐華子／hamko
はむこ

チラシや冊子などの制作を行う印刷会社でオペレーター、ディレクターを経て、2010年に独立しフリーランスに。現在はDTP・デザイン、イラスト制作のほかに、Adobe Illustrator関連のテクニカルライティングやセミナースピーカー、アドビ公式コンテンツ作成などを行う。見た目も構造も美しく、「後工程に迷惑をかけないデータ」づくりが信条。

Webでは「hamko」(はむこ)のニックネームを使い、X（旧Twitter)やYouTube、自身のWebサイトを中心に、Illustratorに関する情報発信を続けている。

雑誌『+DESIGNING』(マイナビ)で『○△□でなにつくろ？』を連載中。著書に『初心者からちゃんとしたプロになる Illustrator基礎入門 改訂2版』(エムディエヌコーポレーション・共著)など。

Adobe Japan Prerelease Advisor
Adobe Community Expert

X

https://twitter.com/hamko1114

YouTube

https://www.youtube.com/c/hamfactory

Behance

https://www.behance.net/hamko1114

Instagram

https://www.instagram.com/hamko1114/

Webサイト

https://hamfactory.net/

●制作スタッフ

[装丁]　　　　　　齋藤いづみ
[カバーイラスト]　五十嵐華子
[本文デザイン]　　加藤万琴
[DTP制作]　　　　リンクアップ

[編集長]　　　　　後藤憲司
[担当編集]　　　　塩見治雄

はむこさんのイラレ教室
文字デコで学ぶ楽しいデザイン！

2024年10月1日　　　　初版第1刷発行

[著者]　　　　五十嵐華子
[発行人]　　　諸田泰明
[発行]　　　　株式会社エムディエヌコーポレーション
　　　　　　　〒101-0051　東京都千代田区神田神保町一丁目105番地
　　　　　　　https://books.MdN.co.jp/
[発売]　　　　株式会社インプレス
　　　　　　　〒101-0051　東京都千代田区神田神保町一丁目105番地
[印刷・製本]　中央精版印刷株式会社

【カスタマーセンター】
造本には万全を期しておりますが、万一、落丁・乱丁などがございましたら、送料小社負担にて
お取り替えいたします。お手数ですが、カスタマーセンターまでご返送ください。

落丁・乱丁本などのご返送先
〒101-0051　東京都千代田区神田神保町一丁目105番地
株式会社エムディエヌコーポレーション カスタマーセンター
TEL：03-4334-2915

書店・販売店のご注文受付
株式会社インプレス　受注センター
TEL：048-449-8040 ／ FAX：048-449-8041

【内容に関するお問い合わせ先】
株式会社エムディエヌコーポレーション
カスタマーセンター メール窓口

info@MdN.co.jp

本書の内容に関するご質問は、Eメールのみの受付となります。メールの件名は「はむこさんのイラレ教室　質問係」、
本文にはお使いのマシン環境（OS、バージョン、搭載メモリなど）をお書き添えください。電話やFAX、郵便でのご質
問にはお答えできません。ご質問の内容によりましては、しばらくお時間をいただく場合がございます。また、本書の
範囲を超えるご質問に関しましてはお答えいたしかねますので、あらかじめご了承ください。

ISBN978-4-295-20709-2　　C3055